数学竞赛与初等数学研究

熊斌　冷岗松　编著

高等教育出版社·北京

内 容 简 介

本书分数学竞赛理论与实践、数学竞赛与数学研究两个方面，介绍了数学竞赛与初等数学研究之间的关联，内容既包括了数学奥林匹克概况、数学竞赛优胜者是否会成为数学家等关于数学竞赛的思考文章，也包括数学探究、命题加强与推广、新的证法与妙解、解题方法归纳总结方面的文章。本书适合广大中学和高等院校的师生阅读，也适合对数学尤其对数学竞赛感兴趣的读者使用参考。

前 言

数学竞赛活动的开展，其目的是激发青少年学习数学的兴趣，发现和培养具有数学天赋的学生，因材施教。数学竞赛活动也是一种特殊的素质教育——思维训练。数学竞赛所涉及的知识源于教材，是教材内容的延伸与拓展，又渗透了一些重要的数学思想方法，有些问题是高等数学问题初等化，也有些问题是数学前沿研究问题的简单情形，试题有一定难度，这对于培养学生学习数学的兴趣，了解现代数学，开发智力，训练逻辑思维能力，培养创新能力等，都具有十分积极的作用。

现代数学竞赛起源于 1894 年的匈牙利，其后一些国家开始效仿。而第一届国际数学奥林匹克竞赛（International Mathematical Olympiad，简称 IMO）则于 1959 年在罗马尼亚正式举行，是为国际数学竞赛的开端。随着国际数学奥林匹克竞赛的影响日益扩大，参加比赛的国家越来越多，数学奥林匹克竞赛逐渐走进世界各国。截至 2019 年 8 月，国际数学奥林匹克竞赛已经举行了 60 届，参赛国家或地区已经达到 110 个以上。我国自从 1986 年正式派代表队参赛以来，在国际数学奥林匹克竞赛中取得了举世瞩目的成绩，引起了社会各界的广泛关注。

在近 20 年的菲尔兹奖获得者中，有一半以上是 IMO 的优胜者，我国的数学竞赛选手中已经涌现出许多优秀的青年数学人才，如张伟、恽之玮、许晨阳、刘一峰等获得著名的拉马努金奖（Ramanujan Prize），并且已经有不少学者，如朱歆文、王菘、刘若川、何宏宇、何斯迈、袁新意、肖梁等在国内外知名高校或科研机构从事数学研究工作，并且取得了很好的成绩。2008 年、2009 年 IMO 的满分金牌获得者韦东奕，在研究生一二年级时就做出了很好的成果。无论从整体还是个别、从国外还是国内来看，数学竞赛对数学与科学英才的教育都有非常重要的价值。

几经沉淀，数学竞赛积累了大量经典的素材和题目，它们或构思精巧，或底蕴深厚，让学生在学习中深刻体会到数学的形式美、对称美、和谐美、简洁美、奇异美、统一美、类比美、逻辑美、秩序美和辩证美。

本书主要分两个部分。第一部分是数学竞赛理论与实践，让我们了解数学竞赛的概况、数学竞赛的学习方法和体会、数学竞赛是如何作为课堂教学的补充和提高、数学竞赛与数学研究的关系。第二部分是数学竞赛与数学研究，其中的“数学探究”从数学竞赛的问题出发，对问题的一般结果进行探究，这对于培养学生的数学研究能力有非常重要的价值。“命题加强与推广”是对数学竞赛中的一些问题进行深入的分析和思考，在此基础上将命题加强与推广，这也是数学研究中常用的方法。“新的证法与妙解”是给出经学生自己考虑后得到的新的解法和一些巧妙的想法，这对于培养学生的创新思维有着非常重要的作用。“解题方法归纳总结”是通过学习研究得到的体会与总结，这也是学好数学应该具备的能力。

本书的一些文章来自“数学新星网”。

熊　斌　冷岗松

2019 年 11 月

目　录

上篇　数学竞赛理论与实践

平衡　成长　识别

——数学竞赛与数学研究

许晨阳*

在刚刚过去的 2015 年和 2016 年，IMO 竞赛总分第一被美国队取得。连续两年中国未获第一，这是从 1989 年以来的 IMO 里的第一次，引起了不小的讨论。从一个没有很强数学竞赛传统的中学里出来，和很多人比起来，我对数学竞赛的了解并不算非常深，进入大学之后的近 20 年，我对数学竞赛也基本只是一名旁观者。我唯一一次参加全国级别的数学竞赛是在 1999 年，作为入选冬令营的四川队最后一名通过冬令营考试，幸运地被选进入了国家集训队。那一年我在为进入冬令营的准备中认识了朱歆文，然后在冬令营四川队中认识了张伟，之后又在集训队里认识了陈大卫、刘若川和恽之玮。之后我和他们中的许多人成为数学研究路上的挚友。在北京大学的同学中，有不少人也从参与数学竞赛开始，成长为优秀的数学家。一个不完全的名单里包括了安金鹏、何旭华、倪亿、于品、袁新意、肖梁、余君等。其中的一些人在今天的国际数学界已经成长为各自领域的中流砥柱。这个名单很清楚地说明，数学研究和数学竞赛有很强的正相关性，怎么解读这个相关性，就是这篇文章的目的。

关于数学竞赛的理解，有两个层面：一是从参与者自身的经验，一是从作为整个国家教育的一部分。我将主要从数学研究的角度切入这两个方面。但是我首先想要强调，尽管我在这里主要讨论数学竞赛为数学研究所做的准备，但这只是数学竞赛的效用之一。实际上每年参加数学竞赛的佼佼者中，最后从事数学研究的绝对数量并不高。很多人选择了其他工作，并做出了优秀的成绩，而在他们取得成就的各种素质中，数学竞赛培养出来的能力占有一个显著的位置。一个令我感兴趣的比较是在不同文化下那些没有选择数学研究的人最后所从事的工作：一个未经查证的说法是中国人多数选择了金融，而美国人多数选择了高科技。

我见过一个比喻，把数学竞赛和数学研究比作“百米短跑和马拉松”。我认为这个比喻具有一定的误导性。也许数学竞赛和百米短跑确有相似之处，因为它们都需要短时间内的爆发力——一个是身体上的，一个是数学技巧上的；但是数学研究的成功所依赖的能力却丰富得多。好的马拉松运动员大致

---

*北京国际数学研究中心，现美国麻省理工学院。

有着相似的能力，但是让人成为好的数学家的能力却可能大相径庭。戴森著名的关于“青蛙和鸟”的划分在数学里一般被视为关于问题解决者（青蛙）和理论构建者（鸟）的区别。单从解决问题的思维类型上而言，既有那种能迅速进入问题，并靠连续不断的爆发力掀翻一个又一个障碍的数学家（科尔莫戈罗夫（Kolmogorov）曾说他考虑解决一个问题的时间通常不超过一个星期），也有另外一种数学家，他们擅长一点点深入，持续不断地在同一个问题上稳定前行（怀尔斯（Wiles）用了 7 年证明了费马大定理）。所以从这里不难看出，数学竞赛能够培养出的能力类型，只是做数学研究的各种能力类型中的一（小）部分。我认识的一些优秀数学竞赛参加者，他们的共同之处是在某个时间节点上，自觉或者不自觉地认识到了数学竞赛的这种局限性，而选择了扩大自己的能力范围，为后来成长为杰出数学家迈出了关键的一步。所以对于那些有兴趣参与数学竞赛的年轻人，一定的训练对于数学研究是有益的，但是过度的训练就往往过犹不及、事倍功半，在能力和心理上阻碍了其他数学能力的发展。在我的经验中，我很清晰地记得，自己正是在 1999 年的国家集训队一个月的训练里，逐渐开始意识到那个时候的我，已经获得了数学竞赛能给予我的所有东西，需要朝着下一个目标前进。而我的导师科拉（Kollár）曾经两度取得 IMO 金牌，但他却是匈牙利 IMO 队里为数不多的来自于非“特殊数学班”的选手。我相信这种更加平衡的教育对他日后数学研究上的成功有很大益处。因此我建议对数学竞赛佼佼者进行更全面的教育，把数学竞赛视为整个科学甚至文化教育的一部分，我相信这对他们漫长的人生之路而言，是更有益的教育方式。自然这也对数学竞赛教育者提出了更高的要求，但我想如果把数学竞赛教育的目的定位在取得成绩的同时，让学生通过数学竞赛的学习，而最终跳出数学竞赛，逐渐理解数学作为人类文化里“自由的艺术”的价值，那么这种教育才不会陷入功利的责难而让自身更有生命力。

关于数学竞赛经常被讨论的另一个问题是，我们应该在其中投入多少社会资源。如前面所说，培养数学研究人才只是数学竞赛的社会效用之一。因为只从这个角度切入，尽管这里很多讨论也可以被推广到其他情形，但我也并不试图完整地回答这个问题。数学竞赛作为一种社会组织教育模式，最积极的一点是让很多对数学有兴趣的志趣相投的孩子，很早地共同处于一个团体之中，相互影响，产生良性竞争。而这个模式的形成，也为整个社会选才提供了一个有效的渠道。现代社会的迅速发展，往往在于充分发展属于每个人的最强能力。而怎么识别这种能力然后加以培养，无论对每个个体还是对整个社会的发展都有基本的意义，也是教育的核心主题之一。在这一点上数学竞赛有不可替代的特殊价值。以我自己的经验而言，我在数学竞赛中获得最珍贵的经历，便是通过交流，看清了自己的情况，并且走上了一条适合自已的路：一方面我因为数学竞赛，免试进入了北京大学；另一方面我也因为在这个成长过程中认识了我前面提到的那些后来和我一起从事数学研究的好友，而丰富了自己。有时候我甚至想，如果能早一点结识他们，也许我会更早下决心从事数学研究。另外一个有趣的数据是，2000 年以后获得菲尔兹奖的数学家当中，IMO 奖牌获得者的比例显著增高，14 名获奖者当中有至少 8 名分别代表各自的国家获得了奖牌。这一方面同这几十年来数学内各学科影响力的变化有一定关系，同时也反映了在全世界数学的精英教育中，有一种日渐增强的趋势，即把数学竞赛尤其是 IMO 作为选拔培养数学家的一个环节。而 2015、2016 两年美国 IMO 队教练罗博深是我在普林斯顿读博士时的同学。他现在是卡耐基梅隆大学的副教授，也是组合数学研究领域的年轻专家。他参与进美国 IMO 队，也许标志着美国的数学精英教育界在长期重视著名的普特南大学数学竞赛之外，现在也把他们的目光更进一步聚焦在了 IMO 这样的中学数学竞赛之上。我想这对于过去二三十年统治了 IMO 竞赛的中国队，应该是一个很有益的挑战。

国际数学奥林匹克概况

熊 斌*

诞生于 1959 年的国际数学奥林匹克竞赛（International Mathematical Olympiad，简称 IMO），是世界范围内青少年最高级别的智力活动之一。

早在 IMO 之前，世界上已有不少国家开始举办数学竞赛，主要集中在东欧和亚洲地区。除了各国数学普及教育的交流和趋同，国家级竞赛的成功举办，也是 IMO 的基础。这些竞赛中，影响比较大的是匈牙利、苏联和美国的。这里做一简要回顾。

1894 年，匈牙利教育部门通过一项决议，准备在中学举办数学竞赛。当时著名科学家 J. 冯・埃特沃什（J. von Etövös）男爵担任教育部长。在他的积极支持下，这项比赛得到了发扬。部长的儿子、物理学家 R. 冯・埃特沃什（R. von Etövös）由于成功地用实验验证了爱因斯坦广义相对论的等效原理，这是匈牙利科学在世界舞台上崭露头角的标志性事件，从此匈牙利数学竞赛的奖励亦被称作"埃特沃什奖"。这是世界上最早的有组织地举办的数学竞赛。后来匈牙利也确实因此产生了许多著名科学家，比如分析学家费叶尔（L. Fejér）、舍贵（G. Szegö）、拉多（T. Radó）、哈尔（A. Haar）、黎斯（M. Riesz），组合数学家寇尼希（D. König），以及举世闻名的空气动力学家冯・卡门（T. von Kármán），1994 年获诺贝尔经济学奖的博弈论大师豪尔绍尼（J. C. Harsanyi）等，都是数学竞赛的优胜者。匈牙利最著名的科学天才无疑是冯・诺伊曼（J. von Neumann），他是 20 世纪的领袖数学家之一。举办竞赛那年，冯・诺伊曼正好出国。后来他自己做了一下竞赛题目，只花了半个小时便告完成。另一位值得一提的是多产的数学大师爱尔迪希（P. Erdös），他是费叶尔的高足，沃尔夫奖获得者。爱尔迪希也热衷于竞赛和做题，他对离散数学的贡献尤其巨大；而数十年来离散数学突飞猛进的发展，也间接影响了 IMO 试题类型的变化。国际上有个爱尔迪希奖，专门表彰为数学竞赛教育做出贡献的人士。我国裘宗沪教授和熊斌教授曾分别在 1994 年和 2018 年获得过此奖。

1934 年，在当时的列宁格勒（今圣彼得堡），由著名数学家狄隆涅（B.

---

*华东师范大学数学科学学院，上海市核心数学与实践重点实验室。

Delone）主持举办了中学生数学竞赛；1935 年，莫斯科也开始举办数学竞赛。除了二战期间曾一度中断了几年，这两个竞赛都一直延续至今。苏联和俄罗斯是数学奥林匹克大国，包括伟大的数学家科尔莫戈罗夫（A. N. Kolmogorov）在内的许多大师级人物都热心于数学竞赛事业，亲自参与命题。苏联还把数学竞赛称作“数学奥林匹克”，认为数学是“思维的体操”，这些观点在教育界的影响很大。1998 年菲尔兹奖获得者康采维奇（M. Kontsevich）曾获全苏竞赛第二名；享誉全世界的国际象棋棋王卡斯帕罗夫（G. Kasparov）曾获第三名。

在美国，由于著名数学家伯克霍夫（Birkhoff）父子和波利亚（G. Pólya）的积极提倡，于 1938 年开始举办低年级大学生的普特南（Putnam）数学竞赛，很多题目是中学数学范围内的。普特南竞赛中成绩排在前五位的人就可以成为普特南会员。在这些人中有许多杰出人物，包括大名鼎鼎的费曼（R. Feynman，获 1965 年诺贝尔物理学奖），还有威尔逊（K. Wilson，获 1982 年诺贝尔物理学奖）、米尔诺（J. Milnor，获 1962 年菲尔兹奖）、芒福德（D. Mumford，获 1974 年菲尔兹奖）、奎伦（D. Quillen，获 1978 年菲尔兹奖）等。

20 世纪 50 年代，罗马尼亚的罗曼（Roman）教授等人首先提出了举办国际性数学竞赛的设想。这就是影响最大、级别最高的中学生智力活动——IMO 的由来。第一届 IMO 于 1959 年 7 月在罗马尼亚举行，当时只有七个国家（罗马尼亚、保加利亚、波兰、匈牙利、捷克斯洛伐克、民主德国、苏联）参加。后来，美国、英国、法国、德国和亚洲国家也陆续参加。在今天，每年的 IMO 已有 100 多个国家参加。

IMO 试题涉及的数学领域包括代数、组合、几何、数论 4 大板块，这亦构成了各国数学竞赛的命题方向。除了最初几届，现在的 IMO 共有 6 道试

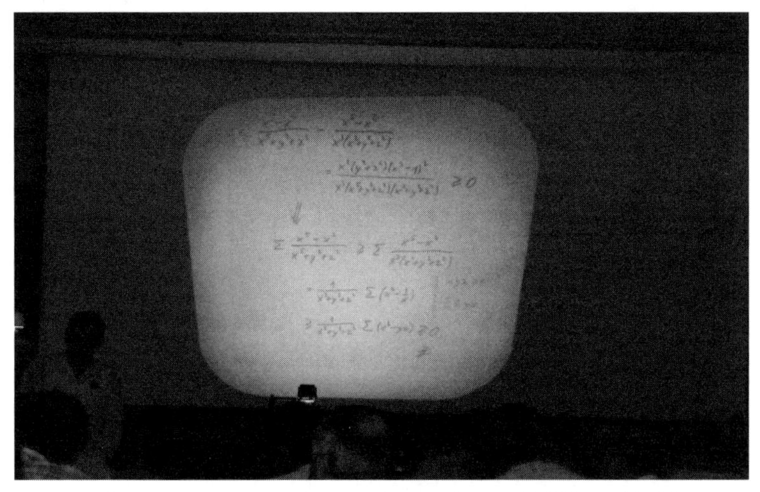

2005年IMO上，Iurie Boreico(摩尔多瓦)第3题的解法获得了特别奖

题，比赛时间定于每年的 7 月。正式比赛分两天，每天 4 个半小时做 3 个题目。每题满分 7 分，总分 42 分；团体总分 252 分。约有一半选手可获奖牌，其中有 1/12 左右的学生获得金牌，2/12 左右的选手获得银牌，3/12 左右的选手获得铜牌。如果有哪个学生提供了比主试委员会的官方解答更别致的解答，可以获得特别奖。

IMO 由参赛国轮流主办，经费由东道国提供。IMO 规定，正式参加比赛国家和地区的代表队由 6 名学生组成，另派 1 名领队（leader）和 1 名副领队（deputy leader）。试题由各参赛国提供，然后由东道国组织专家组成选题委员会对这些试题进行研究和挑选，从中选出 30 个左右的试题作为预选题（shortlist problem），代数、几何、组合、数论这 4 块内容各 7—8 个试题，然后提交给由每个国家的领队组成的主试委员会（July meeting）讨论投票表决，最终产生 6 道试题作为正式考题。东道国不提供试题。试题确定之后，写成英语、法语、德语、俄语、西班牙语这 5 种工作语言，各国领队将试题翻译成本国语言，每个学生可以有两种语言的试题。

学生的答卷先由本国领队评判，然后与东道国组织的协调员进行协商，如有分歧，再到主试委员会上仲裁。主试委员会由各国的领队及主办国指定的主席组成。主试委员会除了选定试题，还有以下几个方面的职责：确定评分标准；确定如何用工作语言准确表达试题，并翻译、核准译成各参加国文字的试题；比赛期间，确定如何回答学生用书面提出的关于试题的疑问；解决个别领队与协调员之间在评分上的不同意见；根据学生成绩（因为每年试题难度不完全相同）决定金牌、银牌和铜牌的个数与分数线。

中国队在协调分数

中国首次非正式地参加了 1985 年第 26 届的 IMO，当时只去了两名同学。1986 年开始，除了 1998 年在中国台湾举行的那次，中国队都派足了 6 名队员正式参加 IMO。下面是中国队参加 IMO 的情况：

第 26 届（1985 年，芬兰）（团体总分第 32 名）

吴思皓　铜牌　上海向明中学

王　锋　北京大学附中

领　队　王寿仁　副领队　裘宗沪

第 27 届（1986 年，芬兰）（团体总分第 4 名）

李平立　金牌　天津南开中学

方为民　金牌　河南省实验中学

张　浩　金牌　上海大同中学

荆　秦（女）　银牌　西安八十五中学

林　强　铜牌　湖北黄冈中学

沈　建　江苏姜堰中学

领　队　王寿仁　副领队　裘宗沪

第 28 届（1987 年，古巴）（团体总分第 8 名）

刘　雄　金牌　湖南湘阴中学

滕　峻（女）　金牌　北京大学附中

林　强　银牌　湖北黄冈中学

潘子刚　银牌　上海向明中学

何建勋　铜牌　华南师大附中

高　峡　铜牌　北京大学附中

领　队　梅向明　副领队　裘宗沪

第 29 届（1988 年，澳大利亚）（团体总分第 1 名）

何宏宇　金牌　四川彭县中学

陈　晞　金牌　上海复旦大学附中

韦国恒　银牌　湖北武钢三中

查宇涵　银牌　南京十中

邹　钢　银牌　江苏镇江中学

王健梅（女）　银牌　天津南开中学

领　队　常庚哲　副领队　舒五昌

第 30 届（1989 年，前联邦德国）（团体总分第 1 名）

罗华章　金牌　重庆永川中学

蒋步星　金牌　新疆石河子五中

俞　扬　金牌　东北师大附中

霍晓明　金牌　江西景德镇景光中学

唐若曦　银牌　四川成都九中

颜华菲（女）　银牌　中国人民大学附中

领　队　马希文　副领队　单　墫

第 31 届（1990 年，中国）（团体总分第 1 名）

周　彤　金牌　湖北武钢三中

汪建华　金牌　陕西汉中西乡一中

王　崧　金牌　湖北黄冈中学

余嘉联　金牌　安徽铜陵一中

张朝晖　金牌　北京四中

库　超　银牌　湖北黄冈中学

领　队　单　墫　副领队　刘鸿坤

第 32 届（1991 年，瑞典）（团体总分第 2 名）

罗　炜　金牌　哈尔滨师大附中

张里钊　金牌　北京大学附中

王绍昱　金牌　北京大学附中

王　崧　金牌　湖北黄冈中学

郭早阳　银牌　湖南师大附中

刘彤威　银牌　北京大学附中

领　队　黄玉民　副领队　刘鸿坤

第 33 届（1992 年，俄罗斯）（团体总分第 1 名）

沈　凯　金牌　南京师大附中

杨保中　金牌　河南郑州一中

罗　炜　金牌　哈尔滨师大附中

何斯迈　金牌　安徽安庆一中

周　宏　金牌　北京大学附中

章　寅　金牌　四川成都七中

领　队　苏淳　副领队　严镇军

第 34 届（1993 年，土耳其）（团体总分第 1 名）

周　宏　金牌　北京大学附中

袁汉辉　金牌　华南师大附中

杨　克　金牌　湖北武钢三中

刘　炀　金牌　湖南师大附中

张　镭　金牌　山东青岛二中

冯　炯　金牌　上海向明中学

领　队　杨　路　副领队　杜锡录

第 35 届（1994 年，中国香港）（团体总分第 2 名）

张　健　金牌　上海市建平中学

姚健钢　金牌　中国人民大学附中

彭建波　金牌　湖南师大附中

奚晨海　银牌　北京大学附中

王海栋　银牌　华东师大二附中

李　挺　银牌　四川内江安岳中学

领　队　黄宣国　副领队　夏兴国

第 36 届（1995 年，加拿大）（团体总分第 1 名）

常　成　金牌　哈尔滨师大附中

柳　耸　金牌　山东实验中学

朱辰畅（女）　金牌　湖北武钢三中

王海栋　金牌　华东师大二附中

林逸舟　银牌　山东实验中学

姚一隽　银牌　复旦大学附中

领　队　张筑生　副领队　王　杰

第 37 届（1996 年，印度）（团体总分第 6 名）

陈华一　金牌　福建福安一中

阎　珺　金牌　北京二十二中

何旭华　金牌　重庆十八中

王　烈　银牌　辽宁东北育才学校

蔡凯华　银牌　江苏启东中学

刘　拂（女）　铜牌　复旦大学附中

领　队　舒五昌　副领队　陈传理

第 38 届（1997 年，阿根廷）（团体总分第 1 名）

邹　瑾　金牌　湖北武钢三中

孙晓明　金牌　山东青岛二中

郑常津　金牌　福建福安一中

倪　忆　金牌　湖北黄冈中学

韩嘉睿　金牌　深圳中学

安金鹏　金牌　天津一中

领　队　王　杰　副领队　吴建平

第 39 届（1998 年，中国台湾）

因故未参加

第 40 届（1999 年，罗马尼亚）（团体总分第 1 名）

瞿振华　金牌　上海延安中学

李　鑫　金牌　华南师大附中

刘若川　金牌　辽宁东北育才学校

程晓龙　金牌　湖北武钢三中

孔文彬　银牌　湖南师大附中

朱琪慧　银牌　华南师大附中

领　队　王　杰　副领队　吴建平

第 41 届（2000 年，韩国）（团体总分第 1 名）

恽之玮　金牌　江苏常州高级中学

李　鑫　金牌　华南师大附中

袁新意　金牌　湖北黄冈中学

朱琪慧　金牌　华南师大附中

吴忠涛　金牌　上海中学

刘志鹏　金牌　长沙一中

领　队　王　杰　副领队　陈永高

第 42 届（2001 年，美国）（团体总分第 1 名）

肖　梁　金牌　中国人民大学附中

张志强　金牌　湖南长沙一中

余　君　金牌　湖南师大附中

郑　晖　金牌　湖北武钢一中

瞿　枫　金牌　辽宁东北育才中学

陈建鑫　金牌　江苏启东中学

领　队　陈永高　副领队　李胜宏

第 43 届（2002 年，英国）（团体总分第 1 名）

王博潼　金牌　辽宁东北育才中学

付云皓　金牌　清华大学附中

王　彬　金牌　陕西西安铁路一中

曾宪乙　金牌　湖北武钢三中

肖　维　金牌　湖南师大附中

符文杰　金牌　华东师大二附中

领　队　陈永高　副领队　李胜宏

第 44 届（2003 年，日本）（团体总分第 2 名）

付云皓　金牌　清华大学附中

王　伟　金牌　湖南师大附中

向　振　金牌　湖南长沙一中

方家聪　金牌　华南师大附中

万　昕　金牌　四川彭州中学

周　游　银牌　湖北武钢三中

领　队　李胜宏　副领队　冯志刚

第 45 届（2004 年，希腊）（团体总分第 1 名）

黄志毅　金牌　华南师大附中

朱庆三　金牌　华南师大附中

李先颖　金牌　湖南师大附中

林运成　金牌　上海中学

彭闽昱　金牌　江西鹰潭一中

杨诗武　金牌　湖北黄冈中学

领　队　陈永高　副领队　熊　斌

第 46 届（2005 年，墨西哥）（团体总分第 1 名）

刁晗生　金牌　华东师大二附中

任庆春　金牌　天津耀华中学

罗　晔　金牌　江西师大附中

邵煊程　金牌　复旦大学附中

康嘉引　金牌　深圳中学

赵彤远　银牌　河北石家庄二中

领　队　熊　斌　副领队　王建伟

第 47 届（2006 年，斯洛文尼亚）（团体总分第 1 名）

柳智宇　金牌　华中师大一附中

沈才立　金牌　浙江镇海中学

邓　煜　金牌　深圳高级中学

金　龙　金牌　东北师大附中

任庆春　金牌　天津耀华中学

甘文颖　金牌　湖北武钢三中

领　队　李胜宏　副领队　冷岗松

第 48 届（2007 年，越南）（团体总分第 2 名）

沈才立　金牌　浙江镇海中学

付　雷　金牌　湖北武钢三中

王　煊　金牌　深圳中学

杨　奔　金牌　中国人民大学附中

马腾宇　银牌　东北师大附中

胡　涵　银牌　湖南师大附中

领　队　冷岗松　副领队　朱华伟

第 49 届（2008 年，西班牙）（团体总分第 1 名）

牟晓生　金牌　上海中学

韦东奕　金牌　山东师大附中

张瑞祥　金牌　中国人民大学附中

张　成　金牌　华东师大二附中

陈　卓（女）　金牌　华中师大一附中

吴天琦　银牌　浙江嘉兴一中

领　队　熊　斌　副领队　冯志刚

第 50 届（2009 年，德国）（团体总分第 1 名）

韦东奕　金牌　山东师大附中

郑　凡　金牌　上海中学

郑志伟　金牌　浙江乐成寄宿中学

林　博　金牌　中国人民大学附中

赵彦霖　金牌　东北师大附中

黄骄阳　金牌　成都七中

领　队　朱华伟　副领队　冷岗松

第 51 届（2010 年，哈萨克斯坦）（团体总分第 1 名）

聂子佩　金牌　上海中学

李嘉伦　金牌　浙江乐成寄宿中学

肖伊康　金牌　河北唐山一中

张敏（女）　金牌　华中师大一附中

赖　力　金牌　重庆南开中学

苏　钧　金牌　福建福州一中

领　队　熊　斌　副领队　冯志刚

第 52 届（2011 年，荷兰）（团体总分第 1 名）

陈　麟　金牌　中国人民大学附中

周天佑　金牌　上海中学

姚博文　金牌　河南实验中学

龙子超　金牌　湖南师大附中

靳兆融　金牌　中国人民大学附中

吴梦希　金牌　江苏南菁高级中学

领　队　熊　斌　副领队　冯志刚

第 53 届（2012 年，阿根廷）（团体总分第 2 名）

佘毅阳　金牌　上海中学

王昊宇　金牌　湖北武钢三中

陈景文　金牌　中国人民大学附中

吴　昊　金牌　辽宁师大附中

左　浩　金牌　华中师大一附中

刘宇韬　铜牌　上海中学

领　队　熊　斌　副领队　冯志刚

第 54 届（2013 年，哥伦比亚）（团体总分第 1 名）

刘宇韬　金牌　上海中学

张灵夫　金牌　绵阳中学

刘　潇　金牌　浙江乐成寄宿中学

廖宇轩　金牌　郑州外国语中学

顾　超　金牌　上海格致中学

饶家鼎　银牌　深圳三中

领　队　熊　斌　副领队　李秋生

第 55 届（2014 年，南非）（团体总分第 1 名）

高继扬　金牌　上海中学

浦鸿铭　金牌　东北师大附中

周韫坤　金牌　深圳中学

齐仁睿　金牌　山东历城二中

谌澜天　金牌　湖南师大附中

黄一山　银牌　湖北武钢三中

领　队　姚一隽　副领队　李秋生

第 56 届（2015 年，泰国）（团体总分第 2 名）

俞辰捷　金牌　华东师大二附中

贺嘉帆　金牌　湖南雅礼中学

王诺舟　金牌　辽宁实验中学

高继扬　金牌　上海中学

谢昌志　银牌　湖南雅礼中学

王　正　银牌　中国人民大学附中

领　队　熊　斌　副领队　李秋生

2015年IMO中国队领队、副领队、观察员和队员

第 57 届（2016 年，中国香港）（团体总分第 3 名）

杨　远　金牌　河北石家庄二中

梅灵捷　金牌　复旦大学附中

张盛桐　金牌　上海中学

贾泽宇　金牌　中国人民大学附中

王逸轩　银牌　湖北武钢三中

宋政钦　银牌　湖南师大附中

领　队　熊　斌　副领队　李秋生

第 58 届（2017 年，巴西）（团体总分第 2 名）

任秋宇　金牌　华南师大附中

张　騄　金牌　湖南长郡中学

吴金泽　金牌　湖北武汉二中

江元旸　金牌　浙江鄞州中学

何天成　金牌　华南师大附中

周行健　银牌　中国人民大学附中

领　队　姚一隽　副领队　张思汇

第 59 届（2018 年，罗马尼亚）（团体总分第 3 名）

陈伊一　金牌　湖南雅礼中学

欧阳泽轩　金牌　浙江温州中学

李一笑　金牌　江苏天一中学

王泽宇　金牌　西北工业大学附中

姚　睿　银牌　华中师大一附中

叶　奇　银牌　浙江乐成寄宿中学

领　队　瞿振华　副领队　何忆捷

第 60 届（2019 年，英国）（团体总分第 1 名）

邓明扬　金牌　中国人民大学附中

胡苏麟　金牌　华南师大附中

谢柏庭　金牌　浙江知临中学

黄嘉俊　金牌　上海中学

袁祉祯　金牌　湖北武钢三中

俞然枫　金牌　南京师大附中

领　队　熊　斌　副领队　何忆捷

在 IMO 获得奖牌的学生，日后有不少成为大数学家。例如获菲尔兹奖的数学家有：

1959 年银牌得主 Gregory Margulis（俄罗斯）于 1978 年获得菲尔兹奖；

1969 年金牌得主 Valdimir Drinfeld（乌克兰）于 1990 年获得菲尔兹奖；

1974 年金牌得主 Jean-Ghristophe Yoccoz（法国）于 1994 年获得菲尔兹奖；

1977 年金牌、1978 年银牌得主 Richard Borcherds（英国）于 1998 年获得菲尔兹奖；

1981 年金牌得主 Timothy Gowers（英国）于 1998 年获得菲尔兹奖；

1985 年银牌得主 Laurant Lafforgue（法国）于 2002 年获得菲尔兹奖；

1982 年金牌得主 Grigori Perelman（俄罗斯）于 2006 年获得菲尔兹奖（解决了庞加莱猜想）；

1986 年铜牌、1987 年银牌、1988 年金牌得主 Terence Tao（美国）于 2006 年获得菲尔兹奖；

1988 年金牌、1989 年金牌得主 Ngo BaoChau（越南）于 2010 年获得菲尔兹奖；

1988 年铜牌得主 Elon Lindenstrauss（以色列）于 2010 年获得菲尔兹奖;

1986 年金牌、1987 年金牌得主 Stansi-lav Smirnov（俄罗斯）于 2010 年获得菲尔兹奖。

1994 年金牌、1995 年金牌得主 Maryam Mirzakhani（女，伊朗）于 2014 年获得菲尔茨奖;

1995 年金牌得主 Artur Avila（巴西）于 2014 年获得菲尔茨奖;

2004 年银牌和 2005 年、2006 年、2007 年金牌得主 Peter Scholze（德国）于 2018 年获得菲尔茨奖;

1994 年铜牌得主 Akshay Venkatesh（澳大利亚）于 2018 年获得菲尔茨奖。

陶哲轩(Terence Tao)在2009年IMO给学生做报告

下面是 IMO 1959—2018 年 3 次及以上的金牌获奖者:

获奖者	国家和地区	参赛时间	奖牌
Zhuo Qun (Alex) Song	加拿大	2010—2015	铜金金金金金
Teodor von Burg	塞尔维亚	2007—2012	铜银金金金金
Lisa Sauermann	德国	2007—2011	银金金金金
Nipun Pitimanaaree	泰国	2009—2013	银金金金金
Christian Reiher	德国	1999—2003	铜金金金金
Reid Barton	美国	1998—2001	金金金金
Wolfgang Burmeister	东德	1967—1971	银银金金金和 2 项特别奖
Iurie Boreico	摩尔多瓦	2003—2007	银银金金金和特别奖

续表

获奖者	国家和地区	参赛时间	奖牌
Jeck Lim	新加坡	2009—2013	铜银金金金
Martin Härterich	德国	1985—1989	铜金金银金
Peter Scholze	德国	2004—2007	银金金金
József Pelikán	匈牙利	1963—1966	银金金金和 2 项特别奖
Nikolay Nikolov	保加利亚	1992—1995	金金银金和特别奖
Kentaro Nagao	日本	1997—2000	银金金金
László Lovász	匈牙利	1963—1966	银金金金和 2 项特别奖
Vladimir Barzov	保加利亚	1999—2002	银金金金
Kevin Sun	加拿大	2013—2016	银金金金
Makoto Soejima	日本	2005—2009	铜金金金
Alexander Gunning	澳大利亚	2012—2015	铜金金金
Andrew Carlotti	英国	2010—2013	铜金金金
Tamás Terpai	匈牙利	1997—1999	金金金
Sheldon Kieren Tan	新加坡	2014—2016	金金金
Yuliy Sannikov	乌克兰	1994—1996	金金金
John Rickard	英国	1975—1977	金金金和 3 项特别奖
Bela Andras Racz	匈牙利	2002—2004	金金金
Simon Phillips Norton	英国	1967—1969	金金金和 2 项特别奖
Serguei Norine	俄罗斯	1994—1996	金金金
Przemysław Mazur	波兰	2006—2008	金金金
Ciprian Manolescu	罗马尼亚	1995—1997	金金金
Mihai Manea	罗马尼亚	1999—2001	金金金
Evgenia Malinnikova	苏联	1989—1991	金金金
Tiankai Liu	美国	2001—2004	金金金
Allen Liu	美国	2014—2016	金金金
Dong Ryul Kim	韩国	2012—2014	金金金
Ivan Ivanov	保加利亚	1996—1998	金金金
Sergei Ivanov	苏联	1987—1989	金金金
Stefan Laurenţiu Horneţ	罗马尼亚	1997—1999	金金金
Chung Song Hong	朝鲜	2011—2013	金金金
Oleg Gol'berg	俄罗斯/美国	2002—2004	金金金
Vladimir Dremov	俄罗斯	1998—2000	金金金
Nikolai Dourov	俄罗斯	1996—1998	金金金
Rosen Dimitrov Kralev	保加利亚	2003—2005	金金金
Tak Wing Ching	中国香港	2009—2011	金金金
Teodor Bănică	罗马尼亚	1989—1991	金金金
Andrey Badzyan	俄罗斯	2002—2004	金金金

获得5金1铜的宋卓群(Zhuo Qun (Alex) Song，加拿大)在2016年IMO上领奖

数学竞赛作为课堂教学的补充和提高

何忆捷*，熊　斌*

中国的数学竞赛始于 1956 年，这一年北京、天津、上海、武汉四大城市分别举办了高中数学竞赛。华罗庚教授亲自担任北京市竞赛委员会主席，并主持命题工作。老一辈数学家华罗庚、傅种孙、陈建功、苏步青、段学复、江泽涵等做了专题报告。

中国数学竞赛活动的发展大致经历了如下阶段：

第一阶段（1956—1964 年）主要由老一辈数学家倡导并亲自主持，在个别重要城市举办，属于中国数学竞赛的早期萌芽。

第二阶段（1978—1984 年）是从十余年的政治影响中将数学竞赛活动恢复起来。中国数学会成立了普及工作委员会，我国的数学竞赛活动有了一些规范化、制度化的建设。

第三阶段（1985 年至今）是中国数学竞赛活动蓬勃发展的阶段。我国开始参加国际数学奥林匹克（IMO），并于 1990 年在北京举办了规模空前的第 31 届 IMO。我国的数学竞赛迅速达到并常年保持国际领先水平，与此同时，各级各类竞赛活动蓬勃开展，学习材料丰富多样，数学竞赛的培训成为部分学生的第二课堂，甚至成为尖子生的“第二学校”。

本文前三节分别介绍中国数学竞赛的组织概况、培训体系、学习材料，后两节则谈谈数学竞赛对学生能力的培养，以及竞赛教育中存在的问题。

一、中国数学竞赛的组织概况

自中国数学会普及工作委员会成立以来，经过 30 余年的探索与实践，中国中学数学奥林匹克活动形成了一套适合国情、相对稳定而又不断丰富的做法。全国高中数学联赛与全国初中数学联赛是其中的两项重要的竞赛活动，而围绕着 IMO 中国国家队的选拔工作，中国数学会也逐步建立起了一套工作程序。

---

*华东师范大学数学科学学院，上海市核心数学与实践重点实验室。

1. 全国高中数学联赛

1980 年，中国数学会在大连召开了第一届全国数学普及工作会议。该次会议确定将全国数学竞赛作为中国数学会及各省、直辖市、自治区数学会的一项经常性工作，每年 10 月举办“全国高中数学联合竞赛”（2014 年开始比赛日期调整至 9 月）。

全国高中数学联赛分为一试、加试（最初称为“二试”）。一试主要着眼于普及，试题依据中学数学教学大纲，密切结合中学数学教材，重在考察数学的基础知识、基本技能，并在解题思想方法及运用知识的灵活性上有所要求。加试主要着眼于提高，试题与国际数学奥林匹克（IMO）接轨，在知识方面有所扩展（涵盖平面几何、代数、初等数论、组合数学这四个部分），在思维能力上有较高的要求，难度略低于 IMO 试题。

以 2013 年全国高中联赛为例，一试试题突出函数、不等式、数列、解析几何等主干知识，有效地覆盖到教材中的各个章节，并有坡度设计。加试则着重考查高中数学竞赛大纲所规定的拓展内容。下面摘选的四个例子分别是 2013 年联赛的填空题第 1、3、8 题以及加试第 3 题：

例 1.1 设集合 $A=\{2,0,1,3\}$，集合 $B=\{x|-x\in A,2-x^2\notin A\}$。则集合 B 中所有元素的和为__________。

本题仅考查集合表示的基础知识，高一新生在熟悉相关概念后即可顺利完成。

例 1.2 在 $\triangle ABC$ 中，已知 $\sin A=10\sin B\cdot\sin C$，$\cos A=10\cos B\cdot\cos C$，则 $\tan A$ 的值为__________。

本题的参考解法如下：

由于 $\sin A-\cos A=10(\sin B\sin C-\cos B\cos C)=-10\cos(B+C)=10\cos A$，所以 $\sin A=11\cos A$，故 $\tan A=11$。

本题考查的公式均是课堂教学的基本内容，但需要学生灵活选用公式，并有“消元”的意识和“整体考虑问题”的意识，不能机械性地套用公式。

例 1.3 已知数列 $\{a_n\}$ 共有 9 项，其中 $a_1=a_9=1$，且对每个 $i\in\{1,2,\cdots,8\}$，均有 $\frac{a_{i+1}}{a_i}\in\left\{2,1,-\frac{1}{2}\right\}$，则这样的数列的个数为__________。

本题是 2013 年联赛的最后一道填空题，是以数列作为背景所设计的一个计数问题，需要学生分析条件，弄清各 $\frac{a_{i+1}}{a_i}(1\leqslant i\leqslant 8)$ 中 $2,1,-\frac{1}{2}$ 的个数的所有可能情况，并分类计数。本题的难度明显高于教材，但所涉及的知识乃至思想方法则未超出排列组合的教学要求，计算量也有适度控制，使得思路清晰、逻辑缜密的学生能不太困难地解出。

例 1.4 一次考试共有 m 道试题，n 个学生参加，其中 $m, n \geqslant 2$ 为给定的整数。每道题的得分规则是：若该题恰有 x 个学生没有答对，则每个答对该题的学生得 x 分，未答对的学生得零分。每个学生的总分为其 m 道试题的得分总和。将所有学生总分从高到低排列为 $p_1 \geqslant p_2 \geqslant \cdots \geqslant p_n$，求 $p_1 + p_n$ 的最大可能值。

本题是典型的“离散量的最值问题”。作为加试题，本题在知识和方法上都有所扩展，属于“非常规”的问题（在高中课堂教学范围内，一般只考虑连续变量的最值，至多包含数列中简单的离散最值）。本题的解法并不唯一，但大致上要求学生能将文字条件数量化，能正确运用不等式的性质及 n 元平均值不等式完成一系列的放缩估计，能构造出最优的例子。

全国高中数学联赛是一项群众性的、影响力颇大的数学课外活动，近些年，每年全国约有 5 万中学生参与此项竞赛（如果算上各省市组织的预赛，则有大约 100 万人）。同时，高中联赛亦肩负着一项选拔功能——每年选出各省市最优秀的选手（如今是每年 300 余人）获得中国数学奥林匹克（CMO）的参赛资格。

2. 全国初中数学联赛

全国初中数学联赛是中国数学会组织的一项大众化、普及型的学科竞赛活动。此项活动旨在激发中学生学习数学的兴趣，开发学生智力，培养学生的创新意识和能力，发现和培养数学人才。

自 1985 年起，全国初中数学联赛每年举办一届（比赛日期定在每年 3、4 月份），其组织方式与全国高中数学联赛类似。

全国初中数学联赛的比赛内容涵盖“数、代数式、方程和不等式、函数、几何、逻辑推理问题”等，其中将全日制义务教育数学课程标准中所列的内容作为竞赛的基本要求，并在理解程度、灵活运用能力、方法与技巧掌握的熟练程度等方面有更高的要求。比赛分为一试和二试，第一试着重基础知识和基本技能，第二试着重分析问题和解决问题的能力。

值得注意的是，在现行课程标准削减了“一元二次方程根与系数的关系、相似三角形的判定与性质、圆周角、圆内接四边形、切线长”等知识的考试要求之时，初中数学竞赛活动则仍然维持着这些内容，对课堂教学予以补充。在中国数学会普及工作委员会 2006 年修订的初中数学竞赛大纲中，还特别加入了“四点共圆”“圆幂定理”等内容。以 2014 年全国初中数学联赛第二试（A 卷）的第 1、2 题为例：

例 1.5 设实数 a, b 满足 $a^2(b^2+1)+b(b+2a)=40, a(b+1)+b=8$，求 $\frac{1}{a^2}+\frac{1}{b^2}$ 的值。

例 1.6 如图，在平行四边形 $ABCD$ 中，E 为对角线 BD 上一点，且满足 $\angle ECD = \angle ACB$，AC 的延长线与 $\triangle ABD$ 的外接圆交于点 F。证明：$\angle DFE = \angle AFB$。

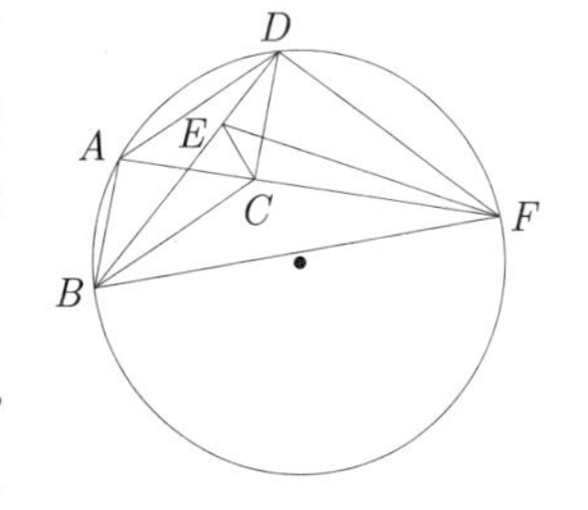

例 1.5 可通过换元 $a+b=x, ab=y$ 来简化问题，不难发现其代数式结构特点与“一元二次方程根与系数的关系”有高度相关性；例 1.6 则瞄准了“相似三角形的判定与性质、圆内接四边形”等知识点。

如果说课程标准提出的是义务教育的基本目标，那么数学竞赛则是为学有余力的学生提供广度和深度上的拓展，使他们的思维得到发展，免于陷入大量的低层次的重复。代数变形的训练能提高学生的形式运算能力，圆与相似三角形等知识可以为数学课堂教学及课外学习提供丰富的素材，并提高学生的几何转化能力。需要指出的是，这些将直接影响到学生对高中解析几何等内容的学习。

3. IMO 中国国家队的选拔工作程序

IMO 中国国家队的现行选拔流程大致可由下图表示：

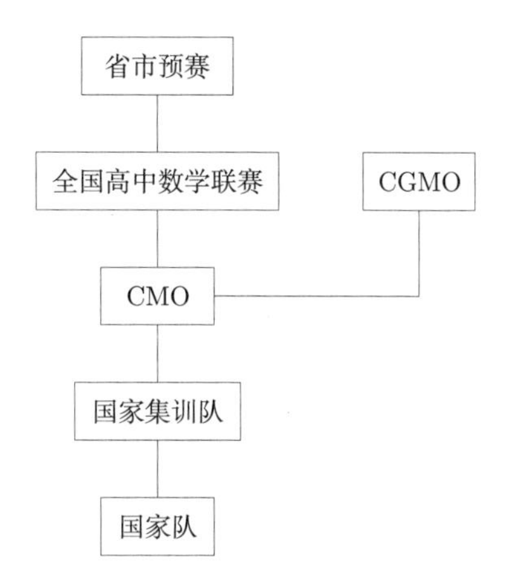

其中，CMO 为“中国数学奥林匹克”，是由中国数学会奥林匹克委员会组织的一项选拔性学科竞赛活动，是国内最高级别的中学生数学竞赛。CGMO 为“中国女子数学奥林匹克”，是中国数学会奥林匹克委员会特别为高中女学生而设的一项数学竞赛，旨在为女学生展示数学才能搭设舞台，增强学习兴趣，提高水平，促进各地女学生相互学习、增进友情。

CMO 的参赛选手由全国高中数学联赛各省的优胜者、CGMO 的优胜者等组成，并有境外代表队受邀参加。CMO 的题目难度与 IMO 基本相当，成绩最好的 60 名境内选手将入选国家集训队，同时他们直接获得全国一流大学的录取资格。

中国国家集训队的主要任务是为参加当年的 IMO 选拔中国国家队队员，试题难度略高于 IMO，这也是整个选拔工作程序的最后一轮。

二、中国数学竞赛的培训体系

随着各项数学竞赛活动的举办，全国各地广泛开展数学竞赛教育活动，并形成了一定的数学竞赛培训体系。中国的数学竞赛水平日益提升，在国际上取得了十分优异的成绩。

1. 校级培训的组织方式

校级培训是我国广泛开展奥林匹克数学教育的基层力量，主要采取第二课堂的形式，有兴趣小组、拓展课程等，贯穿中学的各个年级，大多属于数学竞赛的普及教育，作为课堂学习的补充。但在一些理科特长的重点中学中，校级培训的专门性强，训练水平高，成为培养高水平数学奥林匹克选手的主阵地。

从课程与教学的角度来看，数学资优教育主要有三种基本形式：充实、区分和加速。充实是指为资优生提供更丰富的学习材料，以扩大学生的知识视野；区分则是在某种意义下进行能力分组，改编课程以便为不同水平的学生提供合适的学习机会；加速则是提供给学生密集的材料或更多的信息，以更快的速度进行教学，使资优生尽早获得进一步发展所需的高级知识体系。在数学竞赛的校级培训中，这三种形式并存。

充实：学校开设不同主题的数学拓展型课程，涵盖数学竞赛、数学解题思想与方法、数学建模、数学史与数学文化等，以提供给不同兴趣、不同层次的学生多样化的选择，有益于加深数学理解，提升素养，开阔视野。对于数学资优生，有的学校组织数学竞赛小组，利用一些课余时间进行拓展讲座或训练，学生自愿参加，并为一些数学竞赛做准备。

区分：一些重点学校会将少数有数学天赋、成绩优秀的学生汇集在一个班级内，凡是上数学课时就分到另一个教室进行小班化教学。竞赛水平突出的传统特色学校，会在每个年级开设数学重点班或理科重点班，学生入校时即对整个学段的教学做整体的规划，且对于重点班内的学生还进行更细的分层教学。以上海中学为例，学校自 2008 年至 2016 年，连续 9 年培养出 IMO 金牌选手，其分层模式从 1990 年开始建立，每年从上千名对数学感兴趣、有较强学习能力的参加数学竞赛的上海市高一新生中选拔 40 多名组成数学班，创设专门的课程进行培育。从 1998 年开始，每年又从数学班挑选 10 余名数学领悟能力强的学生组成数学小班，进行小班化教育，并对其中涌现的 3—4

名具有数学强潜能、高天分学生进行个别化教育。

加速：许多情况下，采取区分教学的组织方式是为了便于对数学资优生进行加速教学，即让学生更快速地掌握课本知识以及数学竞赛中的基础知识与常规技能，为进一步提高打好基础。在加速教学完成之后，学生如愿意继续投入竞赛学习，那么将有充足的学习时间来提高自己的数学竞赛解题水平。

在以上三种数学资优教育的形式中，“充实”更着眼于数学竞赛的普及教育，“区分”与“加速”则兼有普及与提高的功能。区分教学与加速教学会增加学生的学习负担，因此并不适合大多数学生，然而一些特别有天赋的学生可以毫不费力地迅速掌握所需的数学知识与技能，且不影响其他学科的学习。

对于高中数学竞赛，较多学校采用“$1+n$”的导师带教模式，即为有数学天赋的学生安排一个数学教师作为长期带教的核心教师，同时整合校内数学教学团队成员（甚至是校外数学教授指导团队）的智慧。核心教师要充分了解每名学生的特点，对学生未来做预测，观察他（她）在高中阶段的表现与能达到的高度，制定出个性化的培养计划，同时设计出每一个时间节点完成适当的任务，并在恰当的时间邀请各方向上的专家教授来做专门指导。这个模式的优势在于能将学生的基础与提高并重，让学生能接触到不同的教师思考数学问题的不同习惯、切入角度等个性化的东西，得到更大的发展。

校级培训往往会从课内教学开始，到竞赛普及，再到竞赛提高。整个过程大致可分为基础训练、专题训练、强化训练、赛前训练这四个阶段，各个阶段强调的重点有所不同。

基础训练阶段的教学任务是教完高中（初中）教学内容，使学生的数学知识达到毕业水平。其教学形式和教学方法与常规教学相近，但在内容上有适当的加深与拓宽，在方法上注重渗透竞赛中的思想方法。此阶段发展水平较高的个别学生已可以在普及性的竞赛中有上佳的发挥。

专题训练阶段的主要任务是系统传授数学竞赛知识、技能与方法，同时也要正确引导，使学生养成良好的学习习惯，进一步提升自学意识和自学能力，并始终保持积极向上的学习情感。经过此阶段，学生可以加深对数学知识的理解，建立结构化的认知，领悟思维方法，拓宽知识面。

强化训练一般仅针对极少数水平突出的学生（主要是 CMO 及以上水平的参赛选手）。这个阶段可以用高水平的竞赛题来训练学生，让顶尖层次的学生相互竞争与合作，并辅以心理引领工作。

赛前训练的主要目的是让学生进入较好的赛前状态，比如通过模拟测试，让学生熟悉将要参加的比赛的形式，增强临场考试的经验；通过较平和的填空题训练，使学生避免知识的生疏，并对知识和方法的缺陷做进一步弥补。在参加一些省市级以上的重要数学竞赛之前，不少学校会利用假期、课余时间，或是赛前一到两周的时间，为参赛选手组织赛前集训。这也是校级培训的一个重要组成部分。

大体上说，前两个阶段与课内学习的关系相对密切，后两个阶段则着眼于竞技水平和竞技状态的提升。

2. 省市级数学竞赛与培训组织

我国有多项省、市级的初、高中数学竞赛，这些竞赛活动一般由省、市的数学会主办。北京、上海等地常年开展初中、高中的数学竞赛，并有历年试题解答等系统性的出版资料。有些省份则将省数学竞赛作为全国数学联赛的预赛。

除举办比赛之外，各省、市的数学会还组织一些数学竞赛的培训工作。

多个省市常年举办数学竞赛夏令营活动，聘请高校教授、中学特级教师、一线教练员为学生授课。以浙江为例，浙江大学数学系与浙江省数学会每年联合举办浙江高中数学夏令营活动，按“高考、高中联赛一试、高中联赛加试”分层次开展培训，旨在提高中学生的竞赛水平和高考水平。

各省市的数学夏令营受到广大中学数学爱好者的欢迎，且往往会吸引到一些其他省市的学生慕名前来。数以万计的数学优秀生从各省市夏令营中走出，其中不乏 IMO、CMO 的优胜者以及高考状元。

上海则采用另一种颇有特色的培训模式——中学生业余数学学校。二十多年来，上海学生在国内外的数学竞赛中取得好成绩与上海市中学生数学学校有很大关系。上海市中学生数学学校是由著名数学家苏步青先生倡议，经上海市教委同意，由上海市数学会主办、接受市教委教研室指导的一所中学生业余数学学校。学校自 1987 年建校至今已开办二十多年，已故数学家谷超豪曾担任其名誉校长。学生分布于六年级至十二年级，每个年级有 400 名左右学生，集中了上海市最优秀的数学尖子。学校聘请了复旦大学、华东师大的教授及上海市最优秀的数学竞赛教练员给学生授课，每个周日给学生进行 2 小时左右的数学课外辅导。

数学学校的课程与中学普通课程的节奏大致吻合，故比较符合资优教育中的“充实”形式，学生不仅有机会巩固深化课内知识，还能学到课外的知识和方法，例如：初等数论的一些知识，组合数学的一些知识，平面几何中的一些著名定理，数学解题的方法与技巧。通过教师的讲授和学生之间的相互讨论，学生的数学水平可以迅速提高。

另外，受上海市数学会的委托，上海市中学生数学学校还承办了上海市高中数学竞赛和上海市初中数学竞赛的命题和组织工作，从中选拔了一些最优秀的学生组织成一个小班再进行特殊的辅导。从 1987 年以来，上海市进国家队的学生基本上都在数学学校经历过特殊的辅导。

省市级培训与校级培训交叉配合，使数学尖子生进一步得到发展，当然也能推动教练员队伍的建设。

3. 数学竞赛的培训体系

总体上，中国的数学竞赛培训体系呈现“校级一省市级一省际级”的结构（如下图所示），兼顾普及与提高，交叉覆盖到学生的各个年龄段以及学习水平层次。其中，省际级数学竞赛活动主要由一些区域性数学竞赛和特色夏令营活动组成，每年可以生成大量的共享资源。

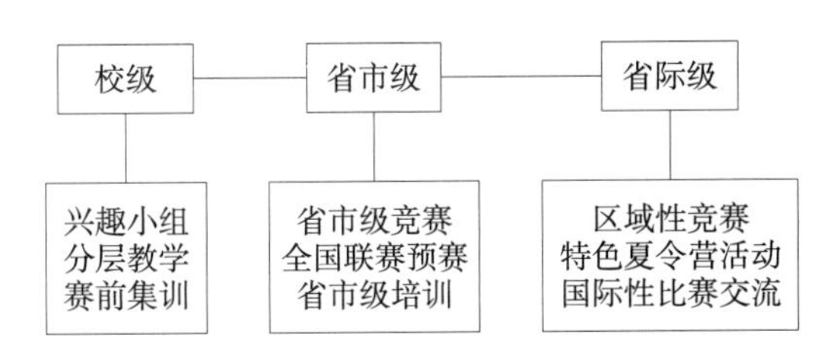

此外，教练员培训也是整个培训体系的一部分。中国数学会普及工作委员会于 1988 年起建立了“中国数学奥林匹克等级教练员制度”，中国数学会及各省市的数学会，经常开设有中学青年教师的培训班，最后通过解题、教案等考核来做出相关的评定。教练员在职前也有一些学习的机会，例如在一些师范院校，除了数学教育的基础课程与教学实习之外，还会开设数学竞赛与解题原理、数学方法论等一些选修课程，为师范生踏上教练员岗位做好前期准备。

三、数学奥林匹克的学习材料

书籍是最好的老师。

我国自 1986 年正式参加 IMO 并取得优异成绩以来，国内掀起了研究竞赛数学的热潮，并涌现出了大量优秀的数学竞赛读物。

各类读物各有特点，覆盖面广。以华东师范大学出版社为例，既有适合一般数学资优生阅读的“从课本到奥数”“优等生数学”“解题高手”等系列，又有适合竞赛普及的“奥数教程”“奥数小丛书”等系列，而《高中联赛备考手册》《数学奥林匹克试题集锦》等图书，则每年收录国内外各级各类高中数学竞赛的试题与解答。

下面仅就一些代表性的学习材料做介绍。

1. 培优丛书选介

《奥数教程》(华东师范大学出版社)

本套丛书出版于2000年，此后在香港、台湾等地出版繁体字版。目前本套丛书已更新到第六版，贯穿小学到高中各个年级，并且逐步建立了配套的学习手册和能力测试，是国内影响力最大的学科竞赛类图书。

本套丛书以讲解为主、测试为辅，各讲内容依据教学大纲要求，与教学进度同步编写，另有三分之一的篇幅难度较高，以兼顾数学竞赛的提高。以第六版的高一年级分册为例，全书分为30讲(第1—21讲为基础篇，第22—30讲为提高篇)，主要包含集合、函数、数列、三角、向量等内容，与高中教学进度大体一致。其中的容易题可作为课堂教学的例题；中等题难度大约在全国高中联赛一试水平，可作为课堂教学的拓展；难题则达到全国高中联赛加试的水平。全书共254道例题，基础篇的易、中、难各部分所占比重约为2∶3∶1，提高篇的三者所占比重则约为1∶2∶3。

《数学奥林匹克小丛书》(华东师范大学出版社)

本套丛书(第二版)初中8本，高中14本，多数作者是国内数学竞赛的权威专家。丛书规模大，专题细，不仅对数学竞赛中出现的常用方法做了阐述，而且对竞赛题做了精到的分析解答，不少出自作者自己的研究所得。

本套丛书中不乏独具一格之作。以初中卷2《方程与方程组》为例，全书分18讲介绍一元一次方程、二(多)元一次方程组、一元二次方程、高次方程、分式方程、无理方程、二元二次方程组、整数根问题的知识及相关应用。在各讲内容的编排上，不但由浅入深、突出方法、便于教学与自学，同时还努力尝试渗透数学作为一种文化、作为提升人的智慧的“培养基”所包含的教育价值，具体包括古诗、名言、历史趣题、名人轶事、趣味故事等。

《全国初中数学竞赛辅导》(北京大学出版社)

本套丛书按初中三年的划分，分别编为第一册、第二册、第三册，每册均按课内、课外及理论、应用的划分，各编为三篇，即基础篇、提高篇和应用篇。以初三分册为例，基础篇14讲分别为“分式方程的解法”“无理方程的解法”“简单高次方程的解法”“有关方程组的问题”“函数的基本概念与性质”“二次函数”“函数的最大值与最小值”“根与系数的关系及其应用”“判别式及其应用”“一元二次不等式的解法”“三角函数”“解直角三角形”“圆的基本性质”“两圆的位置关系”；提高篇8讲分别为“共圆点问题”“圆中的比例线段”“平面几何中的定值问题”“平面几何中的最值问题”“平面几何中的几个著名定理(选读)”“三角形中的几个巧合点”“反证法”“解题思想方法漫谈”；应用篇3讲分别为“怎样把实际问题化成数学问题(二)——数学建模初步”“生活中的数学(五)——光线和影子”“生活中的数学（六）——地球、太阳和月亮”。

基础篇基本上就是初中数学教学大纲中规定的内容。通过阅读基础篇的内容，不仅可使学生对课内所学知识得到再现、复习的机会，还可使他们对知识得到进一步的、系统的认识。学有余力的学生可以进一步阅读提高篇的内容。应用篇则重在培养学生应用知识的能力，使学生了解更多的抽象理论知识的用途和用法，并形成“用数学”的意识。

《华罗庚数学学校奥林匹克系列丛书》（中国大百科全书出版社）

华罗庚数学学校是中国人民大学附中的“校中之校”，由中国科技大学、中国科学院华罗庚实验室和中国人民大学附中联合创办，旨在早期发现与培养杰出人才。华罗庚数学学校组织专家力量编写了“数学课本”与“试题解析”系列，出版于 1995 年前后，在当时是一套经典的数学竞赛学习资料。

数学课本系列是一套超高难度的校本教材。以高一课本为例，全书共分 15 讲，分别为“集合与子集”“函数方程（一）”“函数方程（二）”“整除（一）”“整除（二）”“函数 $[x]$”“几何变换”“面积”“直线形”“向量”“立体几何（一）”“立体几何（二）”“图论（一）”“组合杂题（一）——博弈”“组合杂题（二）——抽屉原理与反证方法”，几乎所有的篇幅都是拓展内容，且具有很高的观点，完全着眼于精英教育。在总共 155 道例题中，90% 的例题超出全国高中数学联赛一试的难度。试题解析系列则提供了大量的训练素材，且难度低于课本，可以照顾到不同水平层次学生的发展需要。

2. 其他学习材料

在著名数学教育家乔治·波利亚（George Pólya）解题思想的影响下，国内形成了基于数学方法论的竞赛解题理论与实践的一些研究。这些书往往以方法、策略为主线，与课堂教学的知识主线相互交织，有利于加深知识的理解，深化解题思想。例如，单墫教授的《解题研究》《我怎样解题》等书，是数学竞赛与数学问题解决策略相结合的优秀书籍，对竞赛选手及教练员都极具启发性。

随着时代发展，信息交换逐渐便利，我国的数学奥林匹克工作者对国际上的数学竞赛资料进行了一番整理，逐步出版了历年 IMO 预选题以及多个国家的数学奥林匹克试题的解答。这些资料的汇整大大开阔了学习的视野，也成了数学奥林匹克爱好者了解世界各地数学竞赛的一个窗口。

在我国研究与普及竞赛数学的热潮中，著名数学家、大学教授、中学的师生都参与其中，并将成果发表于各类数学教育期刊上，其中不乏适合竞赛选手和教练员阅读的栏目。例如，《中等数学》（*High-School Mathematics*）是由天津师范大学、天津市数学学会、中国数学会普及工作委员会主办，以报道中学数学课外活动和数学竞赛为中心内容的一份专业刊物，现为月刊。本刊含有“数学活动课程讲座”“命题与解题”“学生习作”“初等数学研究”“竞赛之窗”“课外训练”等多个栏目，每年还会推出《国内外数学竞赛题及精解》及《全国高中数学联赛模拟题集萃》两册增刊，为广大中学生数学爱好者及数学竞赛教练员提供了丰富的学习资料。

四、数学竞赛对数学能力的培养

数学能力是一个人顺利完成数学活动的稳定的心理特征。国内外数学家、教育家、心理学家从各个角度对数学能力进行了探讨。

苏联心理学家克鲁切斯基（Krutetskii）依据数学思维基本特征，确定了9 种数学能力的组成成分：

1) 使数学材料形式化，以及运用形式结构进行运算；

2) 概括数学材料；

3) 运用数字和其他符号进行运算；

4) 连续而有节奏的逻辑推理；

5) 缩短推理过程；

6) 逆转心理过程（从正向思维转向逆向思维的能力）；

7) 思维的灵活性；

8) 数学记忆；

9) 空间概念。

美国数学教师协会（NCTM）在 2000 年发布的《学校数学教育的原则和标准》中，将“问题解决、推理与证明、交流、联结、表征”作为数学过程性能力的五项标准。

2003 年，我国的《普通高中数学课程标准（实验）》指出，“人们在学习数学和运用数学解决问题时，不断地经历直观感知、观察发现、归纳类比、空间想象、抽象概括、符号表示、运算求解、数据处理、演绎证明、反思与建构等思维过程”，“数学思维能力在形成理性思维中发挥着独特的作用”。

数学竞赛的教育正有益于资优学生数学能力的发展，解数学竞赛题能充分训练他们各方面的能力。

1. 数学能力及“问题解决”

我们不妨结合 NCTM 的标准，对数学竞赛的教育价值做一些说明。

近年来几何教学在我国中小学课程中有所削弱，缺乏逻辑推理训练妨碍了学生推理与证明技能的发展，也引起了数学家与数学教育者的忧虑。然而，在各级各类数学竞赛中，平面几何仍保持稳定的比重，特别是在近些年的 IMO 中，常有高难度的几何题被各国领队推选为正式赛题。这种导向作用对维持数学资优生推理与证明的学习水平多少是有益的。

又比如，数学竞赛题常常要求学生站在更高的层次，识别和使用数学思维中的“关联”，能选择、应用和转换数学的表征，灵活转换命题以解决问题，这就训练了他们的联结与表征能力。

此外，学生的数学交流及形式化表达的能力也被不断地训练与提高，因为他们要清楚地呈现自己的数学想法或解题过程，也需要在与老师、同学的交流中吸收、分析、评价他人的数学想法和解题策略。

更重要的是，数学竞赛提供了大量的“问题解决”的训练素材，这些题目往往不能简单地套用课本的公式或定理完成求解，而是需要一定的数学洞察力与创造性思维。正如数学大师华罗庚教授所指出的：“数学竞赛的性质和学校中的考试是不同的，和大学的入学考试也是不同的，我们的要求是，参加竞赛的同学不但会代公式，会用定理，而且更重要的，是能够灵活地掌握已知的原则和利用这些原则去解决问题的能力，甚至创造出新的方法、新的原则去解决问题。这样的要求，可以很正确地考验和锻炼同学们的数学才能。”

例 4.1 圆周上依次写有 $1,2,\cdots,10$ 这十个数（10 与 1 相邻），现有两类允许的操作：(a) 允许交换相邻两数的位置；(b) 允许将相邻两数同时加上或减去任意一个正整数。问是否可以通过有限次操作，将所有数字均变为 10?

这是一个较初级的数学竞赛题。作者曾给一群未曾学习数学竞赛课程的高二学生做过此题。表面上看，操作方式十分自由，似乎不难达到目的，不少学生也反复进行尝试，抹平各个局部，但发现最终总是差一点点。他们中有人十分自信地表示结论是“不可能”，但作为重点中学的高二学生，他们却难以给出数学的推理。其实我们不妨整体考察这十个数：无论进行操作 (a) 还是操作 (b)，它们的和总是保持原有的奇偶性。在竞赛数学教学中，教师常常会在解题策略上引导学生，使学生有整体考虑问题的意识，或者尽可能地去发现操作中始终保持不变的那些数量关系。

例 4.2 已知 m,x,y 为实数，$x,y>0,x+y<\pi$。求证：

$$(m^2-m)\sin(x+y)+m(\sin x-\sin y)+\sin y>0.$$

对普通水平的高中数学竞赛选手而言，本题有不小的难度，主要难点在于参数多（共有 3 个），结构复杂（二次式与三角式混合），条件 $x,y>0,x+y<\pi$ 不知如何使用。有一种漂亮的解法是这样的：

构造 $\triangle ABC$，使 $A=x, B=y, C=\pi-x-y$。记 a,b,c 为 A,B,C 的对边。根据正弦定理得

$$\frac{\sin x}{a}=\frac{\sin y}{b}=\frac{\sin(\pi-x-y)}{c}=\frac{\sin(x+y)}{c}>0,$$

转化为证明：对任意实数 m，有 $(m^2-m)c+m(a-b)+b>0$ 恒成立。

又 $c>0$，故只需证明关于 m 的二次三项式 $cm^2+(a-b-c)m+b$ 的判别式小于零即可，这十分容易办到。

纵观上述解法，我们运用了多步转换问题的策略，但这必须依赖于对数学式子结构的准确把握：第一步转化是因为整个式子关于正弦是“一次”的，再加上条件 $x,y>0, x+y<\pi$，正好可以利用正弦定理，将 $\sin x, \sin y, \sin(x+y)$ 分别转化为一个三角形的三边 a,b,c；第二步转化是因为整个式子关于 m 是二次的，又 m 为任意实数，因此可转化为考虑判别式的符号。每步转化又都涉及“数”与“形”这两种数学表征。

在例 4.2 的讲评中，应当引导学生细心观察，把握数学的内在结构，努力实现“从难到易，从陌生到熟悉”的转化。

在例 4.2 的求解中，“构造 $\triangle ABC$”运用了构造性思维解题的方法（这里“构造性思维”是指以构造为特点的创造性思维活动），这种方法常使数学解题突破常规，另辟蹊径，表现出简洁、明快、精巧的特点。

构造法解题往往需要全面的知识、发散的思维及敏锐的直觉，多角度多渠道地联想，将代数、几何、数论、组合数学等知识相互渗透，有机结合。下面的问题也与构造法有关，是以往的教学过程中令作者印象颇为深刻的一个案例。

例 4.3 对任意给定正整数 m，证明：存在 $2m+1$ 个正整数 a_i $(1\leqslant i\leqslant 2m+1)$，使它们成递增的等差数列，且这 $2m+1$ 个数的积为完全平方数。

本题的解答一句话即可完成：“取 $a_i=ik$ $(1\leqslant i\leqslant 2m+1)$，其中 $k=(2m+1)!$，则 $a_1a_2\cdots a_{2m+1}=(2m+1)!k^{2m+1}=(k^{m+1})^2$。”

上述解答极为简短，却并没有充分反映出思考问题的过程。这个问题可以怎样考虑呢？事实上，无论数列 $\{b_n\}$ 中各项情况如何，若记 $b_1b_2\cdots b_{2m+1}=N$，则有 $(Nb_1)(Nb_2)\cdots(Nb_{2m+1})=(N^{m+1})^2$。所以我们可以先任意构造一个 $2m+1$ 项的等差数列 $\{b_n\}$，只要它的各项是递增的正整数即可。再将 $\{b_n\}$ 的每项乘以一个待定正整数 k，得到 $a_i=b_ik\,(1\leqslant i\leqslant 2m+1)$。由于每项乘以常数 k 并不改变等差数列的属性，故这样得到的 $\{a_n\}$ 总是等差数列，且各项仍是递增的正整数。于是我们便有了选定 k 值的自由，腾出了足够的精力去对付“积为完全平方数”

这一任务。

总而言之，我们采用的是“先构造一个满足部分性质的对象，再予以调整”的策略。

作者曾给一批中等层次的高中竞赛选手练习此题，他们中仅有少数人很快完成了证明，大多数人则从以下两类角度考虑此问题：一类是从简单情形入手，例如考虑 3 个数、5 个数的情况，再试图推广到一般情形；另一类是设出等差数列的两个基本量（如公差 d 和中间项 $a=a_{m+1}$），将 $2m+1$ 项的乘积用 a,d,m 来表示，试图逻辑地导出问题的解。前一类学生似乎难以将一般规则提炼出来，而后一类学生眼巴巴地望着代数式，便再难以为继。可见，题目远不如解答看似的那么简单。

其实学生的思维量并不小，不但要努力设计求解的方案，还要时时刻刻监控自己的思维，判断方案的可行性，避免无效方案的干扰等。通过这样问题的训练，学生应当会意识到，有些问题光靠聚敛思维难以解决，而是要将思路打开，唤醒自己的创造力。

为便于与例 4.2、例 4.3 进行对比，以下列出三个涉及相同知识点的问题：

例 4.4 当 k 为何值时，对任意实数 x，不等式 $kx^2-(k-2)x+k>0$ 都成立？

例 4.5 已知 $\triangle ABC$ 中，$2\sqrt{2}\left(\sin^2 A-\sin^2 C\right)=(a-b)\sin B$，外接圆半径为 $\sqrt{2}$。

(1) 求角 C；

(2) 求 $\triangle ABC$ 面积的最大值。

例 4.6 设无穷等差数列 $\{a_n\}$ 的前 n 项和为 S_n。

(1) 若首项 $a_1=\frac{3}{2}$，公差 $d=1$，求满足 $S_{k^2}=(S_k)^2$ 的正整数 k；

(2) 求所有的无穷等差数列 $\{a_n\}$，使得对一切正整数 k 都有 $S_{k^2}=(S_k)^2$ 成立。

这三个问题均选自人民教育出版社中学数学室所编的《高考数学复习指导》一书，大致相当于课堂教学中的难题。不难发现，例 4.4 与例 4.5 所涉及的知识方法与例 4.2 相近，但有明确的解题方向感。例 4.6 的第 (1) 问可套用等差数列求和公式解出正整数 k；第 (2) 问可先由 $k=1,2$ 求出对应的几组 (a_1,d)，再逐一验证，也可以直接列出关于 k 的四次方程，利用“多项式恒等”来求解。两种解法都需要较强的运算及推理能力，然而每个环节仍有具体的公式和方法可以套用。相比之下，例 4.2 与例 4.3 虽未用到更多知识，但并不是课堂教学中所能遇到的“常规问题”，对思维的要求要高得多。例 4.1 这样的问题在高中教学中更不会碰到，它只需用到加减法的知识，却同样是训练思维的好材料。

对数学竞赛有一定了解的人，大都有这样的感觉：即便能看懂 100 道题目的解法和原理，当遇到第 101 道题时，仍可能觉得束手无策。从某种意义上说，许多数学竞赛问题是特殊的，甚至是独一无二的，因此机械的模仿不总能奏效，而是要通过模仿和练习，将解决问题的思想方法和策略迁移到其他场合，在解新的数学问题甚至其他学科的问题时，不至于脑子一片空白，束手无策，而是可以产生多种念头，尝试不同的方法。这恰恰符合“问题解决”的基本精神。

2. 数学竞赛与数学开放题教学

“数学开放题”（open ended problem）是涉及解题创造性的另一大课题。这一课题最先从日本引进，在戴再平教授的倡导下，我国的数学开放题教学获得了丰富的理论成果。

粗略地说，数学开放题就是答案不唯一的题。一般的中学数学题只有唯一的正确答案，从解法多样的角度讲，即便是“一题多解”，往往也只有为数不多的几种易于想到的解法。然而，在越高层次的数学竞赛中，越有可能出现“解法开放”的现象——这些解法往往超出命题者的预想。

比如，在 2013 年全国高中数学联赛加试的 4 道题中，有 3 道的解答过程事后得到了简化；在 2014 年的国家集训队中，主试委员会经过阅卷，发现了不少漂亮解法，另有几题的预设解答亦得到了简化，这些题占总数的一半以上；在 2014 年东南地区数学奥林匹克竞赛中，一位选手在最难的一道赛题中获得了简明解法，将原解法缩短了一半，超出主试委员会所有专家的预计；这并不奇怪，据记载，在 1980 年芬兰、英国、匈牙利、瑞典举行的四国联合竞赛中，有一道题目的解法相当繁琐，前后用了四次数学归纳法，译成中文约有 4000 字，后来我国的专家给出了一些简单的解法，均只需十余行字，但其代数变形的隐蔽性很强，十分不易发现。

在历届 IMO 中，对于那些得到特别漂亮的解法和非平凡的推广的选手，主试委员会会颁发特别奖。至今为止，特别奖已授予了 40 多名选手。

下面是作者在以往的教学过程中所得的一个案例：

例 4.7 已知 $\triangle ABC$ 面积为 S，外接圆半径为 R。

(1) 证明：$S=2R^2\sin A\sin B\sin C$；

(2) 证明：$S=\frac{R^2}{2}(\sin 2A+\sin 2B+\sin 2C)$。

本题在知识点教学刚完成后的测试中使用，命题意图是考查学生三角形面积公式、正弦定理、和差化积公式的灵活运用，预设的证法为：利用三角形面积公式 $S=\frac{1}{2}ab\sin C$（或 $S=\frac{abc}{4R}$）及正弦定理 $\frac{a}{\sin A}=\frac{b}{\sin B}=$

$\frac{c}{\sin C}=2R$ 来证第 (1) 问，并结合三角形中恒等式 $\sin 2A+\sin 2B+\sin 2C=4\sin A\sin B\sin C$ 的推导，进一步证出第 (2) 问。

有一位学生在求解第 (2) 问时却想出了不同的方法：

设 $\triangle ABC$ 的外接圆圆心为 O。当 $\triangle ABC$ 为锐角三角形时，由于

$$S_{\triangle AOB}=\frac{1}{2}OA\cdot OB\cdot\sin\angle AOB=\frac{1}{2}R^2\sin 2C,$$

同理有 $S_{\triangle BOC}=\frac{1}{2}R^2\sin 2A$，$S_{\triangle COA}=\frac{1}{2}R^2\sin 2B$，所以

$$S=S_{\triangle AOB}+S_{\triangle BOC}+S_{\triangle COA}=\frac{R^2}{2}(\sin 2A+\sin 2B+\sin 2C).$$

当 $\triangle ABC$ 为直角三角形时，可完全仿照上述推导，只是有一个部分面积为零。

当 $\triangle ABC$ 为钝角三角形时，不妨设 $A>\frac{\pi}{2}$，则 $S=S_{\triangle AOB}+S_{\triangle COA}-S_{\triangle BOC}$。注意 $\angle BOC=2\pi-2A$，有 $S_{\triangle BOC}=\frac{1}{2}R^2\sin(2\pi-2A)=-\frac{1}{2}R^2\sin 2A$，因此仍可仿照上述推导得出结论。

这位学生是如何想到这种漂亮的证法的呢？他说是三角形的另一个面积公式 $S=\frac{1}{2}(a+b+c)r$ 的证法给他带来了启发（a,b,c 为 A,B,C 的对边，r 为内切圆半径），使他联想到“用部分面积之和求总面积”的思想，再考虑到需证结论与外接圆半径 R 有关，那么将 $\triangle ABC$ 划分为 $\triangle AOB,\triangle BOC,\triangle COA$ 就再自然不过了。

后来他发现还应讨论钝角三角形的情况。在完成推理之后，他又将这种情形与面积公式 $S=\frac{1}{2}(b+c-a)r_a$ 的证法做了类比（r_a 为相应于角 A 的旁切圆半径）。

这个证法令人感到一种由意料之外到情理之中的艺术魅力。

可以十分肯定地说，许多被研究和讨论过的竞赛题仍具有高度的“解法开放性”，在新的求解者的“攻击”下，还可能发现其他解法，或引出新的不平凡的问题（虽然这并无学术上的价值，但蕴含丰富的教育价值）。

同时，数学竞赛中还有大量的探究性问题，在面对这些问题时，学生的目标是不确定的，无现成的模式可套用，求解过程中往往需要从多个角度进行思考和探索。

因此，尽管数学竞赛题与数学开放题在内涵上有所不同，但在培养资优学生的创造能力方面，利用好数学竞赛题，完全能够高质量地达成数学开放题教学的一部分功效。

五、我国数学竞赛教育存在的问题

国内外有不少数学家赞成并积极倡导数学竞赛，肯定其教育价值，但他们也对数学竞赛持十分谨慎的态度。在我国数学竞赛创办之初，华罗庚教授就担心："这一工作会不会打乱学校的工作呢？会不会影响全面发展的原则呢？做得不好，是有可能的。"如今数学竞赛活动中全民化、低龄化等现象饱受质疑，也多少印证了华罗庚先生的这种担心。

关于数学竞赛"全民化"，我国学者持有多种见解。有人提出数学竞赛教育应面向全体中学生，使学生感受灵活的思维方式，受到解题艺术的熏陶。也有人认为，数学竞赛是适合少数人（例如 5% 的人）的活动，应当控制影响面。其实，正如体育运动一样，全民运动是为了强身健体，而专业运动员则要求有成绩的突破。同样地，从数学普及功能而言，数学竞赛题完全可以面向广大中小学生；但从发现和选拔人才的角度而言，数学竞赛的确只适合于有浓厚兴趣和较强数学能力的少数学生。苏联心理学家克鲁切斯基曾挑选了不同能力水平的三组学生，进行数学能力水平差异的系统研究。分析表明：数学能力一般的学生与能力强的学生相比，需要花费更多的时间和付出更大的努力，才能在数学上取得成绩，他们在解答新类型的问题时会感到很困难，需要通过帮助才能掌握一般的方法，只有通过反复训练才能产生推理的缩短；数学能力强的学生可持久而紧张地从事数学活动而不出现疲倦，相反，对于数学能力差的学生，学习数学会比学习其他科目更容易出现明显的疲劳现象。因此，如果强求大多数学生投入到高水平的数学竞赛训练中，是违反教育规律的。

关于数学竞赛"低龄化"，其实在历届 IMO 中不乏低年级学生获奖的情况，例如菲尔兹奖得主陶哲轩（Terence Tao）在 12 岁时就获得了 IMO 金牌。开展数学竞赛有利于发现这种极个别的超常儿童的数学天分。著名数学家科尔莫戈罗夫（Kolmogorov）在为《第 1—50 届莫斯科数学奥林匹克》一书所做的序言中就曾提到："一开始，莫斯科数学奥林匹克只为九年级和十年级学生举办。从 1940 年开始，才又邀请七年级和八年级的学生参加。这种起始年龄段的变动是出于这样一种理由，即在这个年龄段上，学生们已经开始充分显露出他们对数学的兴趣和才能。"然而过度低龄化也将带来弊端，科尔莫戈罗夫同时明确地指出："尽管也可以为更低年级的学生举办数学奥林匹克，但是却不能不注意到，那些在五六年级时参加过解题竞赛的男孩和女孩们，到了高年级之后，其中的大多数人都会失去他们的解题本领，甚至失去对数学的兴趣。"可见科尔莫戈罗夫对"低龄化"有他心目中的分寸。根据数学家与心理学家的研究（如克鲁切斯基对 26 位数学高禀赋儿童的跟踪研究，克莱门茨（M. A. Clements）对儿童时代的陶哲轩的个案研究等），数学才能在童年早期就能形成，超常儿童表现出惊人的数学天分和学习速度。因此如何让超常学生发展数学能力的同时，始终保持对数学的兴趣，是开展数学竞赛活动时必须考虑的。

近年来，随着数学竞赛教育的全民化、低龄化，全国各地低年龄选手的解题水平大幅提高，初中竞赛的试题难度和复杂程度也水涨船高，似有与课堂教学脱节之嫌。

有一种观点是："当数学竞赛中出现的内容为越来越多的中学师生所熟悉和掌握时，它就完成了奥林匹克使命，而成为中学数学的一部分，这就是一种普及、一种传播。"其实，在文化得以传播的同时，也将带来两方面的挑战。一方面，越来越多的课外内容被"普及"到课内，可能会使学生潜在的学习材料过多，加重学业的负担，如何控制这种影响？另一方面，数学竞赛的内容在被普及的同时，往往就失去了"选拔"的功能，因此还需要有包括数学家在内的各方力量相互配合，做好命题工作，保证命题的新颖性及能力导向性。无论从哪方面讲，数学竞赛都应尽量避免在大家都熟悉的或是已有规范研究的领域中提出越来越复杂的问题。

总之，我国的数学竞赛教育是对课堂教学的一种补充和提升，但在处理普及和选拔、大众教育和精英教育的关系上，仍需做出长期的实践探索。

参考文献

[1] 华罗庚. 在我国就要举办数学竞赛会了 [J]. 数学通报, 1956(1).

[2] 孙瑞清, 胡大同. 奥林匹克数学教学概论 [M]. 北京大学出版社, 1994.

[3] 陈传理, 张同君. 竞赛数学教程（第三版）[M]. 高等教育出版社, 2013.

[4] 朱华伟. 从数学竞赛到竞赛数学 [M]. 科学出版社, 2009.

[5] 冯跃峰. 奥林匹克数学教育的理论和实践 [M]. 上海教育出版社, 2006.

[6] 中华人民共和国教育部. 义务教育数学课程标准（2011 年版）[M]. 北京师范大学出版社, 2012.

[7] 唐盛昌, 冯志刚. 数学英才的早期识别与培育初探——基于案例的研究 [J]. 数学通报, 2011(3).

[8] 盛志荣, 周超. 国际数学资优教育的研究综述 [J]. 浙江教育学院学报, 2010(3).

[9] 鲍建生, 周超. 数学学习的心理基础与过程 [M]. 上海教育出版社, 2009.

[10] 戴再平. 中小学数学开放题丛书 [M]. 上海教育出版社, 2000—2002.

[11] 熊斌, 冯志刚. 奥数教程（高一年级）[M]. 华东师范大学出版社, 2014.

[12] 葛军. 数学奥林匹克小丛书（第二版）初中卷 2: 方程与方程组 [M]. 华东师范大学出版社, 2012.

[13] 孙瑞清. 全国初中数学竞赛辅导 [M]. 北京大学出版社, 1998.

[14] 中国人民大学附中. 华罗庚学校数学课本（高一年级）[M]. 中国大百科全书出版社, 1995.

[15] 单墫. 解题研究 [M]. 上海教育出版社, 2007.

[16] 人民教育出版社中学数学室. 高考数学复习指导 [M]. 人民教育出版社, 2006.

[17] 中国国家集训队教练组. 走向 IMO: 数学奥林匹克试题集锦 (2014)[M]. 华东师范大学出版社, 2014.

[18] 嘎尔别林, 等. 第 1—50 届莫斯科数学奥林匹克 [M]. 苏淳, 等译. 科学出版社, 1990.

[19] Krutetskii, V. A. The Psychology of Mathematical Abilities in School Children [M]. Chicago: University of Chicago Press, 1976.

[20] National Council Teachers of Mathematics. Principles and standards for school mathematics [M]. Reston, Virginia: NCTM, 2000.

[21] Clements. M. A. Terence Tao [J]. Educational Studies in Mathematics, 15(2), 1984.

数学竞赛优胜者会成为数学家吗？[†]

——从普特南会员的职业发展来看

牛伟强[*]，何忆捷[*]，熊　斌[*]

摘要　这篇文章以 1938—1987 年普特南数学竞赛优胜者——普特南会员为例，分析了数学竞赛优胜者的职业发展路径，探讨了普特南会员与科学家特别是数学家的关系。研究发现：（1）大多数（76.6%）普特南会员都会获得理工科博士学位，其中绝大部分（84.5%）是数学（含统计学）博士学位；（2）普特南会员的性别差异极为显著，50 年间没有一位女性成为普特南会员，普特南会员全部都是男性；（3）大多数（76.0%）普特南会员都会选择科学研究和教学作为自己的职业，特别是从事理工类科学研究和教学工作；（4）多数（59.9%）普特南会员都会选择成为一名数学家，在高等院校或科研机构从事数学教学和研究工作。

关键词　数学竞赛，普特南会员，科学家，数学家

一、引言

现代数学竞赛起源于 1894 年的匈牙利，其后一些国家开始效仿，而第一届国际数学奥林匹克竞赛则于 1959 年在罗马尼亚正式举行，比赛吸引了欧洲不少国家参加，是为国际数学竞赛的开端 [1]。随着国际数学奥林匹克竞赛的影响日益扩大，参加比赛的国家越来越多，数学奥林匹克竞赛逐渐走进世界各国。截至 2017 年 8 月，国际数学奥林匹克竞赛已经举行了 58 届，我国自从 1986 年正式派代表队参赛以来，在国际数学奥林匹克竞赛中取得了举世瞩目的成绩，引起了社会各界的广泛关注。

随着数学竞赛在我国的普及，特别是近年来数学竞赛教育的无序发展，引起了不少社会人士和媒体的批评之声，以至于数学教育界也对数学竞赛产生了疑惑。许多学者对数学竞赛及其教育都提出了批评，甚至不少学者对数学竞赛的教育价值也提出了质疑 [2−4]。例如，周玲在《数学竞赛在中国的实践质问其教育价值》一文中声称：“数学竞赛扼杀了大多数青少年学习数学的兴趣，阻碍了大多数青少年全面健康的发展，选拔不出真正的数学人才，未

---

[*]华东师范大学数学科学学院，上海市核心数学与实践重点实验室。

[†]基金项目：上海市核心数学与实践重点实验室课题——数学实践（18dz2271000）。

能有效促进中学数学教学改革，甚至还提出了‘数学竞赛是否适合中国?’这样的疑问。”[2] 尽管已经有学者 [5−8] 从理论的角度论述了数学竞赛的教育价值，但是相关的实证研究仍然较为欠缺。因此，很有必要从实证的角度深入探讨数学竞赛的教育价值。

数学竞赛能否较为准确地识别和选拔出最有潜力和最有希望的数学和科学研究后备人才是一个重大的研究课题。目前，关于数学竞赛优胜者与科学家和数学家关系的研究，主要是通过列举一些后来成名的科学家或数学家来加以说明，如文 [1,7,9]。然而，个别数学竞赛优胜者的成功并不能表明数学竞赛优胜者作为一个群体能取得成功。研究者认为要回答这个问题，最好的方法就是调查某一数学竞赛所有优胜者的职业发展情况，分析数学竞赛优胜者究竟有多大的比例能够成为科学家特别是数学家。事实上，关于数学竞赛优胜者职业发展系统且完整的信息极为难得，但普特南数学竞赛的优胜者——普特南会员是个例外。

普特南会员是由美国数学协会授予普特南数学竞赛前五名的荣誉称号。普特南数学竞赛始于 1938 年，是为了纪念美国律师和银行家威廉·洛韦尔·普特南（William Lowell Putnam，1861—1923）而举办的，参赛对象是美国和加拿大高等院校数学系的大学生，其目的在于鉴别出美国和加拿大最优秀和最有潜力的数学后备人才 [10]。截止到 2017 年初，除了第二次世界大战的三年（1943—1945）外，普特南数学竞赛已经连续举办了 77 届，成为世界上最具影响力的大学生数学竞赛活动之一。美国明尼苏达大学（德卢斯）(University of Minnesota（Duluth)) 已经建立了普特南会员职业发展路径追踪网站 [11]，通过这个网站基本可以查询 1938 年以来所有普特南会员的职业发展情况。鉴于此，研究者设想以普特南会员作为数学竞赛优胜者的代表，通过追踪普特南会员的职业发展路径来探寻数学竞赛优胜者与科学家特别是数学家的关系。

二、方法

1. 概念界定

科学家是从事科学研究的人，或者是科学知识的培育者、耕耘者、发明者或发现者 [12]。科学家根据研究领域的不同大致可以分为两类：理工类科学家和人文社科类科学家。理工类科学家指的是从事理学或工学研究与教学工作的专业工作人员；人文社科类科学家指的是从事人文科学或社会科学研究与教学工作的专业工作人员。尽管在科学史上既从事理工类科学研究又从事人文社科类科学研究的学者并不鲜见，这里根据科学家最主要的研究领域进行划分。在理工类科学家中有一大批研究人员是数学家。根据数学家在数学研究中取得的成就可以把数学家分为三类：杰出数学家、优秀数学家和普通数学家。杰出数学家指的是在高等院校或科研院所从事数学教学与研究工作不仅获得教授职位而且当选科学院院士或者获得菲尔兹奖的专业工作人员；优秀数学家指的是在高等院校或科研院所从事数学教学与研究工作并且获得教授职位的专业工作人员；普通数学家指的是在高等院校或科研院所从事数学教学与研究工作但没有获得教授职位的专业工作人员。

2. 数据处理

普特南会员是授予普特南数学竞赛前五名的最高荣誉。因此，普特南会员作为数学竞赛优胜者的代表极具代表性。研究发现，科学是年轻人的事业，科学家做出伟大的创造性贡献的年龄一般在 45 岁以下，很少超过 50 岁 [13]。换言之，当一个人到 50 岁后，其职业成就便可以在一定程度上进行概括。因此，选取 50 岁及以上的普特南会员就能够较好地分析其个人的职业成就。普特南数学竞赛参赛选手为在读大学生，年龄一般在 20 岁左右，而 1987 年的普特南会员目前刚好 50 岁左右，并且 1938—1987 年也恰好整整 50 年。鉴于此，研究者最终决定选取 1938—1987 年的普特南会员作为研究对象，利用二手资料分析法对这批人员的职业发展路径进行研究。对于信息不完整者，借助维基百科对每一位普特南会员的职业发展情况进行查证，同时借助数学家谱项目（https://www.genealogy.math.ndsu.nodak.edu/index.php）对每一位获得数学博士学位的普特南会员进行核实。

三、结果与发现

1938—1987 年一共举行了 48 届普特南数学竞赛，每届竞赛一般产生 5 名普特南会员，成绩相同的时候例外。普特南会员最多的时候是 1959 年，共有 9 名，原因是第五名有 5 人成绩相同。最后，统计发现 1938—1987 年普特南数学竞赛一共产生了 192 位不同的普特南会员。

1. 普特南会员的博士学位情况

一般来说，在现代社会要成为一名科学家需要接受系统的学习和训练，特别是经过博士阶段的学习并获得博士学位。据此，研究者对 1938—1987 年的普特南会员获得博士学位的情况进行了调查，结果见图 1。

根据图 1，可以发现 1938—1987 年的普特南会员中有 125 人（65.1%）获得数学（含统计学）博士学位，有 15 人（7.8%）获得物理学博士学位，有 6 人（3.1%）获得计算机科学博士学位，获得化学和历史学博士学位的各有 1

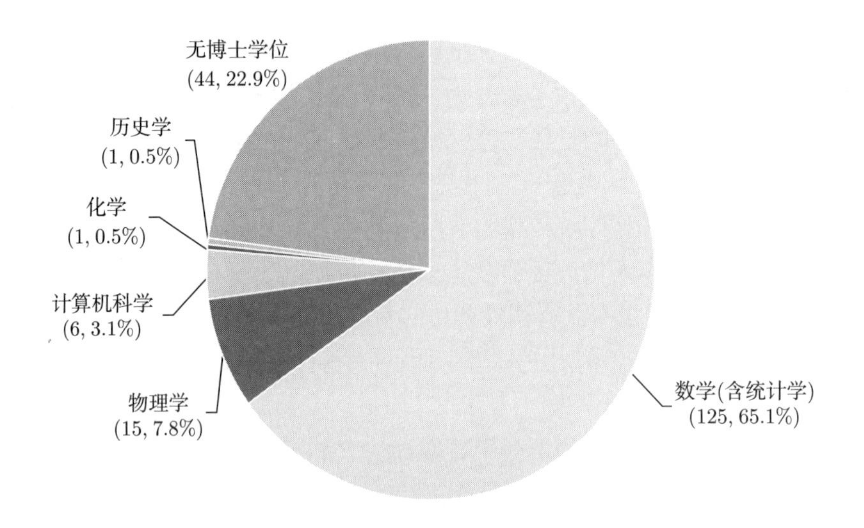

图 1 普特南会员（1938—1987）的博士学位情况

人（0.5%），而没有获得博士学位的只有 44 人 (22.9%)。简单计算可知，一共有 148 人获得博士学位，占全部 192 位普特南会员的 77.1%。需要注意的是除了一位普特南会员获得的是历史学博士外，其他普特南会员获得的都是理工科博士学位，并且在博士学位获得者中获得数学（含统计学）博士学位的普特南会员占了绝大多数（84.5%），几乎达到了全部普特南会员的三分之二（65.1%）。由此可见，普特南数学竞赛的优胜选手中大多数普特南会员都会获得博士学位，并且获得的博士学位几乎全部都是理工科博士学位特别是数学（含统计学）博士学位。

2. 普特南会员的性别差异情况

性别是教育研究中的重要变量，个体在教育方面表现出来的许多差异都与性别有关，不少差异甚至可以归因于性别的不同。数学史研究发现，历史上有记载的数学家特别是成绩斐然的数学家大多数都是男性，而女数学家特别是杰出的女数学家极为罕见。因此，数学教育中的性别差异问题引起了国内外学者的广泛关注，性别差异也一度成为国际数学教育研究的一个热点话题。鉴于此，研究者对 1938—1987 年普特南会员的性别差异进行了调查和统计，结果见图 2。

根据图 2，可以发现 1938—1987 年所有 192 位普特南会员全部都是男性，50 年间没有产生一位女性普特南会员。换句话说，也就是这 50 年间的普特南数学竞赛参赛选手中没有一位女性能够进入数学竞赛前五名，哪怕是并列第五名。这个结果是令人震惊的。尽管不少研究发现数学教育中存在一定的性别差异，但是普特南会员的性别差异竟然如此的悬殊仍然不免令人大吃一惊。由于研究过程中使用的是第二手的资料，它并没有提到任何普特南

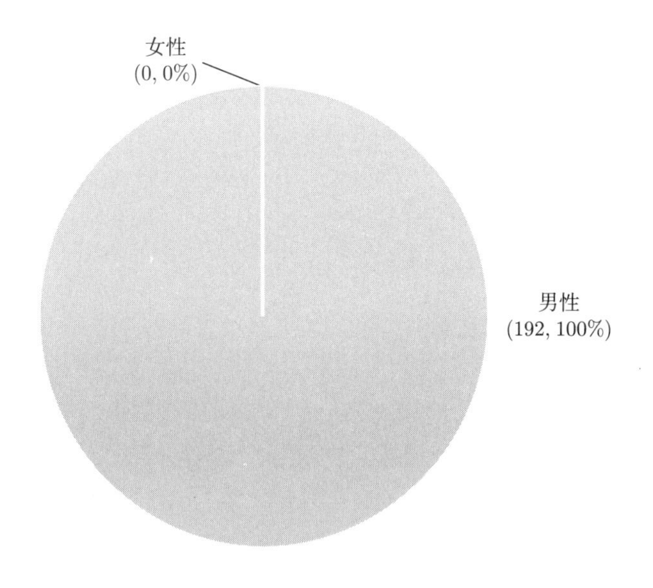

图 2 普特南会员（1938—1987）的性别差异情况

数学竞赛参赛选手的性别构成和比例问题，并且现在探讨 1938—1987 年普特南数学竞赛参赛选手的性别问题几乎是一件不可能的事情。因此，对于其中的原因目前尚无法确定。

3. 普特南会员与科学家的关系

科学家在人类社会进步过程中发挥着关键的作用，尽管杰出科学家在科学家群体中仅有微不足道的数目，然而他们在科学中的地位却举足轻重，正是他们能极大地加速科学研究的步伐 [12]。因而，科学家特别是杰出科学家的培养一直是世界各国教育界关心的核心话题。根据前面对科学家的界定和分类，研究者对 1938—1987 年普特南会员的职业发展情况进行了分类，结果见图 3。

根据图 3，可以发现 1938—1987 年的普特南会员，在其职业生涯中最终成为理工类科学家的有 143 人（74.5%），成为人文社科类科学家的有 3 人（1.6%），选择科学研究作为自己职业的一共有 146 人，占同期 192 位普特南会员的 76.0%。而没有选择科学研究作为自己职业的普特南会员只有 46 人，仅占 24.0%。可见，普特南数学竞赛的优胜选手中大多数普特南会员都选择了成为一名科学家，特别是理工类科学家，以在高等院校或科研机构从事科学研究和教学作为自己的终身职业。究其原因，可能在于普特南会员大多拥有良好的数学素养，从事数学研究或者从事理工类相关的科学研究成为大多数普特南会员职业倾向的必然选择。另外，研究者还发现这 192 位普特南会员中当选科学院院士以及获得菲尔兹奖或诺贝尔奖的杰出科学家一共有 18 位，占同期 192 位普特南会员的 9.4%。可见，普特南会员中涌现出杰出科学家的

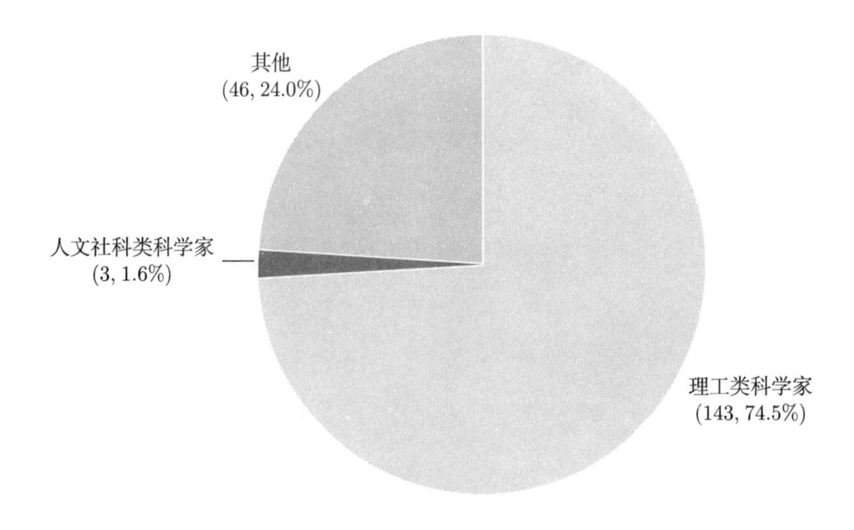

图 3 普特南会员（1938—1987）成为科学家的情况

概率极高。

4. 普特南会员与数学家的关系

随着时代的发展，数学不仅渗透到自然科学而且社会科学也在数学化。因此，数学研究及其应用人才的培养引起了世界各国的高度重视。通过对普特南会员博士学位情况的分析，研究者发现大多数普特南会员都会拿到理工科博士学位，并且将近三分之二的普特南会员都会获得数学博士学位。那么普特南会员将来是否会成为数学家呢？为了回答这个问题，研究者根据前面对数学家的分类对 1938—1987 年普特南会员的职业发展情况再次进行了分析，结果见图 4。

根据图 4，可以发现 1938—1987 年的普特南会员，在其职业生涯中一共有 14 位（7.3%）普特南会员成为科学院院士或者获得菲尔兹奖，成为杰出数学家；此外，还有 63 位（32.8%）普特南会员也获得了教授职位，成为高等院校或者科研院所的优秀数学家；最后，还有 38 位（19.8%）普特南会员在高等院校或者科研院所从事数学教学和研究工作。在高等院校或科研机构从事数学教学和研究工作的普特南会员一共有 115 人，占同期 192 位普特南会员的 59.9%，没有从事数学教学和研究工作的普特南会员只有 77 人，仅占 40.1%。可见，普特南数学竞赛的优胜者中多数普特南会员都选择了成为一名数学家，在高等院校或科研机构从事数学教学和研究工作。分析原因，可能是由于大多数普特南会员本身对数学持有强烈的兴趣，对从事数学教学和研究工作意志坚定，职业志向是成为一名数学家。

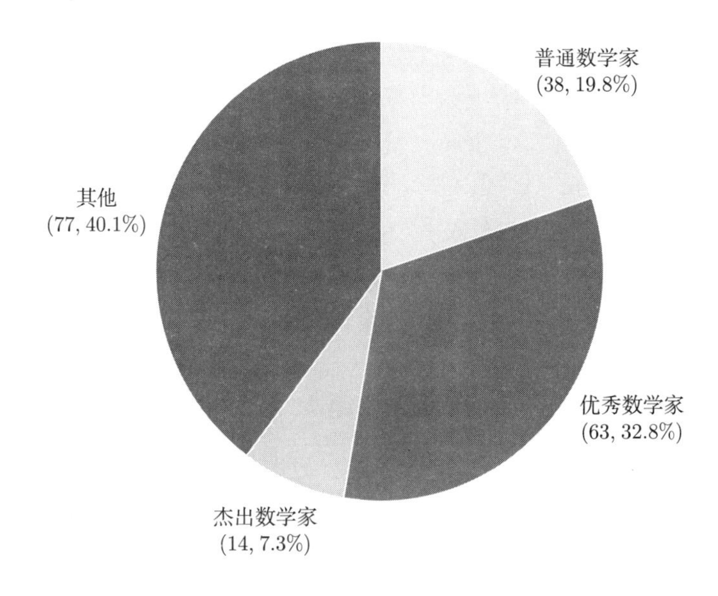

图 4　普特南会员（1938—1987）成为数学家的情况

四、结论

研究者以 1938—1987 年普特南数学竞赛优胜者——普特南会员为例分析了数学竞赛优胜者的职业发展路径，探讨了普特南会员与科学家特别是数学家的关系，得到如下结论：

（1）普特南数学竞赛的优胜选手中大多数（76.6%）普特南会员都会获得理工科博士学位，其中绝大部分（84.5%）是数学（含统计学）博士学位。

（2）普特南数学竞赛的优胜选手中普特南会员的性别差异极为显著，50 年间没有一位女性成为普特南会员，普特南会员全部都是男性。

（3）普特南数学竞赛的优胜选手中大多数（76.0%）普特南会员都会选择科学研究和教学作为自己的职业，特别是从事理工类科学研究和教学工作。

（4）普特南数学竞赛的优胜选手中多数（59.9%）普特南会员都会选择成为一名数学家，在高等院校或科研机构从事数学教学和研究工作。

五、启示

匈牙利早期数学竞赛的许多获奖者后来都在科学研究中崭露头角，不少人甚至成为世界闻名的科学巨人，这是导致世界各国纷纷举办数学竞赛最重要的一个原因 [1]。普特南数学竞赛参赛对象为北美高校的在读大学生，但是世界各国都有不少学生在美国接受高等教育，并且由于美国以及英语的广泛影响力，普特南数学竞赛的影响早已超出北美。研究发现普特南数学竞赛的优胜者——普特南会员中的大多数人都能够成为科学家特别是数学家，普特南会员中涌现出杰出科学家或数学家的比例更是相当惊人。可见，普特南会员作为一个群体其成才率非常高。毫不夸张地说，普特南数学竞赛成功地识别出一大批极具潜力的数学和科学研究后备人才。这充分表明数学竞赛是识别和选拔数学与科学英才的有效手段。

国际数学奥林匹克竞赛是世界上最具影响力的中学生数学竞赛，国内外数学奥赛奖牌获得者中已经产生了许多世界知名的数学家，不少人甚至拿到了数学界的最高奖——菲尔兹奖。虽然我国一直到 1986 年才正式参加国际数学奥林匹克竞赛，但我国的奥赛选手中已经涌现出许多优秀的青年数学人才，尽管目前尚未有人获得菲尔兹奖，但已经有学者，如张伟、恽之玮、许晨阳等获得数论领域著名的拉马努金奖（Ramanujan Prize），并且已经有不少学者，如许晨阳、王菘、刘若川、何宏宇、何斯迈等在国内外知名高校或科研机构拿到教授或研究员职位。这些事实以及文 [1,7,9] 中大量列出的在科学和数学研究中做出杰出贡献的国外数学竞赛优胜选手都在某种程度上肯定了数学竞赛的教育价值。

综上，无论从整体还是从个别、从国外还是从国内来看，数学竞赛对数学与科学英才的教育价值都不容否认。可见，虽然在我国数学竞赛教育发展的过程中出现了一些不恰当的做法，但据此批判甚至否定数学竞赛的教育价值则有失公允。相反，研究者认为目前应该做的不是批判和否定数学竞赛而是完善和规范数学竞赛以及数学竞赛教育，使数学竞赛教育充分发挥在资优生教育方面的作用，使数学竞赛教育真正成为资优生的成才和成功之路。

六、建议

1. 建立长期的英才生跟踪机制

尽管我国早在 1956 年就开始举办中学生数学竞赛，但是相关的长期统计记录却极为罕见，并且基于证据的数学竞赛对中小学生影响的实证研究也很少见。究其原因，可能是我国数学教育研究者很少亲自参与到中小学数学竞赛的第一线，而中小学数学竞赛教练也缺乏相关的教育研究方法和经验。因此，加强数学教育研究者与数学竞赛教练的合作极为必要和迫切。普特南会员的职业发展路径已经建立了相关的网站，这使得对普特南会员进行长期的跟踪研究成为可能。然而，关于我国英才生特别是数学资优生的长期研究却极为罕见，一个最重要的原因可能就是缺乏长期的统计数据。因此，研究者强烈建议建立我国数学英才生和数学竞赛优胜者档案，建立长期的英才生跟踪机制，并对英才生进行长期的追踪研究，这对深刻认识和研究英才生的成长、成才规律极为有利和必要。

2. 明确大学生数学竞赛的目标

普特南数学竞赛是针对数学系大学生的纯数学的纸笔考试，主要考察在限定的时间内参赛者的创造性、推理能力和计算能力，目的在于鉴别出美国和加拿大最优秀和最有潜力的数学后备人才 [10]。可见，普特南数学竞赛的目标十分明确，那就是发现美国和加拿大最有天赋和最有潜力的数学后备人才，为培养一流的数学家或科学家提供人才储备。事实上，研究表明普特南数学竞赛确实实现了预期的目标，普特南数学竞赛的优胜选手后来涌现出一大批杰出的数学家和科学家。我国 2009 年才开始举行大学生数学竞赛，并且分为数学类和非数学类，其效果如何还有待时间检验。最后，研究还发现 1938—1987 年的普特南会员性别差异极为显著，这 50 年间的普特南会员全部都是男性。历史上第一位女性普特南会员是 Ioana Dumitriu，时间是在 1996 年，而 1938—2016 年间一共只有 3 位女性成为普特南会员，这似乎表明男性在数学竞赛甚至数学研究方面更有优势。

3. 重视数学英才生的数学教育

数学竞赛本身的目的是发现最有天赋和最有潜力的数学后备人才，而后备人才成长为真正的科学家还要受到许多其他因素的影响。尽管研究表明数学竞赛是识别和培养数学与科学英才的重要途径，但滥用或者误用数学竞赛却可能适得其反。已有学者指出："数学竞赛之所以在中国出现种种不和谐的现象并不是数学竞赛本身的错，而是由于我们给数学竞赛挂上了太多的功利符号。" [7] "数学竞赛不是基础教育，更不能搞成普及教育，数学竞赛应该是针对少数数学英才学生的一种英才教育。" [14] 可见，数学竞赛教育的对象应该是英才生，其目的应该是发掘学生的数学潜能而不是为了得奖。然而，不幸的是我国的数学英才教育走了不少弯路并且发展滞后，其理论和实践均亟待发展 [15]。因此，如何通过数学竞赛更好地促进英才教育特别是数学英才教育的发展更值得人们去探索和研究。

参考文献

[1] 陈传理, 张同君. 竞赛数学教程 (第三版)[M]. 北京: 高等教育出版社, 2013: 1–2.

[2] 周玲. 数学竞赛在中国的实践质问其教育价值 [J]. 数学教育学报, 2010, 19(5): 28–30.

[3] 孔企平, 张晓玲. 从学生数学学习的规律看"奥数"热 [J]. 全球教育展望, 2004, 33(5): 70–72, 80.

[4] 张维忠. 数学"奥赛"：价值、问题与对策 [J]. 全球教育展望, 2004, 33(5): 73–76.

[5] 夏兴国. 数学竞赛与科学素质 [J]. 数学教育学报, 1996, 5(3): 62–64.

[6] 沈文选. 奥林匹克数学研究与数学奥林匹克教育 [J]. 数学教育学报, 2002, 11(3): 21–25.

[7] 朱华伟. 试论数学奥林匹克的教育价值 [J]. 数学教育学报, 2007, 16(2): 12–15.

[8] 熊丙章, 刘丽颖. 论素质教育观下的数学竞赛 [J]. 数学教育学报, 2013, 22(6): 66–68.

[9] Gallian, J. A. Seventy-Five Years of the Putnam Mathematical Competition [J]. American Mathematical Monthly, 2017, 124(1): 54–59.

[10] 牛伟强. 普特南数学竞赛简介 [M]//熊斌. 数学竞赛与数学研究. 北京: 高等教育出版社, 2017.

[11] Putnam Fellows Career Paths [EB/OL]. http://www.d.umn.edu/~jgallian/putnamfel/PF.html.

[12] 李醒民. 科学家及其角色特点 [J]. 山东科技大学学报 (社会科学版), 2009, 11(3): 1–12.

[13] 刘珺珺. 科学社会学 [M]. 上海: 上海人民出版社, 1990: 243–251.

[14] 游安军. 也论中国数学竞赛的教育性质——与罗增儒先生商榷 [J]. 数学教育学报, 2009, 18(1): 48–51.

[15] 张倜, 曾静, 熊斌. 数学英才教育研究述评 [J]. 数学教育学报, 2017, 26(3): 39–43.

数学竞赛学习方法漫谈

何天成*

今年七月，我有幸作为中国国家队的一员参加了第 58 届国际中学生数学奥林匹克竞赛（IMO），并获得了一枚金牌。回顾六年竞赛之路，我从开始的一个懵懂无知的新人，一路上经历了不少挫折，走了不少弯路，在跌跌撞撞中算是摸索出了自己的一套学习竞赛的方法，最后的结局也是幸运的。而正是这份幸运，让我觉得有责任把自己学习数学竞赛的经验与心得分享出来，希望后来者能吸取我的经验和教训，找到自己的不足，并更好地看清未来。

一、引言

对于一场考试，我喜欢用以下 3 个参数来衡量最终的分数：

$$\text{最终分数} = \text{实力分} \times \text{运气分} \times \text{状态分},$$

其中实力、运气、状态均为非负实数。

这里，**实力**顾名思义。尽管不好量化，但是一般来说实力相差很大还是能看出来的。

运气主要代表“题目是否对路”，比如一个擅长几何的选手参加一场几何送分的考试，当然运气分较低；而参加一场几何难度他刚刚好能做出来的考试，运气分就比较高了。当然，运气分是取决于考试本身的，可以认为主观上不能改变它，但是在集训队这样的多次考试中，平均下来，运气会比较稳定；并且，我们可以用比如“补短板”或者“狂刷一科”等方法改变运气分的波动大小。另一方面的运气来自于改卷，即能不能得到预想中的分数。这一点理论上来说也是不能自己操纵的，但是可以通过加强书写等方法提升。

状态源于自身。常见的影响状态的因素有比如考前一晚睡不着，考试很冷手冻僵了，旁边的同学一直发出噪音等。当然，也可能会有状态莫名超好的情况，但是我们不能控制自己超常发挥，只能期望尽量发挥正常。

总结下来，我们当然要“提升实力”，但同时也要注意一些很容易被忽略

---

*华南师范大学附属中学，现就读于北京大学。

的地方——提升运气和状态。这看似很难处理，但实际上还是有迹可循的。

运气方面，一是之前说的“补短板”与“狂刷一科”。

“补短板”是实力进阶的必经之路。我一直认为，一名真正优秀的选手并不一定要做出很多人都做不出的超难题，但是一定要做出有足够多人能做出的题。这就需要了解不同的方法，覆盖更多知识面，做真题。

“狂刷一科”是实力不够的情况下的赌博——比如就想联赛做出俩题混一等奖，然后狂刷代数与几何之类的。我对这种方法不予评价，但反正我自己的经历是，凡是赌博的情况都必输，实力不到说啥都没用，不如按部就班来。读者可以自己考虑实力不够的时候的做法。

第二点大概就是关于过程的书写。事实上，很多人对自己的过程非常有自信。如果你批改过其他人的过程，总会觉得“这啥意思啊？搞了半天都不知道想干啥”或者“这里一句话带过根本就不显然嘛”。一般来说，过程写不好有两种：如果你讲都讲不清楚，那么可能是语文表达不好，请回炉再造；如果跟别人讲思路的时候别人可以理解，但是过程写不好，可能是没有掌握好写过程的技巧。写过程的主要目的有两个：一是要准确，不能让老师误解你的意思；二是要通俗易懂，节省老师的时间，让老师能够比较容易抓住你的过程的脉络。

所以针对第一点，要学会过程的“数学化”表达：比如很多组合问题，直接表达就像写小说，如果可以换成集合或者图论的语言，又或者把它代数化表示，就简单很多了；另外，过程里的因果关系要清晰，至少要表达出“由什么推出什么”。这就需要多使用连词：因为（由于、注意到）+ 所以，若 + 则 + 所以 + 从而，我们断言（证明）+ 事实上，以及右箭头“⇒”。就算连词使用不多样，至少要达到的要求是：老师知道你的每一个结论是由那些结论推出的。

而第二点其实容易被忽视。我经常看到有些过程一路往下推，密密麻麻一大堆，又不知道他想干什么；语言又完全用的是集合的方法，全都是定义和运算，让人摸不着头脑。这时候，一旦出现一些笔误，很有可能老师就“如释重负”地圈起来给 0 分了。这就像写一篇议论文，要是你一直举例子不立论，当然不会给高分。这就需要把证明的脉络清晰地刻画出来，常见的连词有：证明分为如下几步，下面证明一个引理（结论），我们断言（证明）以下结论，我们只需证明如下结论即可证明此题。这样的好处是，如果你断言的关键步骤恰好是答案中的步骤，或者老师知道是对的，那么老师就大致知道你做出来，只需验证一下细节即可；就算你的证明出现了一些漏洞，老师也能知道你做出了什么，会更容易得到步骤分。

当然，还有一个大大增加可读性的方法：画图。特别是组合题，很多组合题用代数语言表达很繁琐，不易找到重点，也容易出现笔误，那如何让老师知道你想做什么呢？那就是画图。如果要把一个图按照某种策略三染色，就画一个示意图，然后用 ABC 标顶点，看上去就清楚多了嘛；就算几何题是用复数算的，画个图，让老师不用自己找图，也不是什么难事吧？

最后我谈谈骗分。时间快到了的时候还是做不出题目，想争取一些过程分的情况是常见的。但是我非常非常反对大家东扯西扯，然后说证毕——做不出来就做不出嘛，要承认自己就是在混分，至于能给几分就看你做出什么结论了；但总有一些人不会做就瞎搞一通然后证毕，这样的人多了，就加大了老师判卷子的难度，就会连累一些“好人”。反正我觉得，要是明知道是错的还写证毕，绝对是败人品的行为。

状态方面，我觉得有两点：一是平时加强模拟考试——模拟考试绝对不仅仅指的是做一套题那么简单！我觉得模拟考试要起到作用，必须完完全全地模拟真实的情况——特别是 4.5 小时的考试，很多人只是开始两个小时上三板斧，然后消极怠工，这其实一点效果都没有。真实考试有 4.5 小时呢，要是平时这么模拟，真实考试的最后 2 个小时难道你就能继续保持极高的做题状态吗？二是，平时做题最好“认真对待”，两天的考试可以带着一些心理负担，这样真正考 CMO 这样的考试万一面对第一天考试失利，就不会心理太崩盘。

二、各级竞赛

1. 联赛

全国高中数学联赛是高中竞赛的第一步，但其实也是不确定性最大的一步。

不同的省份有不同的联赛的备考攻略。如果你来自一些超级联赛强省，比如上海、浙江等，那么你的一试水平一定要过硬，因为正常的年份很可能会出现很多人二试并列拼一试的情况；但如果是中等的省份，就拿广东举例吧，在大部分年份二试 3 题 + 一试 90 分可以进省队，并且二试 2 题的话几乎进不了省队，所以其实只需要做“适当”的一试练习，然后把重点放在二试上。

注意，这里的“x 题”指的是最终得分。不同的省改卷严格程度不一，但是一般来说，被判错是少数，并且很有可能是自己的问题（有些人经常写伪证自己看不出来，或者写过程水平太差确实没法看，却自我感觉良好）。所以在备考的过程中要训练自己的书写，要尽量写得严谨、工整，避免被判错；但至于最终结果要是还是被判错了，也没办法啊，尽力而为，问心无愧。

由于联赛的考场很多，并且各地规则不一，请尽量熟悉自己将去到的考场与考试细则，并在考前做好充足的准备，避免出现考试之外的问题。笔者在参加联赛的过程中曾经遇到过以下问题（都是血的教训啊）：

考场偏僻，当天起得很早赶赴考场，很疲倦；考场空调直吹，极冷；教室很大，老师发卷不及时，导致开考 5 分钟才拿到卷子；考试要求换草稿纸（收一张给一张）；洗手间较少，要等很久等。

总之，在考试之前，一定要做好充分的准备。联赛毕竟没几次，要按照高考的规格对待，提前踩点，准备充足的衣物、食物，避免因为考前准备不充分痛失好局。

联赛与之后的比赛的最大的两点区别就是：时间短，对书写要求高。所以联赛的模拟更注重踏踏实实地掐表做，并认真写过程，最好让别人批改或者自己对着答案很仔细地检查笔误和写得不好的地方。部分因为时间原因没有做出的题目可以考试结束后再想，在考试的时候一定要保证“分数最大化”，该跳过的题就跳过。这样在真正的联赛中才不容易手忙脚乱。

联赛有一个不太好的地方：答题的区域非常小。尤其是二试第一题，要是想到了一个很复杂的方法，有可能要挖掉一大半第二题的空间才能写下。因此在模拟的过程中也要注意这一点，千万千万不能写错！在考场上若是发现写了一大半的过程都是错的，修正思路很长，真是欲哭无泪 …… 不差这几分钟。要想好了再写，多花点时间写，表达尽量清楚。

因为联赛时间紧，还有一个问题就是如何快速写出合要求的过程。这也是需要平时训练的——很可能最后留给一试最后一题的时间只有 5 分钟了，如果你快速读完题目后直接开始写，抓得分点，说不定最后能有 10 分。

总之，模拟考试的最高境界就是“平时如考试，考试如平时”。平时训练的过程中一定要计时作答，做不出来的题也要写上已得到的结论，完全模拟考试的状态。同时，在一试二试都模拟完成之后，可以再回头做做因为时间不够没有完成的题目，从各方面思考“如何做到更好”——总结新出现的题型与错误的原因，总结考试时可能出现的错误的时间分配。

（1）一试

先说一试。我的一试水平历来都不算好，但是也不算差，大概就是所谓的“90 分”标准——我个人认为 90 分应该是适当训练可以达到的，而且在训练得当的情况下，基本可以保证拿到这个分数。当然，我的训练其实不多（因为前面说的弱省原因），但是也不算少。

首先，如果你刚学高中竞赛，对一试的知识点掌握得还不透彻，那么大概还是需要把套路过一遍的——这个过程有点像准备高考，但是要求更高。如果有教练当然极好，让教练帮着补补就好了；如果自学的话，大概需要做一些题。一试我能想到的问题大概是下面的这些东西。

解析几何，其实来来回回方法就那么几种：设直线方程配合韦达定理，设点，设参数方程；还有稍高级的方法，比如几何法、曲线系、极坐标、极线方程、仿射变换，等等。当然，解析几何看着容易，做起来却没那么简单，需要很好的计算能力，也需要灵活变通，这就需要大量的练习了。

做解析几何题的时候要注意：真正比赛的解析几何题目的答案一定不会太过于复杂。如果你在做题过程中发现比如求出的函数是无比困难的，很难求出最小值，那么可以考虑进行一些代换，因为这个表达式里面理论上来说肯定可以提取一些局部，切勿暴力求导；也可以试图先猜出特殊点，看看能不能直接证明大小关系。如果求出的动点坐标所要满足的参数方程很复杂，无从下手，你可以尝试在原来的图形里猜出动点满足的条件大致是什么——无非就是直线或者二次曲线之类的嘛，那么比如把 x, y 坐标平方乘系数加加减减说不定就全部消掉了。当然，做解析多了之后，要总结经验，在花了一定时间做不下去时，一定要赶紧止损，换个方法，说不定不费很大力气就做出来了。

最后，要记住，验证平行坐标轴的情况。

数列技术含量稍高，不过绝大多数数列问题都是可以用局部不等式或者裂项做出来的。少数有高级技巧，比如积分估计，三角函数换元之类的。个人觉得数列其实难度很难估测，有的题目确实有难度。当然，就联赛的真题来看，数列题目并没有很多模拟题那么难，需要注意的是一定不能着急去瞎放缩，要多变形——绝大部分的数列都是用代数变形后裂项做出的。

大题里面可能还有一道求导的题目或者其他题目。这一类题目个人觉得没啥技巧，简而言之，练。代数的硬功夫是很重要的，这在之后做更难的代数题中会有用。

立体几何对于自学的同学来说往往会比较头疼——因为答案中做辅助线的方法有时候真的很匪夷所思。那就不这么麻烦吧！立体几何有一个万金油方法——算！由于近年都出的是填空题，所以其实很多细节都可以不用处理（这是权宜之计，我推荐大家多学其他方法，保不准就出大题了…… 但如果想短时间提高的话，只会这样算就好了）。自己查一下怎么算法向量，了解怎么算二面角、异面直线距离，然后做几个题试试手感，之后就再也不会为立体几何担心啦！

剩下的题目，算是其他题目吧，其实套路也有不少，需要大量练习，通过练习逐渐学会一些技巧。每个人都是从 30 分做到 100 分的嘛，开始不要着急，如果遇到完全没有办法的题目可以适当想想暂时跳过，记住答案里面的关键点，在下一次见到类似的方法时不要忘记就好。

一般来说，在经过至多一年的学习，一试水平大概就可以达到“90 分”目标，偶尔能全对，但也可能算错很多题划水。这个时候，基础的东西都学会了，剩下的提分点就在考试的状态上了。

关于一试的时间分配，我个人的习惯是，30 分钟做完填空题，然后一道一道地做大题（前两个大题大约做 10 到 15 分钟，最后一个比较难的话就一直做），但是最后至少留下 10 分钟检查。我觉得在练习的过程中找到自己熟悉的节奏很重要，并且考试的时候要严格执行之前的策略，不要为了贪最后一个题目放弃检查（当然，如果你的习惯是不检查，也可以）。

我推荐在至少离考试还有 2 个月的时候开始进行一试模拟训练，大概每 2 到 3 天做一套计时的一试题。开始的时候肯定状态不会太好，容易算错，但是经过比较长的熟悉之后，在离考试将近一个月左右的时候应该问题就不大了。但是状态还是要继续保持。如果突然出现状态特别差，不要疲劳作战，可以先休息调整一下，再仔细分析在考试过程中出现的时间分配问题（错的多的情况往往是因为花了过多时间做难题导致时间分配不均）。

（2）二试

联赛不确定性最大的地方，大概就在于二试。

我认为联赛二试是数学竞赛中最不容易稳定发挥的考试。时间太短导致随机性很大，尽管题目一般本质不算太难，却也都有关键的步骤。

从二试到之后的“大题”训练是数学竞赛的重点。不过好在联赛二试的题目，说难也不难，相对 CMO 等之后的考试而言套路比较少。个人认为有集训队实力的同学应该做联赛二试的题目不会很困难。

具体的专题训练写在之后了。这里只提一点联赛二试要注意的问题：

联赛二试时间确实很紧，平均每题半小时多，很容易因为慌张或者时间不够发挥失误。所以万一遇到不对路的题目，在做了一段时间之后，要选择果断跳过。这里的分寸也是要在模拟考试中慢慢总结出来的，因为有的时候尽管题目本身可能不难，如果思路陷入“死循环”，再浪费一个小时很可能还是做不出来。

再者，如果最后还剩下 1 个小时，并且还剩下 2 个题目，最好的做法是读题之后选一个做，不要来回跳（剩下多个题目也是类似的）。在时间不足的情况下静下心来想题也是一种能力。

关于具体的答题，我觉得最要注意的就是不能“超纲”了。有些人在培训中得到了很多很强的结论和性质，但是在联赛中，要谨慎使用，最好给出证明（也可以留个空位，看情况，有时间最后补）。特别地，几何题非常不推荐用复数法、重心坐标！不到万不得已，不要采用这几个方法（当然，要是真的不行就死马当活马医吧）。反正，要是有分，你要庆幸；要是没分，不要怨改卷老师。这些“高级”方法或多或少需要用到一些考纲外的性质，可能会扣分；并且计算法解几何出现笔误其实很正常。联赛几何，一般来说最好算的方法是三角。可以多练练三角计算（当然，纯几何也是要练习的）。

2. CMO

来到了 CMO，就意味着进入了真正的“IMO 模式”了。4.5 小时 3 题，这个时间我觉得不算长也不算短——若是题目顺手，3 小时足以完成 3 题；但只要有至少一题“卡住”了，就很可能出现时间不够用的情况（有思路没时间）。当然，对于初次接触这样类型的考试的同学，很可能做不满 3 小时就已经找不到突破口，无所事事了——这其实是很正常的，所以在训练中，最关键的就是锻炼如何在“卡住”的情况下调整心态，寻求突破。

关于 CMO 的备考，个人觉得不能只是从得知自己进入省队开始，而应该是一个更有计划性的长期过程——从学数学竞赛的初期开始就应该不时挑战一些比较难的题目，这样在真正进入省队之后才会有足够扎实的基本功。不过无论如何，备考的初期还是要先把所有 CMO 范围内的专题过一遍——在 CMO 中可能出现联赛不考（或者考得很浅）的很多知识点，比如复数、多项式、函数方程、图论等，至少不能出现明显的短板。

从 CMO 开始，理论上来说答题纸可以无限用，可以自带食物，大部分方法也可以直接使用，包括高等的方法（当然，要是你使用了一些大定理解决问题，很有可能只有部分分数）。换句话来说，就是限制条件变少了，大家可以凭借自己的本事各显神通。

CMO 的考试与联赛还有一个较大的不同——CMO 考试时，参赛选手汇聚一堂。这有好处也有坏处：你可以与各地高手亲密接触，体会举办地的风土人情，但也要充分考虑举办地的气候、伙食等生活条件的差异。我参加过的两届 CMO 都在吃辣的地域举办，结果吃东西很不习惯，肚子有些不舒服，影响了考试状态。如果不习惯酒店的饮食也可以出去吃，但一定要多加注意，避免出现考试腹痛腹泻的悲剧情况。另一方面，冬令营在冬天举办，最好提前调查好考场有没有空调和暖气，带好足够的保暖衣物；如果可以的话，可以多提前几天去适应环境。我曾经参加过的冬令营就出现了手冻到难以写字的问题。

而关于做题状态的保持，我建议至少每个星期做一次模拟考——连续两天，每天上午做 4.5 小时的题目，模拟考试状态，不能没做完就提前交卷或者消极考试，写过程。考完之后的下午可以休息，保持精力，也可以继续做题或者和同学讨论，然后认真批改过程，对比标准答案找出所有笔误和说不清楚的地方。

在 CMO 过程的书写上，由于整体时间较多，所以其实不用太着急。宁可慢慢写，也不要因为写得太着急而出现伪证，或者因为字迹模糊被扣分。这里要特别提一句：如果提前做完了卷子，不要提前交卷，也不要趴在桌子上看别人做题，一定要认真检查自己的过程，甚至把写得不好的过程重新抄正！在题目简单的时候，任何一点跳步都可能成为最后的血的教训。“千里之堤，毁于蚁穴”，不要让自己多年的努力因为最后几个小时的懈怠功亏一篑。

如果你从来没有考过一次 4.5 小时的考试，找一个安静的地方，一套没做过的 CMO 真题，考一次试试吧。开始做题的时候要有一种信念，就算真的一点东西都得不出来也不能坐在座位上发呆思考人生或者消极地在草稿纸上抄式子——这是“慢性自杀”的做法。如果把沉浸在题目中的时间叫做“有效时间”，有效时间越长，就说明考试状态越好。

在考试中一时做不出来题其实是很正常的。如果真的感觉什么都得不出来，可以尝试以下的事情：

去洗手间洗把脸，顺便在走廊跑跑，活动一下筋骨；

喝点水，吞一条巧克力；

在纸上列出你能想到的有希望解决此题的所有可能的方向，然后选择一个没有尝试过的去尝试。

最后一条比较关键：绝大部分情况，题目都是正确的，并且存在一个分为若干步骤，每一步骤都可以很容易理解的方法，并且这个方法的答案长度不会超过两张 A4 纸。

做数学竞赛题是建立在题目存在这样的方法的基础上的。所以如果你花了很久都没有攻克题目，很有可能并不是题目本身很难，而是你“误入歧途”，常见的情况有：

第一步想当然地找到了一个看上去形式比较简单的等价命题，或者“不妨设”了一大堆条件，表面上是赚到了，但事实上从原题直接出发处理比较容易，转换过后反而变难了；

一直想直接做出来，但是实际用归纳法可以大大简化问题；一直想归纳，但是实际上命题并不具有归纳结构，反而应该在原题里面直接处理；

原题的条件可以直接推出一个很强而且很有用的结论，但是你没有发现。

这几点表面看上去很简单，但实际上，在真正做题的过程中很有可能还是陷入了死胡同出不来了（因为有时候可能真的只差了一点，不忍心放弃）。怎样“在适当的时候判定这个方法没有用，并且尽快进入下一个分支”是竞赛高手的一种能力。

一次考试之中，把越多陷入困境的题目做出来，就算是考试状态越好。在陷入超过 2 小时的困境后做出一道题目，就算是成功入门了 CMO 类的考试了。

在这样的 4.5 小时的考试中，题目的难度未必是按照顺序排列的。一般来说，老师选题的时候会认为难度是递增的，但实际情况可能会有很大不同。如果在靠前的题目卡住比较久，千万不能慌张，可以跳过它做下一题。特别地，有时候第 1 题可能看着并不难，但是却一时想不到的话，可以先跳过它做第 2、3 题，如果能做出一题，就“解毒”了，心态会平稳很多，也就能比较顺利地做下去了。我曾经在考试中花了很久都做不出第 1、2 题，但是跳到 3 的时候，却立刻有思路（但其实 3 非常难），然后回头，最终依次做了 2 与 1。如果我一直对着第 1 题猛攻 4 个小时，很可能最后颗粒无收，出了考场才会懊恼没有看 3。所以思路要灵活，不能吊死在一棵树上。

还有一种常见的情况，就是在考试进行到了靠后的时间，却颗粒无收，比如在第 3 个小时的时候还一题都做不出来。这个时候，很多人肯定已经在思考：其他同学一定会嘲笑我，也没有好大学读了，只能和其他人一起高考……这样是非常错误的！能减少这种情况发生的方法大概就是在平时练习的时候模拟考试的环境，比如邀请几个同学一起做，这样在长时间做不出题的时候开始会比较焦急，通过一次一次考试的训练渐渐达到沉浸题目之中，不受其他状况影响。

考试的最后半个小时往往也很有意思。我做题的时候，“半小时魔咒”经常出现——之前的很长一段时间思路停滞，最后半小时却忽然思如泉涌。我也不知道是为什么，但反正，如果最后半个小时突然有了思路，千万不要慌张，更要沉下心来认真想，一边想一边把想法写在卷子上。我曾经多次在考试的最后半个小时做出题目或者得到关键性步骤，这样的临危不乱也是需要平时练习的。

备考 CMO，不同的同学有不同的题目选择。但是有两套题目应该是所有人都会做的：近年的 IMO 预选题（可以从 IMO 官网下载），《走向 IMO》里面的 CMO、集训队真题。

一般来说，这些真题如果你完全按照 4.5 小时 3 题的这种考试模式，几乎是做不完的。当然，在初学阶段，不建议把所有的第一题都挑出来做掉或者大面积看答案，因为这样会导致以后损失很多套题。

冬令营虽难，但是实际分数线却并不算太高，并且由于考试时间长，状态的波动较小，所以比起联赛并不算随机性太大。我个人觉得，像前国家队队员这样非常强的选手，应该是可以保证能够进入下一年的集训队的；而省队呢，特别是在“拼一试”的强省，可能需要更多的训练。

最后说一下第一天考完的心理调整。

我强烈建议，在第一天考完之后不要与其他人对答案，不要看讨论题目的网站。反正如果我是你的竞争对手，我肯定一看题就说“怎么这么简单，我们学校全部满分”，让你心态崩盘；而且就算是真的自以为做了 3 题，实际能拿到多少分绝对是未知数。一般来讲考完第一天狂水贴的人都比较浮躁，很有可能真的伪证了。再说了，退一万步，即使真的有 10 个人说自己做出 3 题，集训队有 60 个人呢！你要是做得不好，很可能其他人也做得不好。

所以最正确的心态就是：该吃吃该睡睡，不要想太多。还有一天呢，在考完所有的考试之前，一定不能放弃，也一定不能骄傲。

考试的最佳状态就是忘记之前的一切，忘记你的竞争对手，把每场考试当成第一场考试，把你的对手当成自己，尽力多做出一道题目，多挣一分。

3. TST

TST 就是集训队。进入集训队就保送了，很多同学会有自己的打算。我个人认为集训队水平靠前的同学和靠后的同学还是有一定的实力差距的——可能集训队里大约有 15 个同学算是可以“保证”进入集训队的，而有一半的同学实力跟前面那些同学有比较明显的差距，进集训队有一定运气成分。每年集训队中，都会有一半左右的同学放弃备考，从冬令营结束开始准备自己的事情——比如准备出国，看大学数学，谈恋爱，打牌等。我觉得不能说这样的同学是错的，相反，比起很多从冬令营结束开始一直在备考的同学，他们真的“赚到”了一段很宝贵的时间，可以比很多人在之后取得先机。当然，如果自认为有进入国家队的实力，我更希望你能认真准备集训队的考试，并向国家队发起冲击，如果可以的话，为中国队尽自己的一份力。

今年的集训队考试公布了分数。从分数所反应的情况来看，集训队测试有两个很容易被忽视的地方：

第一点，稳定性。考试结束之后，我们都认为分数线比预想低。是的，这样的分数线其实不要求你做出很多少于 10 人做出的难题，仅仅只需要把那些“非难题”全部稳稳地拿下即可。这并不是说在练习和考试的时候不做难题，而是说，其实相当一部分非常有实力的选手并没有拿下那些“不难”的题目，所以在练习和考试中，一定要练习拿下“非难题”的能力，减少失误。一场集训队测试的 6 题中，一般有 1 到 2 个难题，而你只需要每次测试拿到 28 分，其实就足够了。不过话又说回来，作为一个自认为有实力的同学，如果只是通过“稳定”勉勉强强压线进队，其实真正到了 IMO 考场也很虚。所以当然要提升自己做难题的能力。

第二点，过程。在分数线附近的同学很多，但实际上，有相当一部分同学是因为过程写得不好，7 变成了 6 甚至 5、4，与国家队失之交臂。关于写过程，还是有很多技巧的。

到了 TST 这个级别的考试，可以说在申诉之后不存在“判错”的问题——这里的判错指的是对错，而不是尺度。TST 的考试判卷方法接轨 IMO，更加重视逻辑，对书写要求稍轻。

关于书写，有一种“IMO 式书写法”。在时间只有很短，但是要写的东西很多的时候，可以采用这样的书写方法：用比较浅显易懂的语言把思路的核心步骤写出来（比如说，组合题可以不用写得太“数学化”，可以用口语化语言写出来），在旁边配很多图（难写的很多是组合题，配图可以大大增加直观性），然后在每个步骤下面留出一段空白，不验证细节。如果在补完第一层之后还有时间，就再补第二层细节 …… 如果你的思路真的是对的，一般来说都能得到一些分数。

一般来说，这个级别的考试不太纠结笔误，只要笔误不是太多太严重影响阅读都不会扣分。但在写过程的最后最好读一读，避免出现重复字母或者把所有 m 都写成 n 之类的情况。关于笔误要注意的是：如果使用了计算法解几何题，特别是解析几何、复数这种很可能不是标准答案又计算量非常大的方法，一定要反反复复检查笔误！因为如果出现了一些笔误，到底你是算出来的还是蒙的，就很难说清楚了；一旦被发现，可能会扣分比较多。

关于逻辑，一般来说，越简单的题目，对逻辑的严谨性要求越高；如果题目本身很难，可以适当跳步。所以在写第一题的时候，可能方法本身就没几行，要是一个关键结论不证明，当然很可能掉分；就算是掉 1 分，也很痛苦。这里要注意，凡是非定理的结论都最好去证明，包括一些不难证明的结论，比如 $OI^2 = R^2 - 2Rr$，调和点列的性质等。

如果题目本身很难，比如你用了很多这样的性质，也可以适当不证一些结论。当然，比较好的做法是如果最后还有时间，把没证明的结论后面打个 $(\star)$，把证明附在解答之后。

这里不得不说到伪证和漏步骤的问题了。我自己做题的方法是在打草稿时把重点的结论圈起来，这样在写证明的时候可以按照圈找回自己之前的思路，避免“忘记之前怎么做”的悲剧（在一道题目做了很久的情况下时常发生），同时也不容易漏掉关键步骤（比如，其实只需要取 $f(a) = f(b)$ 带进某个式子就可以显然得到函数是单射的，但是没有写在卷子上，后面直接用，很可能会被扣一些分）。

伪证是成为高手的绊脚石。如果你在平时或者考试中经常出现伪证，一定要引起足够的重视——伪证一旦在重要考试中出现，就会是很可怕的事情。这里要说的是，如果在卷子上写了很多错误（或者没用）的东西，不要着急划掉，最好做个标记，最后再做处理——因为你的这一部分过程很可能还是有道理的，如果做出来后发现还要重新抄一大段划掉的东西就很亏了。

上面两点大概是我觉得集训队考试最需要注意的地方。针对这两点，在训练的过程中一定要尽量模拟考试的时间和状态，并且耐下性子写过程。

集训队期间，往往会有很多诱惑——比如打牌、打游戏等。我非常不建议有决心冲击国家队的选手沉迷于这些活动，最多考完试打一打。每个人有自己的娱乐方式，比如跑步、打球、做题等，要按照自己的节奏来，不要被本来不认真考试的同学带偏了。

最后讲讲集训队里的体力和心态调节。

集训队考试，是整个竞赛生涯里持续时间最长，也最压抑的考试。可以说集训队考试要褪一层皮是毫不夸张的（如果有第二轮的话就两层……）。集训队考试既是数学水平的较量，也是心态和体力的较量。

一般来说，集训队考试进行到一半左右肯定会越来越疲惫，很可能状态逐渐下滑。“一鼓作气，再而衰，三而竭”，这样的情况是正常的，所以要注意睡眠，保持规律的作息，多锻炼身体，保持充沛的精力。如果觉得讲座太多的话，可以放弃一些讲座（其实很多讲座的主要受众是旁听生啦）。当然，我建议每天上午准时起床，认真做题，下午和晚上可以适当放松，这样更容易保持考试状态。

关于集训队考试期间的心态，则比冬令营的两场考试要复杂得多，也更考验逆境下抗压的能力。

历史上，波澜壮阔的大翻盘常有。在最后一场考试之前永不放弃，不仅是一句口号，更是一种信念。事实上，在最后的大考结束之前，一切都是未知数。

事实上心态的调整不仅仅局限于集训队测试中，也同样存在于日常生活中。能在人生的低谷里不骄不躁，顶住压力，卧薪尝胆，最终走出黑暗，也是人生中重要的能力。

心态主要分两部分：之前考得较好的人，尽管知道自己有领先优势，也要不骄不躁，一定不要在考试中计算分数！就算是最后一场考试有很大优势，也要全力以赴，绝不能掉以轻心——那些没改出来的考试的分数都是未知的，不能想当然地认为自己进队了就不努力了；再说了，进队也有排名的嘛。

如果之前的发挥差强人意，一定不要给自己“立 flag”，不要想着“要是拿不到 3 题我就进不了国家队了”。题目的难度不可预测，说不定题目很难，其他人全都 0 分，你做出 1 题就进国家队了呢？又或者，你之前估分为 0 的题目其实有 4 分，别人估分 7 的题目其实只有 3 分，这样算下来你的成绩并不算差。题目对每个人都是公平的，你觉得难，其他人肯定也觉得难。而万一因为自己心理要求太高导致考试心态失衡，痛失好局，就后悔莫及了。

总之，还是那句话，把每场考试当成第一场考试，把所有对手当成自己，只要发挥出自己的水平，尽全力了，就算是没进也没有关系。再说了，要是尽全力还是没法进入国家队，那去 IMO 考试也只会压力更大嘛。

三、关于具体的备考

下面这些内容主要针对自学。如果你有一个会精心安排你的备考计划的竞赛教练，下面的这些内容仅供参考，主要还是要跟着教练的思路走。

关于培训，在这里我不作推荐，但是个人觉得如果可以的话最好还是要参加一些培训，了解一下最新的题目和方法。

1. 书和题

以下讲的这些都是我自己听过或者做过的书和题目，应该大部分都可以在网上找到 pdf 版本。当然，没有提到的书和题很可能是没有做过的，不敢妄加评价。

一般来说，刚刚接触竞赛的新人都需要一套系统全面的入门书籍。比如《奥赛经典》《奥数教程》《小丛书》等。对于这些书，如果可以的话当然是选一套书慢慢啃，但其实几乎没有人能够有毅力地踏踏实实做完一套这样的“大部头”⋯⋯ 所以你可以先不这么“踏实”地了解一下做题的方法，然后做一些题，不一定要做完所有习题。

在刚开始接触新的领域的时候可以直接看例题的答案，但是最好每个题都要经过一段时间的思考，至少也应该知道自己没有突破的地方在哪——那就是你能学到的新东西。要学会举一反三，这样很快就能掌握很多方法。

关于联赛的模拟题，除了学校教练的题目，我只做过《中等数学》的模拟题（包括非增刊和增刊）。当然，模拟题的难度总归与真正联赛可能会有差距，所以如果有些套题做下来一点思路都没有，很可能是题目确实难，不必太在意；但是如果是自己算错的很多，就要找原因了。事实上，我自己的体会是，增刊模拟题一试平均分与真实联赛的成绩差距不会很大。可能模拟会稍难一些，但是真正考联赛的时候会比较紧张，也有可能会出现低级失误。

在稍稍进步一些之后，实际上你已经可以做出一部分联赛二试难度的题目了，但是稳定性却不能保证。这个时候，比较重要的是补充短板。可以看之后的具体分支中的书。

关于备战二试较难的题目和 CMO 以上级别的考试，我强烈推荐单墫的《数学竞赛研究教程》。尽管这本书篇幅不长，但其中很多章节里的思想很关键。尽管现在新的方法很多，很多很难的题目却恰恰用的是老的方法。我觉得这本书是值得从头到尾扎实地把所有题做一遍的。

《命题人讲座》系列是一套补短板的好书，但也有不足——部分书的部分章节太偏太难，可能更像是科普而非针对竞赛。我自己看过的书大概在之后写了，其他的书就没怎么看过了。

一些流行的期刊，比如《中等数学》等，可能会载有一些最新的题目和方法。我推荐大家在看书了解传统的方法的同时，最好也要了解最新的题目与新兴的方法。

之前说过两套所有人都要做的题目:《走向 IMO》和 IMO 预选题。这两套题目都非常好，在准备 CMO 和 TST 时都可以做。IMO 预选题大致按照难度排序，并且题目本身大都很优美。(当然，其中有些题目可能作为竞赛题确实过难了一些 ……)

当然，题目看似虽少，如果给足时间做这些题目，实际上也需要不少时间。

从 IMO 官网 (www.imo-official.org) 的 problems 里可以找到近年的 IMO 预选题 (IMO shortlist) 与多种语言的 IMO 真题。当然，你也可以从官网里找到历年考试的成绩与选手的资料 (包括照片哦)，在做 IMO 题目的时候可以以此为参考。

数学新星网 (www.nsmath.cn) 里有一些不错的文章，新星征解的难度也不错 (当然，难度不太均匀，建议以题为单位单独做不要计时)，对数学竞赛可能会有帮助。

很多人都会逛一个论坛 AOPS (www.artofproblemsolving.com)，进入 community，contest 就可以找到很多其他国家的题目了，也可以在论坛上与世界各地的数学爱好者讨论。我自己做过近年美国的 USAMO，USATST，USATSTST 试题，确实也不错。

另外，AOPS 上的方法一般是网友自己做出来的，可能有很多方法与官方答案不同，有很多非常优美的方法值得学习——有些题目官方答案很复杂，但在 AOPS 上却有短而精辟的解答。

Aigner 与 Ziegler 的 *Proofs from THE BOOK* 是一本拓宽视野的好书。平时没事可以翻翻，里面的很多证明有推广价值。(不过有的章节需要用到高等数学的知识，看不懂就留给以后再看吧。)

2. 专题

下面按照代数、几何、数论、组合的顺序给出一些具体的建议。

（1）代数

代数，主要的题型有多项式、复数、数列、不等式、函数方程。

关于代数，个人认为学一些数学分析和高等代数对代数感会有提高——有些题目会用到分析或者代数的思想，未来的题目也很有可能向着这个方向发展，所以有时间的话推荐大家学一些。

系统讲多项式和复数的书其实不多，《数学竞赛研究教程》里有讲到一些，但我对复数和多项式的了解主要还是来自于题目。有一些特殊的多项式，比如 Chebyshev 多项式，还是要了解的。多项式另一个考点是多项式的数论性质，比如 Hensel 引理等，也要了解。

数列，要熟悉各种各样的换元法和求通项公式的方法，能求出通项公式的数列往往可以通过通项公式大幅简化问题。数列的另一种考法是与数论结合。比如像 Fibonacci 数列这样的二阶线性递推数列有很好的数论性质，要专门研究。

不等式是一个“大坑”——种类繁多，套路复杂。拿到一个不等式，第一件事一定是猜取等，通过取等确定最基础的方向。一般来说，取等都是比较容易猜出的，比如若干取 0 若干相同；但是也有例外，比如不对称的不等式和一些算常数的不等式。遇到不确定取等条件的不等式，最好先观察有没有简化的方法：比如可以通过调整，让最小者是 0；对局部求导，得到一些要满足的性质等。

三元对称不等式有一个很厉害的方法，就是配齐次，通分，展开，然后利用 Schur 不等式和 Murihead 定理一点一点消去一些项（当然还有直接把一些平方展开可以得到的“自制”不等式），最后把它拆成若干个非负的东西之和就可以了。（一般来说，不等式都不会太强，一点一点来总能做出来的。）当然，现在考的三元对称不等式越来越少了，一般也不会让你可以这么暴力地解出，比如给一个很不友善的条件之类的（如 $a^2+b^2+c^2=1$ 让你配不了齐次）。遇到这种情况还是老老实实用传统的不等式方法（均值、柯西等）做吧。

切割线法和局部不等式是解决问题的独门秘籍。如果遇到简单放缩无法奏效的情况，可以试着自己构造一个这样的局部。

如果不等式中变元是分离的，可以考虑用 Karamata 不等式和 Jensen 不等式，验证一下凸性，说不定就做完了或者大幅简化问题。

调整法很笨，但是有的时候却能奏效。但是调整法要注意：如果要使用无限次的平均调整，一定要说明调整是作用在紧集上的，从而最小值点存在。另外，不是所有题都可以轻易地调整出来，如果调整法计算量不小的话，试试其他方法吧。

函数方程，是中国考题中考察得比较少的一个方向，但是在 IMO 预选题代数里往往占据“半壁江山”。个人觉得函数方程是代数里很难提高的部分，不同题目的处理方法也不太有共通性。虽说本质上就是不断代入，但也有一些技巧，比如寻找函数方程的单调、单射满射等性质；考察函数的值域，或者取函数的等于目标函数的点的集合，刻画集合的性质以证明是全集；适当给出变元间的关系使得等号两边部分项相等而消去；把较复杂的复合函数带入，结合之前的结论变形消元等。

代数历来是中国的传统强项与国内竞赛中的一大考察重点。不过相对而言，代数对基本功要求较高，通过训练会有较大提高。

（2）几何

几何与其他方向不同，有多种本质不同的处理手段，最关键的是掌握多种手段解题——纯几何（包括几何变换）、三角、复数、重心坐标系、解析几何。

这里我不讨论比较“奇怪”的几何题，比如几何不等式或者立体几何。当然主要原因是考得不多，我自己也没有学过……

纯几何法，简单来说就是几何的传统方法——一般标准答案一定会至少给出一个这样的纯几何法，所以普适性最强。

关于纯几何，最权威的书或许是《近代欧氏几何学》。这本书里记录了很多很有趣的性质，但是对具体处理几何题似乎帮助不大……不过有向角和有向线段的书写在这本书里有，可以练习一下；另外，这本书里面讲了很多关于反演的性质，如果你不熟悉反演变换，把这本书里面的性质证一遍会熟悉很多。

反演是处理几何题的常用手段——一般来说，在拿到题目之后都要检测一下能不能通过反演大幅简化问题。这是一个处理很多几何问题的捷径，必须要学会，也不算很难。

调和点列的性质很多，也有很多很“套路”的题目可以用调和和配极做。关于这个，我印象里《中等数学》有一篇关于调和的文章讲得比较详细。

几何的定理和构型要熟悉。比如伪内切圆，三角形五心的关系，密克点，帕斯卡定理、笛沙格定理等。很多几何题是基于这些构型的，如果不熟悉的话非常吃亏。

纯几何大概能讲的就这么多，最后要记住：如果做不出来，请画一个标准图，找相似、共线、共圆。大智若愚，往往做不出题的原因是你对这个图形的结构了解得还不够深，只需猜到一些结论或许很快就能得到突破。

三角，是简单几何构图中计算起来最快的方法，也是覆盖面最广的方法，所以联赛几何经常可以用三角做。三角法的技术含量其实不算很高，大概就是把角写出来（这里可能要用角元梅、赛），然后用正弦、余弦定理表示边，最后算出对应的性质。需要注意的是：和差化积、积化和差等三角变形公式必须非常熟悉，并且在处理具体问题的时候，一般来说乘比加的形式更漂亮，因为更容易消掉一些东西——所以在表示边的时候尽可能少用余弦定理，余弦定理一般是最后带入算。

另外，三角法有时要配合同一法。有时候一个角看似不好求，实际上就是已有角的线性表示，带入之后一下就做出来了。所以在三角法陷入僵局的时候可以考虑带入特殊角。

复数法，其实适用范围并不广泛，但是有的题目用复数会相当简单——复数是做几何题的独门兵器。复数法一般来说只能适用于圆比较少的情况：因为给定 3 点求圆心坐标很困难。一般来说，原点取一个圆的圆心，并把这个圆取成单位圆，这样可以认为圆上的点有 $z\bar{z}=1$。相似三角形用复数比较容易表示，但解两条直线的交点比较困难。在计算的过程中，尽量把所有点都用单位圆上的复数表示，这样取共轭只需要把里面所有单位圆上的复数 z 分别换成 $1/z$ 即可。

在用复数法解题之前要先判断一下计算的复杂度。一般来说，表示起来复杂的点不能太多，否则计算量会指数级增加。

重心坐标系我不会，但似乎也有其用武之地，有兴趣的同学可以自己了解。

解析几何法，这是一种很暴力的方法，适用范围最差，计算量最大。我几乎没见过有人可以用解析几何做出 CMO 以上难度的题，就算有，用三角也可以比较快地做出来。当然，有的题目用曲线系等“高级”解析几何方法可以迅速做出，可以参考单墫的《解析几何的技巧》。

处理一道几何体，一般要先画一个比较标准的图，然后观察是否有好的性质，估测各种计算法的复杂度，然后选择一种方法做下去。特别要注意的是，在 CMO 与之后的考试中，如果点线之间的位置关系不确定，最好使用有向角与有向线段或者分情况讨论（尽管一般是本质相同的）；特别地，在每个交点取出之前，一定要先询问自己“是否有交点”，避免因为这样的平凡情况被扣分。

中国国内的考试对几何的要求不算高，并且很多几何题可以用“算”的方法解出，所以高手做几何题往往更偏重计算法（有一定原因是中国选手代数基本功较好）。计算法的优势在于熟练之后所需时间比较稳定，不容易卡壳。不过，IMO 中较难的几何题中有不少通过计算法很难解出，中国队就普遍做得不好。所以我更推荐大家在学习几何的时候对计算、纯几何方法都要熟练，运用“综合法”解题，这样才更容易稳定发挥。

（3）数论

数论题目主要分成 3 类：传统型数论、估计型数论、结合型数论。

传统类的数论主要用同余，阶与原根，Pell 方程，二次剩余来处理。我自己看的是潘承彪和潘承洞的《初等数论》的前面一部分章节，其实已经足够了。稍高级的技巧，比如关于素数分布、连分数的结论，其实也可以学学，在有些题目里会有帮助。

传统类的数论中国人比较擅长。这一类的数论套路有限，多做一些题就可以了。另外，命题人讲座里的《初等数论》也不错，题目难度适中。不过这一类题目出现的频率与难度目前在逐渐下降。

LTE 引理很有用，算是一个“黑科技”，一定要熟练掌握；关于 $n!$ 里素数的指数以及组合数里的数论性质也要熟悉。

估计型数论是最近出现的比较新颖的题目，一般是对一些量算两次——比如 Bertrand-Chebyshev 定理和有关素数分布的结论的证明。在我的印象里，估计方法在处理 square-free 的时候很好用，但很多估计类题目其实并不算明显——很多题目使用估计的想法出其不意，要是没有往这方面想，就很难做出了。同时需要记住一些关于素数的结论，比如素数倒数和发散等。

结合型数论，其实近年考得也不少，主要是与组合或者代数结合。（IMO 2016 T3 连几何都结合了起来，很有趣。）

与代数结合的数论有整值数列、数论函数方程、整系数、整值多项式等。这一类题目有自己独特的处理方法，要专门寻找并练习。

与组合结合的数论题不少。这一类题目实际是“披着数论皮的组合”，在处理中常使用抽屉原理、构造法等方法来解决，中国剩余定理往往在其中扮演了重要角色。

另外，还有一种整体思考类型的数论题目，最典型的题目是“在 $2n-1$ 个整数中总可以取出其中 n 个数，其和为 n 的倍数”（Erdös-Ginzburg-Ziv 定理）。第一次见到这种方法肯定会觉得不可思议，但这种方法其实是证明存在性的一种较常见的手段。

综合型数论近年来在数论题目中出现的比例越来越高。事实上，跨分支出题是近年来的命题趋势。所以要提升自己的知识的综合运用能力。

（4）组合

组合，大概就是前面三个分支的补集吧。做过 IMO 预选题的同学都知道组合的厉害——组合是四个分支中平均难度最高的分支，方法纷繁复杂，不易分专题训练；有人笑称一些组合题是“小学奥数”，其实有一定道理——很多组合题并不需要很多前置知识，答案也只有寥寥数行，却有很高的本质难度。所以组合题的训练是四个分支中最困难的，做组合题很依赖大脑中的“灵光一现”。当然，也正因为做组合题的方法较多，如果尝试某种方法久而未果，最好尝试新的方法，很可能会有收获。

关于组合，我大概能想到的专题有图论、集合、组合几何、组合恒等式、母函数以及其他杂题。

图论，个人觉得 Bondy 和 Murty 的 *Graph Theory with Applications* 是不错的教材，这里面已经有足够应付竞赛的性质和定理了；命题人里的《图论》也不错。当然，只看这样的书并不能熟悉真正的题目，我强烈推荐大家找本俄罗斯数学奥林匹克（RMO）的书来，找到里面所有的图论题来做。

关于集合的问题出现得很多，但是方法其实与其他组合题差不多，有一些可以用图论里的方法，如 Hall 定理；另外一些题目可以用归纳法或者极端原理。集合里也有一些值得注意的定理，比如 Sperner 定理，有很多不同的证明，最好都要了解（因为有很多题目可以用类似定理某种证明的方法做出）。

组合几何，命题人讲座的那本还不错，但我也只是翻过。组合几何类型也很多，包括棋盘问题和格点问题，主要还是需要做大量的题目来熟悉竞赛题在考什么。

组合恒等式其实更多的时候主要采用代数或者数论的方法解决，只有少数组合恒等式可以用“组合”来解决。推荐《研究教程》里组合恒等式和母函数的章节。

母函数，有一本很不错的讲母函数的书，是 Graham，Knuth，Patashnik 写的 *Concrete Mathematics*。其中讲特殊数列，母函数和母函数的应用的部分非常详细，但缺点是比较长。当然如果没有这么多时间，单墫的《母函数》也不错。

其他题就归结为杂题了。杂题类型很多，没有什么固定的方法，只能多做题寻找其中的规律。

特别地，我要提一下代数方法（比如线性代数法、组合零点定理等）以及概率方法。这些“新颖”的方法容易被忽视，但却有其用武之地。有兴趣的同学可以自己研究一下。（提示：在 AOPS 上找 IMO 2012 T3 和 IMO 2014 T6，有惊喜。）

关于组合题，我强烈推荐 RMO 的题目。RMO 里的组合题都非常好，不算很难，但是用到了很多方法。RMO 的题目一般偏重几何和组合，代数和数论会相对简单一些。除了 RMO，莫斯科数学竞赛、圣彼得堡数学竞赛、全苏奥林匹克竞赛等竞赛题目风格类似，也非常优秀。

四、总结与感谢

如果大家认真地看完了之前写的一切，可能会有些迷茫，也可能有点晕。不过没事，其中的很多东西可能暂时不会用到，可以之后再看。

由于笔者水平有限，文章的逻辑有些混乱，内容也只是“填鸭式”地把我能想到的东西都写了出来；但其中，每一行字都是笔者的经验之谈，很多简短的话语中饱含了血的教训。希望大家能尽可能地理解我想表达的意思，在竞赛路上找到属于自己的天空。

最后，感谢一路陪伴的同学、老师——是你们的存在让我的竞赛之路如此丰富多彩；特别感谢 2017 年中国国家队教练组老师们的辛勤付出，老师们辛苦了！

编者按：本文选自数学新星网“学生专栏”。

论数学竞赛中的大胆与小心

孙孟越*

笔者曾构想过一篇文章《刻画结构，直捣黄龙》[1]（已发布于爱哞客栈）。在投稿之后，与爱哞客栈编辑张瑞祥交流中，笔者曾向张瑞祥抱怨没什么好的数学文章主题可以写，而他一下子就回复了好几个主题，这个大胆与小心就是其中之一。这篇《大胆与小心》正好是对《刻画结构, 直捣黄龙》的补充。

实际上，刻画清楚问题的结构就是“小心”的处理方式，而直接通过巧妙观察来解决问题则为“大胆”的处理方式。

“小心”的过程是具更有普遍性的，也就是《刻画结构，直捣黄龙》所要传达的东西。本文则重点剖析那些更高层次的“大胆”处理。实际上，能够通过刻画结构做出的问题，往往都是集训队水平的中档与简单题，更难的问题往往需要大胆的处理。会大胆地绕几乎就是数学竞赛的最高水平。

1. 什么是“小心”和“大胆”?

我们先举一个简单的例子，来看看小心和大胆在解题过程中的具体表现。

例 1（2001 年 IMO 预选题） 设 $A=(a_1,a_2,\cdots,a_{2001})$ 是正整数序列，设 m 是三元子序列 (a_i,a_j,a_k) 的个数（其中 $1\leqslant i<j<k\leqslant 2001$），并且满足 $a_j=a_i+1$，$a_k=a_j+1$。考虑所有这样的序列 A，求 m 的最大值。

分析与解 这不是一个太难的问题。构造可以试试看 667 个 1, 667 个 2, 667 个 3 顺次排列，或者 $1,2,\cdots,2001$ 顺次排列。实验发现前一种的 m 比较大。我们可以猜测前一种是最大值（它也简单优美）。

这时候，有两条路可以走下去：

小心：把 A 调整成一个比较标准的形式（即刻画清楚 A 的结构）。

大胆：通过一系列巧妙观察解决问题。

---

*华东师范大学第二附属中学，现就读于清华大学。

小心的好处是，你不会吃亏。因为题目的转变过程往往是等价的转换，信息不太会丢失。但有时候，当信息太多导致你无法处理的时候，你就得把信息丢弃了，这样做就叫大胆。举例来说，处理数论问题的时候，取同余就是丢弃了很多的东西，但是有时候可能只要这么多就够了，多了反而不好处理。有时候，（大胆）丢弃信息之后，你可以到达一个平台，这样你可以更方便地往上爬。

标答走的是“小心”的路，我走了“大胆”的路。

我通过观察发现每个三元组一定是由 $0 \pmod 3), 1 \pmod 3), 2 \pmod 3)$ 的项各一个构成的。并且选出 3 项以后，三元组里三个元素顺序是唯一确定的。这也满足我们上面那个例子。这就得到了我的解答：

设 A 中 mod 3 余 $0,1,2,3$ 的项分别有 x,y,z 个，则 $x+y+z=2001$。由上面的分析 $m \leqslant xyz \leqslant \left(\frac{x+y+z}{3}\right)^3 = 667^3$（均值不等式）。$m$ 的最大值为 667^3。

我丢掉了很多信息，然而已经够用了。标答走了“小心”的路，它把 A 调整成了不减的序列（进行了规范化，并且没有丢失任何信息）。进一步，我们还可以求出 m 的一个显式表达并求出它的最大值。

2.“大胆”和“小心”哪个好?

“大胆”和“小心”，不见得哪个就一定好，要根据问题的形势去处理。而且“小心”和“大胆”大多数情况下都能到达最后的目的地。我们说，做题目主基调是“小心”，但也不能忘记作出一两个大胆的（合理）尝试。

例 2（1995 年 IMO） 求所有正整数 $n>3$，满足：平面上存在 n 个点 $A_1, A_2, \cdots, A_n$ 以及 n 个实数 $p_1, p_2, \cdots, p_n$，满足（1）A_i 之中无三点共线；（2）对所有整数 $1 \leqslant i < j < k \leqslant n$，三角形 $A_iA_jA_k$ 的面积为 $p_i+p_j+p_k$。

分析与解 这个题入手点不是很明朗。因为三角形面积和点列分布关系不是很大。这怎么办？面前有两条路：

大胆：先看看 n 比较小的情况，试图从比较小的情况推导出一般规律。

小心：通过一定的逻辑推理，搞清楚一些点分布的基本状况之后再考虑入手。

我走了“小心”的路线，因为我害怕走“大胆”的路线不能在有限的时间里做出来。数学竞赛和数学研究在这一点上有些不同，竞赛中有时间限制，所以不能漫无目的地大胆尝试。

我看到这里的面积不是有向面积，所以用代数方法（把坐标写出来或者用向量等方法）是很吃亏的。很多东西都不能确定。我告诉自己要走组合一点的路线（多考虑点的位置关系）。

下面记 $p(U)$ 表示点 U 对应的实数，$[ABCD]$ 表示多边形 $ABCD$ 的面积。

假想有一个凸四边形 $ABCD$，那么

$$[ABCD]=[ACB]+[ACD]=2p(A)+2p(C)+p(B)+p(D),$$

也有

$$[ABCD]=[ADB]+[BCD]=2p(B)+2p(D)+p(A)+p(C),$$

所以 $p(A)-p(B)=p(D)-p(C)$。

这个式子进一步分析可以推出若 $A_1,A_2,\cdots,A_n$ 中有五点构成凸五边形，则每一个顶点所对应的实数都相等，进一步有三点共线，矛盾。

所以 $A_1,A_2,\cdots,A_n$ 的凸包是三角形或者四边形。这样，问题已经大大简化，我有了更大的信心。

我的另一个观察是如果两点 U,V 在 $A_1,A_2,\cdots,A_n$ 的凸包的内部，设其凸包的顶点顺次为 $B_1,B_2,\cdots,B_s$（补充定义 $B_{s+1}=B_1$），那么考虑面积

$$[B_1B_2\cdots B_s]=\sum_{i=1}^{s}[UB_iB_{i+1}]=\sum_{i=1}^{s}[VB_iB_{i+1}],$$

可以得到，$p(U)=p(V)$。进而对 $[UB_1B_2]=[VB_1B_2]\Longrightarrow UV//B_1B_2$（$U,V$ 在 B_1B_2 同侧）。类似可得 UV 平行于 B_2B_3，矛盾!

故 $A_1,A_2,\cdots,A_n$ 的凸包内部至多一个点。只需要仔细讨论一下 $n=5$（凸包是四边形，内部一个点）的情况就做完了。

而标答的处理就非常直截了当：

标答给出了 $n=4$ 的例子（比如一个正方形），否定了 $n=5$ 的情况（讨论凸包顶点个数），就做完了。

这个问题走“大胆”的路线还真的可以成功，但谁能在一开始就保证呢？大胆路线，一般而言，是无法预判结果的。在真正解题的过程中，有时候也是不太敢走的，导致在面对问题时会原地徘徊。

3. 如何合理地“大胆”尝试？

做题要合理地尝试，一般而言，哪些大胆尝试是合理的，可以基于以下几种判断：

- 过往的解题经验中遇到过这样的结构；
- 是原问题的简单或者特殊情形；
- 题目条件暗示着某个东西会成立（有时候甚至是题目自身的特例，这被题目的正确性所担保）；
- 某个东西如果成立对命题证明有一定的帮助。

例 3 已知正数 a,b,c 构成三角形三边，且 $a+b+c=3$。求证：

$$\sum\frac{1}{\sqrt{a+b-c}}\geqslant\frac{9}{\sum ab}.$$

分析 第一步是平凡的，即俗称的切线长代换。设 $u=a+b-c$，$v=b+c-a$，$w=c+a-b$。则 $u,v,w>0$，$u+v+w=3$，题目等价于

$$\sum\frac{1}{\sqrt{u}}\geqslant\frac{36}{\sum u^2+3\sum uv}\Longleftrightarrow 9\sum\frac{1}{\sqrt{u}}+\left(\sum uv\right)\left(\sum\frac{1}{\sqrt{u}}\right)\geqslant 36. \tag{1}$$

这里（以及下面的）的 $\sum$ 代表对 u,v,w 循环求和。

这么做，主要是为了让右边成为常数，变得容易处理了。

从我的解题经验，我对式（1）左边有一个大胆的想法。我希望找一个 $\alpha\geqslant 0$，使得下面这个不等式能够靠着使用均值不等式就成立了。

$$9\sum\frac{1}{\sqrt{u}}+\left(\sum uv\right)\left(\sum\frac{1}{\sqrt{u}}\right)+\alpha\cdot u+\alpha\cdot v+\alpha\cdot v\geqslant 36+3\alpha. \tag{2}$$

（这里要用加权均值，使用的时候调整系数，使得每个单项在 $u=v=w=1$ 的时候取值为 1。）

因为从本质而言，当 $\sum u$ 限定以后，（1）可以看做是一个“零次”式（总是可以齐次化的），加上一个“零次”的 $\sum u$ 也问题不大，并且在这里仍然是可以取等的，α 的作用是调节右边输出的几何平均中的次数。我可以放心大胆地尝试。

结果喜人，解出来 $\alpha=0$ 时，它们的（加权）几何平均是零次的。所以解答就出来了。

证明 设 $u=a+b-c$，$v=b+c-a$，$w=c+a-b$。则 $u,v,w>0$，$u+v+w=3$，题目等价于

$$\sum\frac{1}{\sqrt{u}}\geqslant\frac{36}{\sum u^2+3\sum uv}\Longleftrightarrow 9\sum\frac{1}{\sqrt{u}}+\left(\sum uv\right)\left(\sum\frac{1}{\sqrt{u}}\right)\geqslant 36. \tag{3}$$

由均值不等式

$$\sum \frac{1}{\sqrt{u}} \geqslant 3 \cdot \frac{1}{\sqrt[6]{uvw}} > 0, \quad \sum uv \geqslant 3 \cdot \sqrt[3]{(uvw)^2} > 0,$$

故

$$\begin{aligned} 9\sum \frac{1}{\sqrt{u}} + \left(\sum uv\right)\left(\sum \frac{1}{\sqrt{u}}\right) &\geqslant 9\left(\sum \frac{1}{\sqrt{u}} + \frac{1}{\sqrt[6]{uvw}} \cdot \sqrt[3]{(uvw)^2}\right) \\ &= 9\left(\sqrt{\frac{1}{u}} + \sqrt{\frac{1}{v}} + \sqrt{\frac{1}{w}} + \sqrt{uvw}\right) \geqslant 36. \end{aligned}$$

最后一步用了四元均值不等式。

得到（1）之后走“小心”的路线，也是可以做下去的。我认识一个很厉害的同学（人大附中的孔鼎问同学）。这一步之后，他利用排序不等式得到了

$$\left(\sum uv\right)\left(\sum \frac{1}{\sqrt{u}}\right) \geqslant \frac{3}{2}\sum \frac{1}{\sqrt{u}} \cdot (uv + uw) = \frac{3}{2}\sum \sqrt{u}(3-u),$$

这样做是为了把三个变量分离。之后他利用 Jensen 不等式加上稍许讨论成功完成了证明。

4. 何时“大胆”尝试比较好?

在做简单题目的过程中，我们一般还是优先走“小心”的路线，这往往能够确保做出题目。但做完了题目，我们要去总结一下，哪些地方其实大胆以后一下子就可以越过去，这经验在考场上就尤为重要。

而在遇到难题、走投无路的时候，那就更是要大胆地尝试。甚至可以说把所有你能想到的思路都尝试一下。不过记得，“大胆”是奢侈品，过于大胆可能导致失败。下面这个题是困难的问题。

例 4 设 $n \geqslant 3$ 是正整数。设 $f(1), f(2), \cdots, f(n)$ 是 $1, 2, \cdots, n$ 的一个排列。求证：$f(1), 2f(2), 3f(3), \cdots, nf(n)$ 不可能重排成一个等差数列。

分析 这一题是余红兵教授给我们上课的例题。我先想了半个小时，尝试了一些特例，但对一般的 n 的证明仍然没什么思路。

这个等差数列可以用首项 a 和公差 d 表示出来——不过这已经是反证法能提供的全部条件了。我看看能不能把它们都乘起来，至少它们的乘积是确定的。

也没别的想法了，加之 2014 年集训队测试大考第三题（在题末注中）也确实有过这样的形式，就大胆地试试吧。

我们得到

$$a(a+d)(a+2d)\cdots(a+(n-1)d) = (n!)^2,$$

接下来希望小心地处理这个等式。

对每个素因子 $p|d$，来分析上式两边 p 幂次大小（要么是 0，要么比 n 大）。两边都是 0 是没意思的，所以希望能先证明 $d \leqslant n$，这样右边才一定有 p 的倍数。

$d \leqslant n+1$ 是不难证明的，因为 $(n-1)d \leqslant n^2-1$。而否掉 $a=1, d=n+1$ 的情况只需要考虑 $1+d(n-2)$，这一项不可能出现。

当 $d>1$ 时，任取一个素数 $p|d$，右边被 p 整除，所以左边有一项都是 p 的倍数，故 $p|a$。进而左边被 p^n 整除，但右边 p 的次数 $=2\sum_{i\geqslant 1}\left\lfloor \frac{n}{p^i}\right\rfloor < \frac{2n}{p-1}$。所以 $p=2$。

故 d 是 2 的幂，进一步可以讨论 a 中 2 的幂次大小（与 d 中 2 的幂次相比较），然后分两种情况处理这个问题（当 $v_2(a)<v_2(d)$ 时，左边 2 的次数是 n 的倍数，右边不是。而 $v_2(a)\geqslant v_2(d)$，即 $d \mid a$ 时，左边 2 的次数大于右边 2 的次数，这都不能出现）。

$d=1$ 的情况也好办，我还差点漏掉 $d=0$ 的情况。做题要注意不要遗漏（特别是想了很久以后）。这个题最终花了我一个半小时。

余教授说我做得有点繁琐，他自己也做得有些繁琐，我们俩都有个东西没注意到。不过，他被我的解答启发了。

事实上，在获得等式之后，我的处理就十分小心。这个等式已经大大削弱了条件，解答应该说只有一线曙光。小心谨慎的我最后到达了成功，但过程有一些曲折蜿蜒。下面的解答是从我们两个的证明中提炼出的：

证明 用反证法。设这个等差数列首项是 a，公差是 $d\geqslant 0$。

第一步：证明 $d\leqslant n$。

首先 $d\leqslant n+1$ 是不难证明的，因为 $(n-1)d\leqslant n\times n-1\times 1=(n-1)(n+1)$。

若 $d=n+1$，则 $a=1, f(1)=1, f(n)=n$。考虑数列中的项 $1+(n-2)d>(n-1)\times(n-1)$。不能出现，矛盾。

第二步：对 $d\neq 0$，证明 $d\mid a$。

等差数列中有 $df(d)$ 这一项，故 $a\equiv df(d)\equiv 0 \pmod d$。

第三步：若 $d\neq 0$，则 $d=1$。

改记这个数列为 $dm, d(m+1), \cdots, d(m+n-1)$，那么把这 n 个数全乘起来，则有

$$d^n m(m+1)\cdots(m+n-1)=(n!)^2 \Longleftrightarrow d^n\binom{m+n-1}{n}=n!,$$

但 $n!$ 中每个素因子 p 的幂次均 $< \frac{n}{p-1}$。故等式左边的 d 不含素因子，即 $d=1$。

第四步：讨论 $d=0$，$d=1$ 的情况。

这是平凡的，留给读者作为思考题。

回顾我们的过程，第二步是余教授的解答里的，第三步是我的解答中的一部分。我大胆地把它们乘了起来，但是没有大胆地发现 $d \mid a$。因为我也不敢指望这么强的结论能成立，但它确确实实成立了。余教授（大胆地）做出第二步之后，转而去分析 d 的素因子 p 的情况，然后（小心地）去做单项 $kf(k)$ 里 p 倍数的分析。得到 $p=2$，d 是 2 的幂。然后再分析证明 $4 \nmid d$，并再做 $d=0,1,2$ 的情况讨论。

我们前三步这么大胆地做，其实丢掉了一些信息，就留下了一些主要信息。不过在这样的“大胆”下，我们仍然得出了结果。

“大胆”就是丢卒保车，有时候它能让你走得更远。

注 上文中提到的 2014 年集训队大考第 3 题 [2]：

求证：下列方程没有正整数解 (x,y)：

$$(x+1)(x+2)(x+3)\cdots(x+2014)=(y+1)(y+2)(y+3)\cdots(y+4028).$$

5.“大胆”的典范

有些题目，入手点只有一条，并且还要非常的大胆才能入手。大胆完以后还需要小心地处理。这一类问题往往都是非常困难的题，它既有思维上的障碍，又有技术上的难点。但这类问题不见得是好的问题，我也不建议在平时训练中多训练这种问题。

不过下面这个例子提醒着我们，在高级别的比赛中，真的是要敢想敢做。要和题目斗智斗勇。

例 5（2002 年中国 TST） 设 α,β,γ 是正整数，多项式 $f(x)=x(x-\alpha\beta)(x-\beta\gamma)(x-\alpha\gamma)$。已知存在整数 s 满足 $f(-1)=f(s)^2$，求关于 t 的方程 $f(t)^2=\alpha\beta$ 的整数解个数。

分析 实际上最后那个八次方程是不太可能有整数解的。但是做法居然是去证明 $\alpha\beta$ 不是完全平方数。这个证明又来源于下面这个结论：

若 $f(-1)=(\alpha\beta+1)(\beta\gamma+1)(\alpha\gamma+1)$ 是完全平方数，则 $\alpha\beta+1,\beta\gamma+1,\alpha\gamma+1$ 都是完全平方数。

例 5′ 若正整数 x,y,z 满足 $(xy+1)(yz+1)(zx+1)$ 是完全平方数，那么 $xy+1$，$yz+1$，$zx+1$ 都是完全平方数。

这跟原题相比简直强到怀疑人生。并且例 5′ 的证明还不能一眼看到曙光。在考试中，你还会不停地质疑自己这一步加强是不是正确。

例 5′ 的大致过程是：若 $x \leqslant y \leqslant z$ 是 $x+y+z$ 最小的反例，那么考虑 $t=x+y+z+2xyz-2\sqrt{(xy+1)(yz+1)(zx+1)}$。则有

$$x^2+y^2+z^2+t^2-2(xy+yz+zt+tx+xz+yt)-4xyzt-4=0.$$

我们有

$$\begin{aligned}(x+y-z-t)^2&=4(xy+1)(zt+1),\\(x+z-y-t)^2&=4(xz+1)(yt+1),\\(x+t-y-z)^2&=4(xt+1)(yz+1).\end{aligned}$$

接着可以证明 $-1<t<z$，以及 $t\neq 0$（这个是 $xy+1$，$yz+1$，$zx+1$ 不全为完全平方数保证的），并且 (t,x,y) 也是满足反证法假设（不全是完全平方）的一组解。这与 (x,y,z) 的最小性矛盾。

6. 后记

一个题的解出，当然要靠小心的处理，但是也少不了大胆的尝试。这时而大胆，时而小心，真的非常有趣。

再说说标准答案的问题。标准答案是一堆逻辑推理。它只能告诉你这个命题是正确的。但是哪些地方是命题真正的难点，哪些地方需要真正花力气去攻克，并且是如何攻克的，这些东西都是标答里所不会出现的。我们在学习的过程中要注意从直觉上来把握问题，真正地搞清楚问题讲了什么，哪些地方要花力气，怎么样才能重建这样的力气。尤其是当标准答案走了“大胆”的路线，你就要反复地琢磨。否则你很难有提高。

张瑞祥指出，2017 年 IMO 第三题以及第五题 [3] 同样是大胆处理的典范。（这也是为什么这两个题在 IMO 里仍属于困难的问题。）这里附上张瑞祥提出的文章主题，感兴趣的同学或者老师可以参考：

“竞赛与 CS”，“竞赛与金融”，“论竞赛中的大胆与小心”，“竞赛中的代数数论（或代数几何）”。

参考文献

[1] 孙孟越. 刻画结构, 直捣黄龙 [J/OL]. https://zhuanlan.zhihu.com/p/28177306, 爱哞客栈, 2017–09–09 期.

[2] 2014 年 IMO 中国国家集训队教练组. 走向 IMO 数学奥林匹克试题集锦 (2014) [M]. 上海: 华东师范大学出版社, 2014.

[3] 瞿振华. 第 58 届国际数学奥林匹克 [J]. 数学新星网 · 教师专栏, 2017–08–02 期.

编者按：本文选自数学新星网“学生专栏”。

唱着歌的追梦人

俞辰捷*

在曼谷飞往北京的飞机上开始码起这篇说不上是小结的小结。莫是回忆录么？且以文字记录下当下的心境，待日后品读或可得一番新的感触吧。怅然若失，畅怀一笑，都是好的。

本是不喜写这类东西的，说到底是因为有些许的懒惰。看着过年时同窗们满屏的新年新气象的长篇短叙，我常会被吊起兴致跃跃欲试；可等到真正有时间的时候，便是拖延症发作，找个借口以心理安慰，然后把这个念头弃之一旁。此番在一而再再而三地拖延症以后，终究开始动笔。哈，也不算是动笔吧，而是指尖在键盘上飞跃着，起舞着。

就如同我们，飞跃着，起舞着。

2015 年对我可谓是意义重大的一年。一方面，我在 3 月的 RMM 上取得了全球第一的佳绩，也在刚刚结束的第 56 届 IMO 上以接近满分的成绩收官；自以为算不上完美，也算得上令我无悔了。另一方面，我作出了转学美国大学的决定（即使如今尚有些迷茫这个决定是否正确），也可称上是人生的一个重大的转折点了吧。然而我甚至还记得年初的那一个夜晚，那抨击心扉的悲怆，潮涌般袭向心底。再想到，下了这班飞机怕便是结束了数学竞赛生涯之路，似乎所谓的喜悦也不那么重要了，反而也能说是带着感伤与无奈的一班旅途。

也许 2015 年对我而言不是那么幸运的一年，而是令我转折蜕变的崭新一年。怕是接下来的日子远没有之前那么顺风顺水了——天将降大任于斯人也，必先苦其心志，劳其筋骨，饿其体肤。我倒是不求什么“天降大任”，只求能够做些自己喜欢的事，在喜欢的事上做出些自己认为值得的事。

剩下的想说的，留到结尾再说吧。在此之前，我要先小小地回忆一下今年的竞赛之路。回忆这件事有时候痛苦，有时候快乐；但回忆的内涵，便是看着自己或对或错的曾经，明白自己的青涩，感慨自己的青涩，怀念自己的青涩，却又不纠结于自己的青涩。人终要成长，但往昔挥之不来。这才是回忆存在的意义吧。

---

*华东师大二附中，现就读于北京大学。

三月罗马尼亚归来后，便风尘仆仆地赶往了杭州参加集训队的选拔考试。到底是好记性不如烂笔头；没有写日记的习惯，有很多事记不真切了。似乎对于杭州的记忆，只剩下“聚众”在房间里打牌和苏东坡笔下如西子的西湖一游，再无其他。

上面说的当然不全真。关于集训队选拔考试，总还是有些需要记住的。

其一是第一次小考结束。用一句有点时髦的话来说，“我的内心几乎是崩溃的”。第一题算不上难的几何题我花了整整三个小时，而由陈题改编的第二题数论也由于心理紧张导致几种思路接连碰壁。回想起来，到底是因为考前给自己定下了一个过高的心理预期——因为往年的第一次小考难度都不大，所以会有不少人可以全部做出；于是如若无法全部做出，就可能会落后不少人一道题的差距。这在与芸芸高手的比拼中是致命的。再加上对自身水平的过于自信，于是在第一题卡壳而第二题擅长的数论方向没有大致思路的情况下心慌意乱，发挥失常。其实在高级别的竞赛中，我觉得水平本身是次要的（当然需要，但不意味着完全起决定性的作用），而良好的心态和一点点的运气才是最重要的。我记得小考结束后我已处于心如死灰的境地，因为正如往年一样，做出三道的不在少数。两道题的差距几乎已经令我确信这是没有办法弥补回来的了。我本就善哭；初中的同桌说我这是心思细腻，我也说不上来。总之我哭得稀里哗啦的（却不如我预想的那样嚎啕，大概是之前发生了太多事泪水透支了吧），好在有挚友高继扬的陪伴，才慢慢地调整了心态。

其二是公布成绩前的那个夜晚。最后一次大考已经结束，但所有人的心情却并非那样如释重负。考试成绩悬而未果，到底是令不少人感到揪心的——尤其是一些小考发挥稳定但大考发挥不那么尽如人意的同学。有时候我觉得，竞赛或许不过是一场运气的较量；你若运气好些，能够遇到自己擅长的题，你便能考得更好，而若运气不佳，可能发挥出的实力甚不及自己应有水准的大半。（当然啦，那些真正实力强劲的顶尖高手不在此列；只是这样的高手，几年又能有一个呢？）我也得算是运气好的那者吧，因为发挥失常的那一次是所占比重较小的小考。若这一次失常发挥出现在大考上，恐怕如今我也只能窝在家里看看书，上上网，遥望一下在清迈铿锵奋战的中国队了吧。

其实每年具有国家队实力的选手又岂止六人。记得有人曾戏谑道：“假使中国队派出两个国家队，也能够取得不俗的成绩。”可名额所限，于是集训队考试成了一场几家欢喜几家愁的纷争。欢喜的那家自然是好，但愁的那家又怎会甘心？成为国家队的一员，似乎是我们竞赛人在竞赛生涯的一个终极目标。不是为了所谓令人眼羡的荣誉，也不是为了颈上的那块沉甸甸的奖牌。仅仅是为了证明自己的努力，是为了给自己付出的奋斗与汗水画上一个圆满的句号。我们夜以继日地投身于竞赛，动力不过是自身对于数学浓厚的兴趣和做出成就后那稍纵即逝的满足感——稍纵即逝，是因为竞赛之路远远没有走完，在浅浅地品尝完这份满足感后又要收拾心情，重新踏上征途。升学的压力和周遭的质疑往往压得我们抬不起头，只是那份对数学的执著支撑着我们，如顶破石缝滋润雨露的幼苗，即使脆弱却又屹立不倒。

竞赛人的这份执念，外人往往难以理解。所以我更能够理解那些因为小小的失误而止步于集训队的同学们，他们在人前强挤出笑颜，在人后的心酸又能与谁分享呢？唯剩下对心中那份坚持的困惑和落寞的一声长嗟。

我只是想说，一切都没有输赢。没有成功入选国家队并不意味着输；因为只要心底有着那份对于竞赛的执念，对于数学的热爱，对于梦想的坚韧，你就已经赢了，不是么？国家队本就是一个虚名，是一个证明自己竞赛生涯的结果。可是热爱，哪里需要证明呢？从心所欲，便已可睥睨天下。

对于清迈之行我想说的并不是很多。当然在清迈的这几天我们无疑非常愉快，组委会的各个方面也考虑得非常周到，无可挑剔之处。与我们随行的向导是旅程中的一抹亮色，偶尔的搞怪却一副一本正经的样子着实为我们增添了不少的欢乐。不过这些不是这篇小结的重点，不再多述。

今年中国队的表现不能算太好，在几何与代数上失分较为严重。当然啦，“友谊第一，比赛第二”；但我想这应该令后辈们对此引起重视。集训队考试对于函数方程和较难的几何题的考察略显薄弱，但这两方面又是近年 IMO 接连出现的题型。当然选出一道合适的好题来作为集训队选拔的试题又谈何容易？所以加强几何与函数方程的考察不单单是教练组应该注重，更应该是参加选拔的同学们自身加强对这类题型的适应。能够适应多方面的题型，才能够真正地在考试中做到不慌不躁、信手拈来。

最后我还想说的是，到底结束了。哪怕是入选国家队的我们，竞赛之路也已经是结束了。我们所热衷的竞赛之路，到底还是画上了一个休止符。

但正如前面所说的，即使结束了又何妨呢？或许会伤感，或许会回望。但一个的结束，正是另一个的开始。无论结果如何，问问自己的内心，对竞赛之路的抉择后悔了么？那个内心毫不迟疑的回答，早就说明了全部。

竞赛或许是一场梦，是一场值得我们去追逐的梦。我们所走过的路，是用一个个音符所点缀出来的一支歌。我们引吭高歌，我们无所畏惧。因为我们，都是唱着歌的追梦人啊。

说到这里，想说的也差不多说完了。不知不觉居然已经说了这么多。看着指尖在键盘上飞跃着，起舞着，似乎如同这么多年的拼搏与昂首。没有迟疑，没有踌躇。

就像我们自己，也正飞跃着，起舞着。

美国普特南大学生数学竞赛的简介*

牟晓生

在我本科的时候，每年十二月的第一个星期六都是令人紧张而兴奋的日子。这一天，美国以及加拿大各高校学生一同参加普特南数学竞赛（William Lowell Putnam Mathematical Competition）。即使在耶鲁这样以文科见长的学校，仍然有三十多位同学早早赶到考场，等待拆开装有考卷的密封袋。

时钟刚到十点，大家就开始答卷了。普特南竞赛分上下午两场（又称 AB 卷），共六个小时，可以称得上是单天时间最长的比赛。然而不同于高中竞赛的冬令营或集训队，这里题目量偏多。事实上，每个半场都要求在三小时里完成 6 道题的解答，每题 10 分。所谓“要求”，其实只是说有 6 道题可供选择。除了极罕见的情况，几乎没有人能在半场拿到满分，更不用说全场了。究其原因，我的个人感受是由于考核的知识面很广，无法在每道题上都迅速找到思路。作为面向大学生的比赛，普特南不仅涉及国内竞赛学过的不等式、组合和数论，还经常考积分、微分方程、线性代数、群论等领域。每个参赛者或许能把这其中的几个方向学好，但要面面俱到并不容易。前几年接连出现了表示论和傅立叶分析的难题，得分率都接近于零。

正是由于普特南竞赛的综合难度很大，所以得奖的分数线通常不太高。以 2015 年为例，一等奖（Putnam Fellow）共有六人，分数是 $82 \sim 99$（总分 120）。之后的十名获得二等奖，分数线是 74。再往下 63 分是三等奖，而 43 分就能够跻身前七十五，获得提名（Honorable Mention）。也就是说，只要解出上下午较容易的前两题就能在普特南竞赛中名列前茅。从这个角度来看，在美国只有少数学生投入精力把各类竞赛题钻研透，而大部分参赛者都是凭着兴趣，并不做太多准备。我依然记得大一时和朋友一起讨论往年的题，每次都在欢声笑语中完成了严肃的练习。另外有的同学早已在研究中做出了不错的结果，却从没听说过竞赛中的一些常用技巧。回想在中学阶段的自己习惯把做数学等同于掌握解题技巧，其实是非常片面而粗浅的认识。

除了颁发个人奖，每年的普特南竞赛还评选前十名的学校。每个学校预先指定三名学生，而团体名次由他们的个人名次之和决定。历史上，哈佛大

---

*2017 年 2 月写于哈佛大学。

学、麻省理工学院、加州理工学院以及普林斯顿大学成绩斐然，均有三十次以上名列前五。尤其是哈佛与麻省理工这两所同在波士顿的学校，对团体第一的竞争非常激烈，排名先后往往取决于是否选到了发挥较好的学生代表。

随着赴美留学的渠道打开，近年来也有不少中国学子在普特南竞赛中表现优异。2006 年的刁晗生，2007 年的邵烜程和任庆春学长都是当年的前五名。他们已经博士毕业并且有很好的文章发表。而聂子佩同学在 2012 ~ 2014 连续三年获得 Putnam Fellow 更是骄人的成绩——每位选手至多参赛四次，而近八十年的比赛中也只有 8 人四夺桂冠。我在这里祝愿来自中国的学弟学妹在今后的比赛中捷报频传，当然更希望见到从普特南竞赛中走出中国优秀的科学家，就如之前的 John Milnor, David Mumford, Daniel Quillen 这三位菲尔兹奖得主以及 Richard Feynman, Kenneth Wilson 这两位诺贝尔物理学奖得主一样。

下篇　数学竞赛与数学研究

数学探究

对多边形剪角问题的研究

张盛桐*

摘要 本文研究了正 n 边形剪角问题，证明了如下结果：给定一个面积为 S 的正 n 边形，其进行如下剪角操作：每次取相邻两边的中点，沿其连线剪下多边形的一个角。反复这样操作，最多能剪去的面积不超过 $\frac{2}{5}\left(1-\cos\frac{2\pi}{n}\right)S$，且这个估计是渐近最优的。特别地，当 $n=6$ 时，剪去的面积不超过 $\frac{S}{5}$。

一、引言

在数学竞赛中下面的正六边形剪角问题备受关注：给定一个正六边形，每次取相邻两边的中点，沿其连线剪下多边形的一个角，反复这样操作，请问：这样做下去最多能剪去原图形面积的多少？

我们最初见到的界是 $\frac{1}{3}$。后来，我在国家队培训时，知道前几届国家队队员，如牟晓生、张瑞祥研究过这个问题，他们证明了上界可改进为 $\frac{1}{4}$。在这篇文章中，我们把界改进到 $\frac{1}{5}$。事实上，我们证明了更一般的结果：

定理 1 *对一个面积为 S 的正 n 边形进行剪角操作，能剪去的面积不超过 $\frac{2}{5}\left(1-\cos\frac{2\pi}{n}\right)S$。*

我们把问题转化为了一个纯代数问题。对多边形 M，我们称 M 的边界三角形为所有由 M 连续三个顶点为顶点的三角形。把这种三角形的面积按顺时针方向排成一个数列，称之为 M 的特征数列（数列）。例如：正六边形的特征数列形如 (a,a,a,a,a,a)。我们看到，每次对 M 的剪角对应一个对特征数列的操作。如图，对 A_3 进行剪角，所得的图形 N 比 M 多了一条边。容易发现，N 的特征数列相当于对 M 的数列进行了如下修改：

设 M 的数列中有三个连续元素 (a,b,c)，则 N 中这些元素变为

*上海市上海中学，现就读于麻省理工学院。

$\left(\frac{a}{2}, \frac{b}{4}, \frac{b}{4}, \frac{c}{2}\right)$，其余元素不变。这里认为，在数列两端的元素也是相邻的。同时，多边形面积减少了 $\frac{b}{4}$。

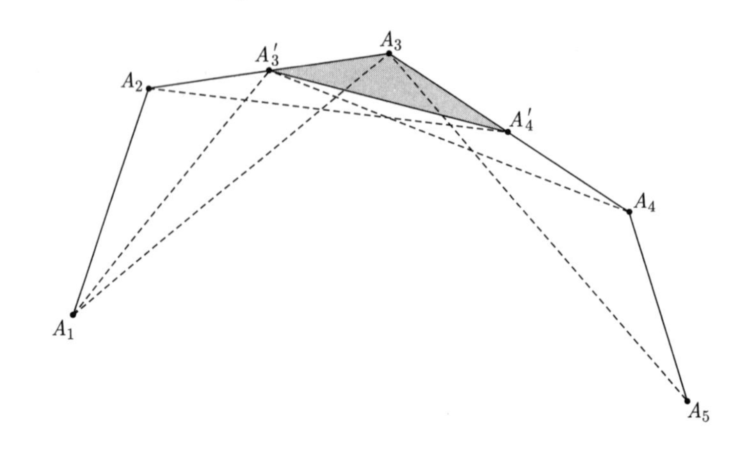

我们称这一过程为“**环形展开**”，简称**展开**或**操作**（因为每次序列长度增加 1）。

定义 1 在对 (a,b,c) 的（即上述）操作中，称 b 为**主元**，a,c 为**副元**。

定义 2 我们称对一个数列的前 k 次操作为一个 k 步（次）操作序列，记为 Q_k。并将其中的操作从前至后称为第 $1,2,\cdots,k$ 步（次）。在以下讨论中，多边形的数列（即被操作的数列）简记为数列。

对于任意操作序列 Q_k，我们引入计数器 $S_{Q_k}=\sum\limits_{i=1}^{k}\frac{b_i}{4}$，其中 b_i 为第 i 步的主元。这样，S_{Q_k} 就代表了多边形进行 Q_k 后减去的面积。有了这些工具，我们就可以系统地研究问题了。

定义 3 设最初研究的为正 n 边形，它的数列为 $(1,1,1,\cdots,1)$。称所有 k 次操作数列组成的集合为 M_k。记 $S_{n,k}=\max\limits_{Q_k\in M_k}S_{Q_k}$。由于 $|M_k|$ 有限，故定义是合理的。因为每次操作会使 S 上升，所以我们有 $S_{n,k}$，关于 k 单调递增。故可定义 $S_n=\lim\limits_{k\to\infty}S_{n,k}$。这个极限的存在性将在下一节证明。

有了这些定义，定理 1 可以重新表述为：

定理 2 $S_n\leqslant\frac{1}{5}n$，且常数在渐近意义下最优。

事实上，要说明这一点，只需要求数列为 $(1,1,1,\cdots,1)$ 的正 n 边形的面积 S。读者可以自证这个简单的结论：$n=2\left(1-\cos\frac{2\pi}{n}\right)S$。

二、定理的证明

1. 基本记号及性质

我们先提出几个基本的引理。

引理 1 在若干次操作后，数列中所有数均为 2 的负整数（或 0）次幂。

由归纳法，此引理显然。

为了表述方便，我们引入如下记号。

定义 4 对任意操作序列 Q_k，称由 Q_k 前 l 次操作构成的操作序列为 $Q_{k,l}$。

引理 2 S_n 存在且 $S_n < \frac{n}{2}$。

证明 以下我们称正 n 边形的数列 $(1,1,\cdots,1)$ 在经过操作序列 Q 后数列的和为 Sum_Q。对任意操作序列 Q_k，取其中第 l 次操作，设主元为 b，副元为 a,c。可以发现，每次操作前后数列中 Sum 减小了

$$\Delta Sum_l = Sum_{Q_{k,l}} - Sum_{Q_{k,l+1}} = \frac{a+b+c}{2}.$$

同时 S 增加了 $\Delta S_l = S_{Q_{k,l}} - S_{Q_{k,l+1}} = \frac{b}{4}$。故有 $\Delta Sum_l \geqslant 2\Delta S_l$。由于 $Sum_{Q_{k,0}}$ 即为原数列的和 n，且后来（由引理 1）一直为正数，故 $\sum\limits_{l\in N} \Delta Sum_l < n$，得

$$S_{Q_k} = \sum_{l=0}^{k-1} \Delta S_l \leqslant \frac{1}{2}\sum_{l=0}^{k-1} \Delta Sum_l \leqslant \frac{n}{2}.$$

故由 Q_k 任意性得 $S_{n,k} < \frac{n}{2}$，即数列 $\{S_{n,k}\}_{k\geqslant 1}$ 单调有界，故有极限，即 S_n 存在且 $S_n < \frac{n}{2}$ 成立。

在考察问题的过程中，我们还将引入另一种操作。

定义 5 对数列的线性展开（或操作）规则如下：与环形展开规则相同，但数列两端的数不视为相邻。若以最左边的数 A_1 为主元操作，则仅将它右边的数作为副元除以 2。对最右边的数同理。

例如，$(1,1,1)$ 以第一个 1 为主元操作，经过环形展开可变为 $(\frac{1}{4},\frac{1}{4},\frac{1}{2},\frac{1}{2})$，经过线性展开可变为 $(\frac{1}{4},\frac{1}{4},\frac{1}{2},1)$。

我们将环形展开中的概念沿用在线性展开中，将所有 S 换为 L。显然在线性展开中引理 1，引理 2 成立。

接下来，我们再证明几个基本结论。

引理 3 $S_{2n} \geqslant 2S_n, L_n \geqslant S_n$。

证明 对每个正 n 边形的操作序列 Q_m，我们构造一个正 $2n$ 边形的操作序列 Q'_{2m}，使 $S_{Q'_{2m}} = S_{Q_m}$。

事实上，我们可以安排操作 $S_{Q'_{2m}}$，使对任意正整数 l，若初始正 n 边形数列经 Q_m 的前 l 步操作 Q''_l 操作至数列 $K = (a_{1,l},\cdots,a_{n+l,l})$，则初始正 $2n$ 边形数列经 Q'_m 的前 $2l$ 步操作 Q'''_{2l} 操作至数列 $KK = (a_{1,l},\cdots,a_{n+l,l},a_{1,l},\cdots,a_{n+l,l})$，且 $S_{Q'''_{2l}} = 2S_{Q''_l}$。

对 l 归纳。$l=0$ 时显然。若 l 时成立，则 $l+1$ 时，设对 Q_m 第 l 次操作主元为 $a_{s,l}$，则将 $2n$ 边形序列中两个 $a_{s,l}$ 都操作一次，则不难验证得到的数列满足归纳假设，且保持 $S_{Q'''_{2l+2}}=2S_{Q''_{l+1}}$。故归纳假设对任意 l 都成立。

由 n 边形操作任意性，有 $S_{2n,k}\geqslant 2S_{n,k}$，即第一个不等式成立。

对第二个不等式，我们同样对每个正 n 边形的环形操作序列构造正 n 边形的线性操作序列。实际上，我们只需使线性操作序列每次和环形操作序列操作同一个位置的元素即可。由归纳可证这种操作满足如下性质：

设若干步后环形操作序列得到了 $K=(a_1,\cdots,a_t)$，线性操作序列得到了 $K'=(b_1,\cdots,b_t)$，则 $b_i\geqslant a_i$ 对任意 $1\geqslant i\geqslant t$ 成立。

读者可以自己验证这个性质，这很简单。对这种操作序列，每次操作线性的主元总大于等于环形的主元，故线性展开的 L 大于等于环形展开的 S。由操作任意性，$L_n\geqslant S_n$ 成立。

2. 主要的想法

现在我们全力研究线性展开。以下所有展开、操作及其他术语都表示线性展开下的意义，取定初始数列为正 n 边形的数列 $(1,1,\cdots,1)$。我们的想法是，将操作化归为一种特殊的、容易处理的类型。

定义 6 称一个操作序列为“严格极大的”，若它每次操作的主元都是数列中全部数中最大的。

我们试图证明以下两个命题：

命题 1 对每个操作序列 Q，存在一个严格极大操作序列 Q'，使它的计数器 $L_{Q'}\geqslant L_Q$。

命题 2 对每个严格极大操作，有 $L\leqslant\frac{1}{5}n+c$，c 为不依赖于 n 的常数。

在以下的讨论中，我们要用到“产生”这个概念。这个概念的定义如下：

定义 7 我们用图论的观点来看数列的变化。构造一棵分层的有向树，第 $k(k\geqslant 0)$ 层为第 k 次操作后的数列（第 0 层为原数列）。视每个数为一个顶点。对于每一个数，把它与下一层中由操作它得到的数相连，并令这条边由前者指向后者。这样，我们就产生了一棵树。如果一个数在树中能通过边走到另一个数（只能按边的定向走），则称前者**产生**后者，这时也称前者是后者的**祖先**。

3. 命题 1 的证明

我们先看两个重要的性质。

性质 1 若操作序列中两次连续的操作主元不相邻，则它们可以互换并使 L 不变。此为显然。

引理 4 若操作序列中两次连续操作相邻，但前一次的主元比后一次小，则可对换两次操作使 L 不减。

证明 设两次操作主元为 $P<Q$，P 在第 h 步操作，Q 在第 $h+1$ 步操作。数列中连续四项为 (d,P,Q,c)（若 Q 是最后一项，视 c 为 0）。我们比较原操作序列和对换后的操作序列。

原先操作

$$(d,P,Q,c)\to\left(\frac{d}{2},\frac{P}{4},\frac{P}{4},\frac{Q}{2},c\right)\to\left(\frac{d}{2},\frac{P}{4},\frac{P}{8},\frac{Q}{8},\frac{Q}{8},\frac{c}{2}\right),$$

$\Delta L=\frac{P}{4}+\frac{Q}{8}$，其余不变。

现在

$$(d,P,Q,c)\to\left(\frac{d}{2},\frac{P}{2},\frac{Q}{4},\frac{Q}{4},c\right)\to\left(\frac{d}{2},\frac{P}{8},\frac{P}{8},\frac{Q}{8},\frac{Q}{4},\frac{c}{2}\right),$$

$\Delta L=\frac{P}{8}+\frac{Q}{4}$，其余不变。

这里我们为了方便，省略了 L 的下标。

由性质 1，第二种操作比第一种操作在第 $h+1$ 步前 L 大了 $\frac{Q-P}{8}\geqslant\frac{P}{8}$。下面我们来分析后续操作的改变。我们发现，对于两种操作的同一位置，第一种操作仅有一个 $\frac{P}{4}$ 比第二种操作大。然而，在后续操作中，这个 $\frac{P}{4}$ 产生的对 L 的贡献不超过 $\frac{P}{4}\cdot L_1\leqslant\frac{P}{8}$。（重申一下，这里 L_1 表示对单独一个 1 进行线性展开能得到的 L 最大值。）同时，其他数在原操作序列中对 L 的贡献不超过在变换后操作序列中对 L 的贡献，即操作一计数器的增加不可能超过操作二的增加 $\frac{P}{8}$。综上，操作二得到的 L 肯定大于等于操作一的 L。

回到命题 1 的证明。我们采用调整法。设操作序列已给定，有 N 步。从第一步开始改变原序列，来构造所需的序列。设第 k 步以前都已经调整为严格极大的。若第 k 步已是严格极大的，则无须调整。否则，考虑当时数列中所有最大的数及它们产生的数。我们考虑它们中第一个成为主元的数。

（1）这个数不存在。在操作序列最后加入一次这种操作，这时 L 上升了一个小正数 ε，然后按第二种情况处理。

（2）这个数存在。设它为 b（在第 k 步前），两边为 a,c。

我们证明可以用性质 1 将这次操作换到第 k 步且使 L 不减。由于可以利用性质 1 将这次操作向前换，直到不满足性质 1 条件，故不妨设在这次操作前与 b 相邻的数刚刚进行了操作。设这是第 h 步。我们希望将这次操作提前至 $h-1$ 步或 $h-2$ 步。

由于在第 k 至 $h-1$ 步间 b 没有操作过，故可记 B_s 为第 $s(k\leqslant s\leqslant k-1)$ 步后得到的数列中由 b “产生” 的数。记 A_s,C_s 为这些数列中与 B_s 相邻的项。可以看到，A_s,C_s 分别是由 A_k,C_k 产生的。

我们考虑 a,c 在第 k 至 $h-1$ 步时成了多少次主元。我们分以下三种情况讨论：

i) $a=b=c$

由 b 定义知这不可能。因为第 h 次操作前，A_{h-1} 或 C_{h-1} 已经做了主元，这与 b 是第 k 步数列中所有最大的数且第一个成为主元矛盾。

ii) $b>a,b>c$

我们设在第 k 至 $h-1$ 步 a,c（及它们产生的、与 b 相邻的元素）分别当了 m,n 次主元，第 $h-1$ 步操作了 a。则第 h 步时，$B_{h-1}=2^{-m+1}b$。

在第 k 至 $h-1$ 步中 b 没有操作。我们分以下两种情况讨论。

（1）在第 k 至 $h-1$ 步，b 右边的所有元素没有作为主元操作。

第 $h-1$ 步前，$P=A_{h-2}=4^{-m+1}a, Q=B_{h-2}=2^{-m+1}b$，有 $P<Q$。故由引理 4 可以将这两次操作对换，使 L 不减。

（2）在第 k 步至第 $h-1$ 步，b 右边的元素作为主元操作了。

我们取最后一次这种操作的主元 j。用性质 1 把这次操作往后换，直到第 $h-1$ 步。容易验证这是能完成的。若 j 不与 b 相邻，则可把第 $h-1$ 次操作与第 h 次互换，这就达到了目的。若 j 与 b 相邻，我们考虑第 $h-2$ 到 h 次操作。设 $A_{h-3}=A$，同样定义 B,C。

第 $h-2$ 次操作主元为 C，第 $h-1$ 次为 A，第 h 次主元在第 $h-2$ 步为 B。由性质 1 可知能把第 $h-2$ 次操作与第 $h-1$ 次操作互换，且使 L 不变。

我们先导出 A,B,C 的一些关系。由于在第 k 至 $h-1$ 次操作中 b 未作为主元操作，故容易验证 $\frac{b^2}{ac}$ 单调不减，得

$$\frac{B^2}{AC} \geqslant \frac{b^2}{ac} \geqslant \frac{b^2}{(b/2)^2}=4.$$

若 $B \geqslant 4A$，则第 $h-1$ 次操作主元为 A，第 h 次为 $\frac{B}{2}$，故可把这两次操作交换使 L 不减。

若 $B \geqslant 4C$，则可先交换 $h-1$ 次与 $h-2$ 次，再如上交换。

最后，若 $B \leqslant 2A, B \leqslant 2C$，则由 $\frac{B^2}{AC} \geqslant 4$ 知 $A=C=\frac{B}{2}$。这时我们将第 h 次操作换到第 $h-2$ 次。如下：

原操作：

$$(U,A,B,C,V) \to \left(\frac{U}{2},\frac{A}{4},\frac{A}{4},\frac{B}{4},\frac{C}{4},\frac{C}{4},\frac{V}{2}\right) \to \left(\frac{U}{2},\frac{A}{4},\frac{A}{8},\frac{B}{16},\frac{B}{16},\frac{C}{8},\frac{C}{4},\frac{V}{2}\right),$$

$$L=(A+C+B/4)/4=5/8A.$$

改变后操作

$$(U,A,B,C,V)\to\left(U,\frac{A}{2},\frac{B}{4},\frac{B}{4},\frac{C}{2},V\right)\to\left(\frac{U}{2},\frac{A}{8},\frac{A}{8},\frac{B}{8},\frac{B}{8},\frac{C}{8},\frac{C}{8},\frac{V}{2}\right),$$

$$L=(B+A/2+C/2)/4=3/4A.$$

可以看到，两次操作的 L 相差 $\frac{A}{8}$。而之后的操作中，改变后操作只有两个数比原操作（对应位置上的）小 $\frac{1}{2}$。设原操作中这两个数产生的对 L 的贡献为 S，则改变后操作这两个元素产生对 L 的贡献为 $\frac{S}{2}$，两个后续操作 T 之差不超过 $\frac{S}{2}$。因为

$$S\leqslant\left(\frac{A}{4}+\frac{C}{4}\right)\cdot L_1=2\cdot\frac{A}{4}\cdot L_1\leqslant\frac{A}{4},$$

故知改变后操作 L 不减。

iii) $b=a$ 或 $b=c$

同理可得。

综上，我们证明了可以把对 b 的操作往前换并使 L 不减。重复这一过程直到对 b 的操作成为第 k 步。

不断重复以上所有步骤，可以对任意自然数 M 满足前 M 次操作都是严格极大的，且得到的新操作 $L'\geqslant L$。我们发现，在第一次分类讨论时，若是第 (2) 类情况，则之后的步骤仅仅是对换了操作，并没有增加操作的总长度。因此，取 $M=N+1$，则前 M 步操作后数列长大于 M，故必定经历过 (1)，故此时必有 $L'=L+\varepsilon_0$，其中 ε_0 为一个正数。那么，在之后的调整中恒有 $L'\geqslant L+\varepsilon_0$。

所以，我们还需要一个引理。

引理 5 对任意正数 ε，存在 M_0 满足对任意 M_0 次严格极大操作序列，所得的数列的元素和 Sum 都小于 ε。

我们将在下一节证明这个引理。之后取 $M=M_0$，则此时 $L'\geqslant L+\varepsilon_0$ 且由引理 2 证明知第 M_0 次后的操作对 L 的贡献 $L_{remain}\leqslant\frac{1}{2}Sum=\frac{\varepsilon_0}{2}$。故这 M_0 次操作得到的 $L''=L'-L_{remain}\geqslant L$，即命题获证。

4. 命题 2 的证明

考虑任意严格极大操作序列。很明显，每次操作的主元是不增的。记集合 $\{O_k\}$ 为所有主元为 $\frac{1}{2^k}$ 的操作。可以在这个严格极大操作序列最后加上某些操作，使其恰在某个 O_k 后停止。

引理 6 在开始进行 O_k 时，数列有如下性质：

（1）所有数为 2^{-k} 或 2^{-k-1}；

（2）所有 2^{-k-1} 旁边都有一个 2^{-k-1}。

证明 对 k 归纳。$k=0$ 时，显然。设 k 时成立，现证明 $k+1$ 时结果也成立。

由归纳假设（1），O_k 前所有数为 2^{-k} 或 2^{-k-1}。

由于在 O_k 后，没有 2^{-k} 存在（否则将对其操作），故所有数都至多为 2^{-k-1}。又由于每个 2^{-k} 在 O_k 中至多充当一次主元或两次副元，故每个 2^{-k} 都变为至少 2^{-k-2}。同时，由归纳假设（2），每个 2^{-k-1} 至多充当了一次副元（旁边的 2^{-k-1} 不会被操作），故每个 2^{-k-1} 在 O_k 后至少为 2^{-k-2}。故（1）成立。

对于（2），我们考察每个 2^{-k-2} 的来源。若它来自一个主元，则该主元同时产生了两个相邻的 2^{-k-2}，故（2）成立。若它来自一个副元，则该副元旁边肯定有主元产生的 2^{-k-2}，故（2）成立。

综上，归纳假设对 $k+1$ 成立。

我们把树改变一下，删去某些层，只保留每个进行完 O_k 后得到的层。

我们考察与 O_k 相关的参数。设在 O_k 前有 A_k 个 2^{-k}，B_k 个 2^{-k-1}。在 O_k 中，有 W_k 次操作，有 X_k 个 2^{-k} 是一次副元（即在 O_k 中充当了 0 次主元，一次副元），Y_k 个 2^{-k} 是二次副元（即在 O_k 中充当了 0 次主元，两次副元），Z_k 个 2^{-k-1} 是一次副元。（这里 A_k, B_k 不再表示它们在上节中表示的意思。）

我们有如下关系：

$$
\begin{aligned}
A_{K+1} &= B_k + X_k - Z_k,\\
B_{K+1} &= Y_k + 2W_k + Z_k,\\
A_K &= W_k + X_k + Y_k,\\
2W_K &= 2Y_k + X_k + Z_k + H_k.
\end{aligned}
$$

最后一个式子是对副元个数算两次得到，$H_k \in \{0,1,2\}$ 是以最左/右边元素为主元的操作。

我们可以得到：

$$
\begin{aligned}
& A_k + \frac{B_k}{2} - \frac{A_{K+1}}{2} - \frac{B_{k+1}}{4}\\
=& W_k + X_k + Y_k + \frac{Z_k}{2} - \frac{X_k}{2} - \frac{Y_k + 2W_k + Z_k}{4}\\
=& \frac{W_k}{2} + \frac{X_k}{2} + \frac{Z_k}{4} + \frac{3}{8}(2W_k - X_k - Z_K - H_k)\\
=& \frac{5}{4}W_k + \frac{X_k - Z_k}{8} - \frac{3H_k}{8}.
\end{aligned}
$$

这时，我们可以证明引理 5：

证明 我们可以得到以下关系：

$$\begin{aligned}&12A_k+10B_k-10A_{K+1}-8B_{k+1}\\=&12(W_k+X_k+Y_k)+10(Z_k-X_k)-8(Y_k+2W_k+Z_k)\\=&2(Z_k+X_k)+4Y_k-4W_k\\=&-2H_k.\end{aligned}$$

故得

$$(A_k+B_k)-\frac{2}{3}(A_{K+1}+B_{k+1})\geqslant-\frac{1}{6}H_k\geqslant-\frac{1}{3},$$

即

$$A_k+B_k+1\geqslant\frac{2}{3}(A_{K+1}+B_{k+1}+1).$$

故有

$$A_k+B_k+1\leqslant\left(\frac{3}{2}\right)^k(A_0+B_0+1)\leqslant\left(\frac{3}{2}\right)^k(n+1).$$

即 O_k 前有不超过 $A_k+B_k\leqslant\left(\frac{3}{2}\right)^k(n+1)$ 个数（由于每次操作多一个数）。

取 $N=\left(\frac{3}{2}\right)^k(n+1)$，则此时 O_{k-1} 已经结束。由于 Sum 单调减少，故

$$Sum\leqslant\frac{A_k}{2^k}+\frac{B_k}{2^{k+1}}\leqslant\frac{A_k+B_k}{2^k}\leqslant\left(\frac{3}{4}\right)^k(n+1).$$

故取 $k=\left[\log_{\frac{4}{3}}\frac{n+1}{\varepsilon}\right]+1$ 即得所求的 N。

回到命题 2。由于

$$\begin{aligned}L&=\sum_{k=0}^{\infty}\frac{W_k}{2^{k+2}}\\&=\frac{1}{5}\sum_{k=0}^{\infty}\frac{1}{2^k}\left(A_k+\frac{B_k}{2}-\frac{A_{k+1}}{2}-\frac{B_{k+1}}{4}+\frac{Z_k-X_k}{8}+\frac{3H_k}{8}\right)\\&=\frac{1}{5}\left(A_0+\frac{B_0}{2}\right)-\frac{1}{40}\sum_{k=0}^{\infty}\frac{X_k-Z_k}{2^k}+\frac{3}{40}\sum_{k=0}^{\infty}\frac{H_k}{2^k}\\&\leqslant\frac{n}{5}+\frac{3}{40}\sum_{k=0}^{\infty}\frac{1}{2^{k-1}}-\frac{1}{40}\sum_{k=0}^{\infty}\frac{X_k-Z_k}{2^k}\\&=\frac{n}{5}+\frac{3}{10}-\frac{1}{40}\sum_{k=0}^{\infty}\frac{X_k-Z_k}{2^k}.\end{aligned}$$

故要证明 $L\leqslant\frac{n}{5}+\frac{3}{10}$，只需证：

引理 7 $\sum\limits_{k=0}^{\infty}\frac{1}{2^k}(X_k-Z_k)\geqslant0$。

证明 由 Z_k 意义，可知每次“2^{-k-1} 是副元”对应一对相邻的 2^{-k} 和 2^{-k-1}。这次操作对 $\sum \frac{Z_k}{2^k}$ 贡献了 $\frac{1}{2^k}$。

考虑这对数的祖先（两个数在树中同一层的祖先）。显然，这对数的祖先都相邻。我们总能追溯到一对祖先，使这对祖先相等。取与 2^{-k} 和 2^{-k-1} 最相近的一对这种祖先。这对祖先相等，但进行一次 O（设为 O_l）后就不相等了。我们考虑这次 O_l 时发生了什么。有三种可能：

（1）其中的一个数作为主元，另一个数作为一次副元。（即 X。）

（2）其中的一个数作为一次副元，另一个数没变。（即 Z。）

（3）其中的一个数作为两次副元，另一个数作为一次副元。（不可能发生。）

第一种情况对 $\sum \frac{X_k}{2^k}$ 贡献了 $\frac{1}{2^l} > \frac{1}{2^{\cdots k}}$，所以我们让前面讨论的对 $\sum \frac{1}{2^k}$ 的贡献与这次贡献对应。

第二种情况则比较复杂。由于没变的那个数肯定为 $\frac{1}{2^{l+1}}$，所以变了的数也为 $\frac{1}{2^{l+1}}$。由于变了的数为副元，故它另一侧的数在 O_l 前为 $\frac{1}{2^l}$。

现在我们从相邻数对 $\frac{1}{2^l}$ 和 $\frac{1}{2^{l-1}}$ 继续向上追溯，又到达一对相等的祖先，它们满足（1）或（2）。不断重复这一过程直到到达一对满足（1）的相等祖先，这对祖先为 $\sum \frac{X_k}{2^k}$ 做了贡献。我们让前面讨论的对 $\sum \frac{Z_k}{2^k}$ 的贡献与这次贡献对应。

我们只需说明一点：对每次（1），与之对应的 $\sum \frac{Z_k}{2^k}$ 的贡献小于等于它本身对 $\sum \frac{X_k}{2^k}$ 的贡献。

设这次（1）发生在 O_t。我们证明，对每个 $O_l(l \leqslant t+1)$，至多有一次发生在 O_l 的对 $\sum \frac{Z_k}{2^k}$ 的贡献与之对应。

只需证明，对任意两对在同一层的相邻数，它们向上追溯一层后也不会重合。设这两对数为 (a,b) 和 (c,d)，其中 $a \neq b, c \neq d$，(a,b) 在 (c,d) 左边。若它们追溯到了同一对数 (e,f)，因为追溯不改变原先元素的左右为直系（如 (p,q) 追溯到了 (r,s)，则一定有 p 追溯到了 r，q 追溯到了 s），所以我们有 a 和 c 追溯到了 e, b 和 d 追溯到了 f。但这是不可能的，因为若 e 产生了 a 和 c，则由 b 在 a 和 c 中间可知 b 也是由 e 产生的，这与 b 和 d 追溯到了 f 矛盾。

综上，对每个 $O_l(l \leqslant t+1)$，至多有一次发生在 O_l 的对 $\sum \frac{Z_k}{2^k}$ 的贡献与之对应。立刻知道，与这次（1）对应的贡献不超过 $\sum\limits_{i=t+1}^{\infty} \frac{1}{2^i} = \frac{1}{2^t} > \frac{1}{2^l}$。

结合（1），（2）两种情况可知，$\sum\limits_{k=0}^{\infty} \frac{1}{2^k}(X_k - Z_k) \geqslant 0$。

故有 $L \leqslant \frac{n}{5} + \frac{3}{10}$，对严格极大操作序列成立。

以上讨论表明，对 n 边形的任意线性展开有如下结论：

结论 1　$L \leqslant \frac{n}{5} + \frac{3}{10}$。

我们知道，有以下两个不等式成立：

$$S_{2n} \geqslant 2S_n, \quad S_n \leqslant \frac{n}{5} + \frac{3}{10},$$

对任意正整数 n, a，有

$$\frac{3}{10} + 2^a \cdot \frac{n}{5} \geqslant S_{2^a n} \geqslant 2^a S_n,$$

由 a 任意性，立即得到

定理 3　$S_n \leqslant \frac{1}{5}n$，且常数在渐近意义下最优。

三、几个注记

1. 最优性

对于 2^a 边形，每次间隔地取做主元，对它们操作，这样长为 $2k$ 的序列变为了长为 $3k$，所有数变为了原来的 $\frac{1}{4}$，且计数器 T 增加了 $\frac{1}{5}Sum$（Sum 减小了 $\frac{5}{8}$）。在 a 批这种操作后，序列长 3^a，每个数变为了 $\frac{1}{4^a}$。故取极限，知 $\frac{1}{5}$ 在渐近意义下最优。

2. 为什么要用线性展开

在研究的大部分时间，我都是在考虑环形展开。但是后来发现，在环形展开中无法交换最大元两边数的操作次序。在这点上，线性展开有极大的优势：最大数将数列分成了不相连的两部分。

3. 遗留的问题

i) 特别地，对 $n = 6$ 时的最优上界是多少？知道这个上界不太可能是 $\frac{1}{5}$，但不知道精确值（由 MATLAB 模拟可知这个值大于 0.194）。

ii) 对于其他的初始数列结论如何？可以肯定命题 1 成立，但命题 2 却不成立（特别地，引理 7 不成立，因为可能回溯到初始就相等的一对数）。

四、致谢

感谢王广廷、冯跃峰、冷岗松、牟晓生、席东盟、吴尉迟、施柯杰等老师在论文修改过程中给出的意见和建议。

编者按：本文选自数学新星网“学生专栏”。

数学探究

帕斯卡定理及其他

欧阳泽轩*

在几何中，有一些关于三点共线、三线共点的定理。本文主要讲帕斯卡定理的一些应用，偶尔涉及笛沙格定理。

在解题方面，这两个定理都具有极大的能动性，帕斯卡定理中圆上六点的排法有很多种，而且经常需要自己再找几个点，和题中的点组成六边形，而笛沙格定理中点、线的选取也有很多种方式。所以想要应用好这两个定理有一定难度，光是意识到用这两个定理就不太容易，个人认为在圆上点较多的情况，甚至只要出现圆的两条弦的交点就可以尝试用帕斯卡定理。在应用时往往需要很多尝试，还需要一些创造性的想法。使用这两个定理的解答往往较短，但有些却具有很高的实质难度。

关于帕斯卡定理的证明，这里不再给出。(帕斯卡定理用角元塞瓦证明比传统地用梅涅劳斯定理证明快很多。)

在下文中，由六条折线首尾相接而成的图形都称为六边形。取两直线交点时，两直线平行的情况将略去，将三线平行也看做交于一点。(参照《近代欧氏几何学》中无穷远点的概念。)

另外，帕斯卡定理其实对于二次曲线都成立，五点确定一个二次曲线，因此如果三点共线已经成立，有五点已经共圆，则第六点也在圆上（即下面的引理 1，也可用同一法证），帕普斯定理其实是帕斯卡定理中二次曲线退化为两条直线的情况。

引理 1 A,B,C,D,E 为圆 ω 上五点，F 为平面上一点，若 AB,DE 的交点 X,BC,EF 的交点 Y,CD,FA 的交点 Z 三点共线，则 F 也在 ω 上。

---

*浙江省温州中学，现就读于清华大学。

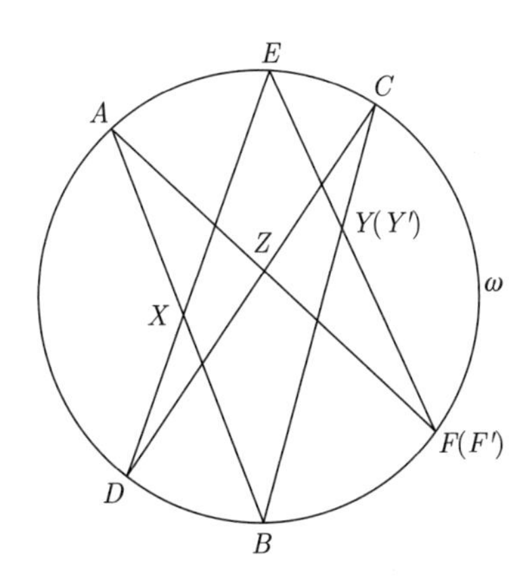

证明 设 ω 与 AZ 交于 F'，EF' 与 BC 交于 Y'。对六边形 $ABCDEF'$ 使用帕斯卡定理得 X,Y',Z 三点共线。故 Y 与 Y' 都为 XZ 与 BC 的交点，它们重合，故 F 与 F' 也重合，即 F 也在 ω 上。

例 1 A,B,C,D,E,F,G,H 为圆 ω 上八点，AC,BD,EG,FH 交于一点 P，AB,EH 交于 J，CD,FG 交于 K。

证明：J,P,K 三点共线。

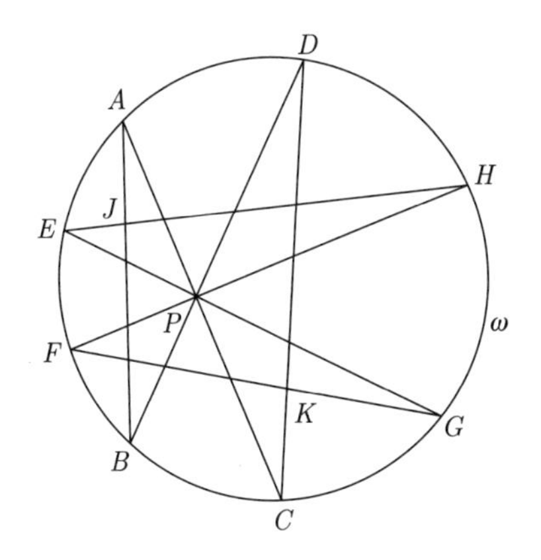

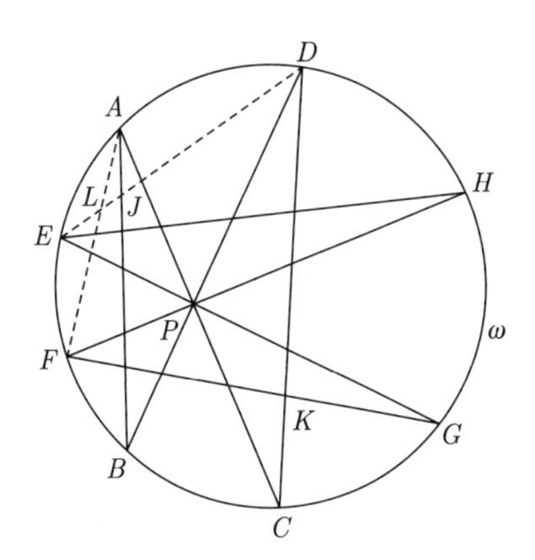

证明 设 AF,DE 交于 L。对六边形 $AFHEDB$ 使用帕斯卡定理得 L,J,P 三点共线。对六边形 $AFGEDC$ 使用帕斯卡定理得 L,P,K 三点共线。故 J,P,K 三点共线。

评注 这题的解答看似简单，实则不易，如果用帕斯卡证明本题，主要的难点在于怎么找帕斯卡定理中的六个点，以及六点怎么排序，个人认为选取 6 条折线，依次经过（每点各两次）想要证明共线的三点比较好，当然这个过程中可能要加较多的辅助线来满足定理的条件，也可能我们需要再找出一点凑成三点共线。

比如在本题中，我们希望证明 JPK 共线，不如从 A 点出发，$A-(J)-B-(P)-D-(K)-C-(J)-?$ 可以预见的是这样作出的六边形有很多没有在原图中出现的点和线，若是只有一两条还可以作出来先看一看，太多了就要考虑其他的六边形。

我们希望将 C 换掉，可以先不经过 K，但要使得可以通过已知的点和线依次经过 J,P，换成 E 是很好的选择，这时变成 $A-(J)-B-(P)-D-(?)-E-(J)-H-(P)-F-(?)-A$。虽然在原图中未出现，但将其设出后，下一个帕斯卡定理是很容易应用的。问题立刻就得到解决。

在某些题目中选恰当的点作为六边形的起始点是很重要的，通常需要一些尝试。

从这道题可以看出：若 P 为定点，AC,BD 为过 P 点的两条弦，AB 过定点 J，则 CD 过定点 K，这作为一个引理相当好用，下面的例 2 就可以用例 1 的结论做。

例 2 $\triangle ABC$ 中，I 为内心。BI,AC 交于 D,CI,AB 交于 E。DE 交 $\triangle ABC$ 的外接圆于两点 G,F。GI,FI 与 $\triangle ABC$ 的外接圆的另一个交点分别为 P,Q。

证明：PQ 为 $\triangle IBC$ 的中位线。

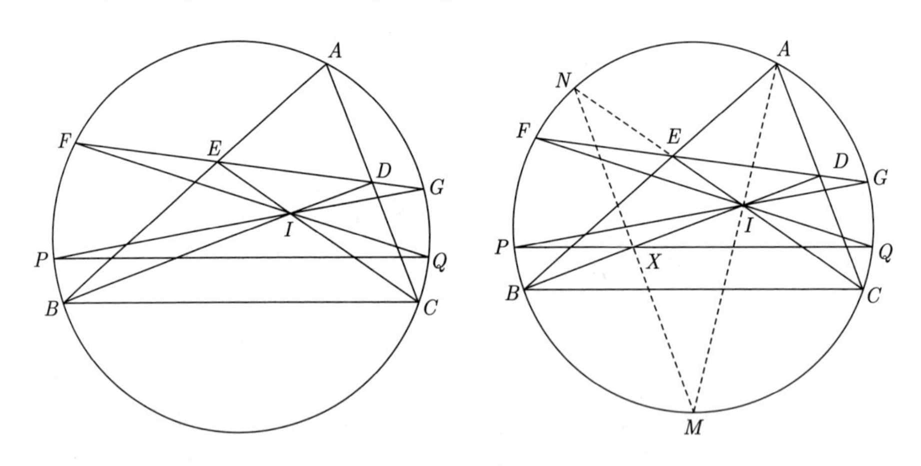

证明 设 IB 中点为 X，设 AI,CI 分别交 $\triangle ABC$ 外接圆于 M,N。

由熟知的性质，$MI=MB,NI=NB$。故 NM 为 IB 中垂线，它过 IB 中点 X。

由例 1，MN 与 PQ 的交点在直线 ID 上，故它就是 X，即 PQ 过 IB 中点。

同理 PQ 过 IC 中点，故 PQ 为 $\triangle IBC$ 的中位线。

评注 首先不难发现只要证明 PQ 过 IB 中点 X，再运用内心的性质刻画出 X 的性质，最后应用例 1。

其实作出辅助线后，将 B 点及其连出的线都去掉，就和例 1 一模一样，如果熟悉例 1，很容易联想到例 1。

例 3 $\triangle ABC$ 中，$AB=AC, D$ 为 $\angle BAC$ 平分线上一点，E 在 AB 上，满足 DE 平行 AC, BD 交 CE 于 F, AF 交 $\triangle ADB$ 外接圆于 G。

证明：$\angle AGE=\angle BAC$。

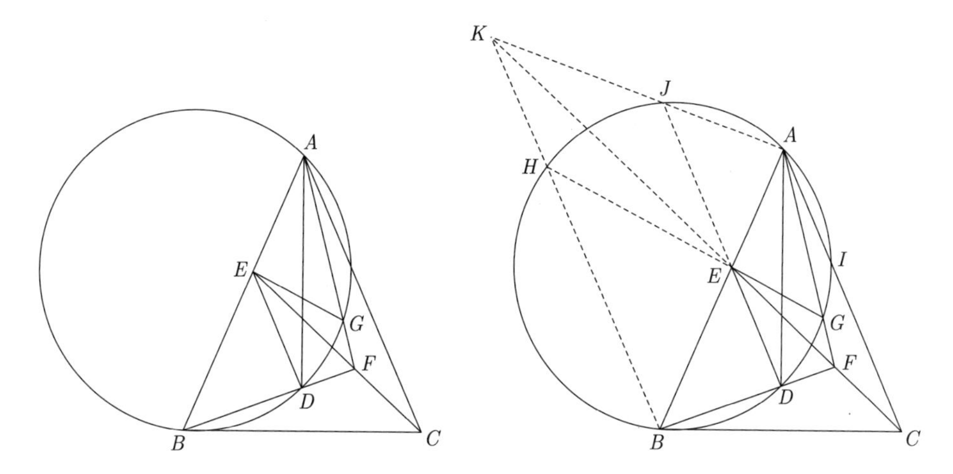

证明 设 GE, DE 分别交 $\triangle ADB$ 外接圆于 H, J, AJ, BH 交于 K。

对六边形 $JDBHGA$ 使用帕斯卡定理得 E, F, K 共线。

$\angle ABJ=\angle ADJ=\angle DAI=\angle BAD=\angle BJD$，故 $EJ=EB$。

由于 DE 平行 $AC, EJ=EB, AC=AB$，故 $\frac{JK}{AK}=\frac{JE}{AC}=\frac{EB}{AB}$。

故 BK 平行 DE，即 BK 平行 AC，弧 AH 与弧 BI 相等，即 $\angle AGE=\angle BAC$。

评注 要求 $\angle AGE$ 容易想到圆周角，故作出 H，此时圆上已有 5 点，联想到帕斯卡定理，注意到图中只有 E, F 为弦交点，经过尝试，我们从 J 开始找 6 个点 $J-(E)-D-(F)-B-(?)-?$ 第二个？最好能通过已知的线段依次通过 E, F，经过尝试，我们得到 $J-(E)-D-(F)-B-(K)-H-(E)-G-(F)-A-(K)-J$ 接下来只要证明 KB 平行 AC 即可。

例 4 $\triangle ABC$ 中，D 为弧 BC（不含 A）的中点，P 为 BC 中垂线上一点，$\angle ABP$ 与 $\angle ACP$ 的角平分线交于 Q, AP 交 BC 于 E, BQ 交 AD 于 F。

证明：EF, PQ, CD 三线共点。

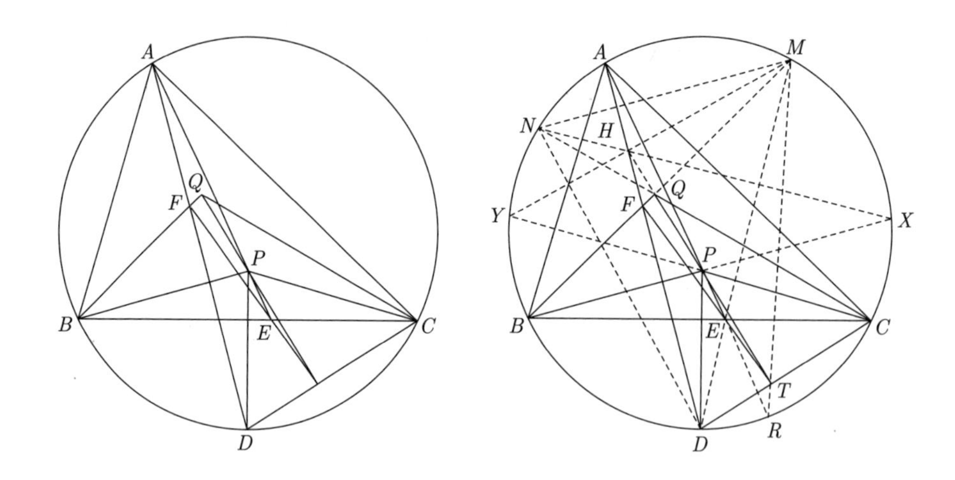

证明 设 AP, BP, CP, BQ, CQ 分别与 $\triangle ABC$ 的外接圆交于 R, X, Y, M, N, MR, CD 交于 T。

易知 M, N, D 分别为弧 AX, AY, XY 的中点，故弧 ND 加上弧 AM 正好是半个圆周，故 AD 垂直 NM，同理 NX 垂直 DM，MY 垂直 ND。

故 NX, MY, AD 共于 $\triangle MND$ 的垂心 H。

对六边形 $MBCDAR$ 使用帕斯卡定理得 F, E, T 共线。

对六边形 $DCYMRA$ 使用帕斯卡定理得 T, P, H 共线。

对六边形 $MYCNXB$ 使用帕斯卡定理得 H, P, Q 共线。

故 EF, PQ, CD 三线交于 T。

评注 本题三次使用帕斯卡定理，一开始，通过角平分线联想到弧中点，这样圆上就产生了很多点，又有很多弦交点，自然想到帕斯卡定理。

实际上，每次使用帕斯卡定理都简化了题目，比如得到 F, E, T 共线之后，我们可将 E, F 去掉（如下图），只需证明 T, P, Q 三点共线，得到 T, P, H 共线之后，我们可将 T 去掉，只需证明 H, P, Q 共线（这里 H 是 AD 与 YM

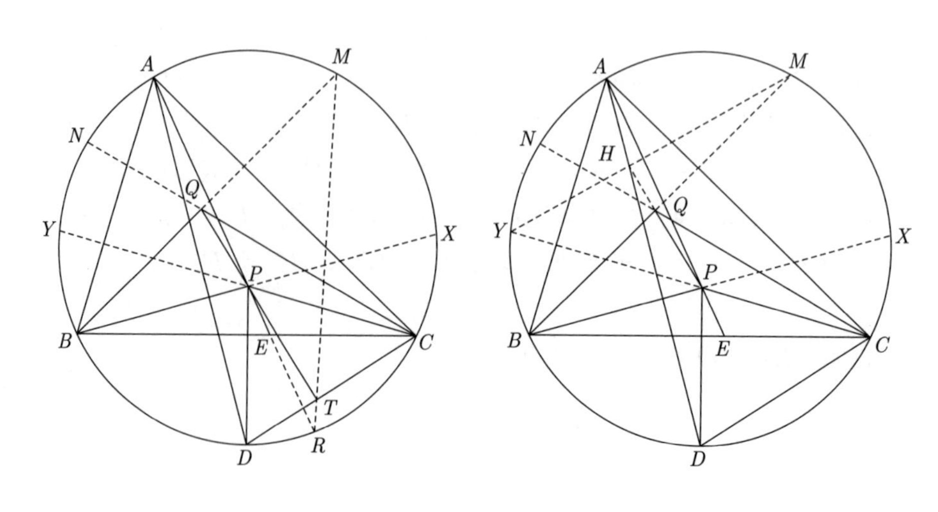

的交点），不难发现只需证明 N, H, X 共线，再用帕斯卡定理即可，N, H, X 共线可直接由塞瓦导出，或者利用垂心。这样我们利用帕斯卡定理一步步化繁为简，最终解决了问题。

例 5 完全四边形 $ABCDEF$ 中，$ABCD$ 共圆，M 为弧 BDC 的中点，EM, FM 分别交 BC 于 Q, P。

证明：A, P, Q, D 四点共圆。

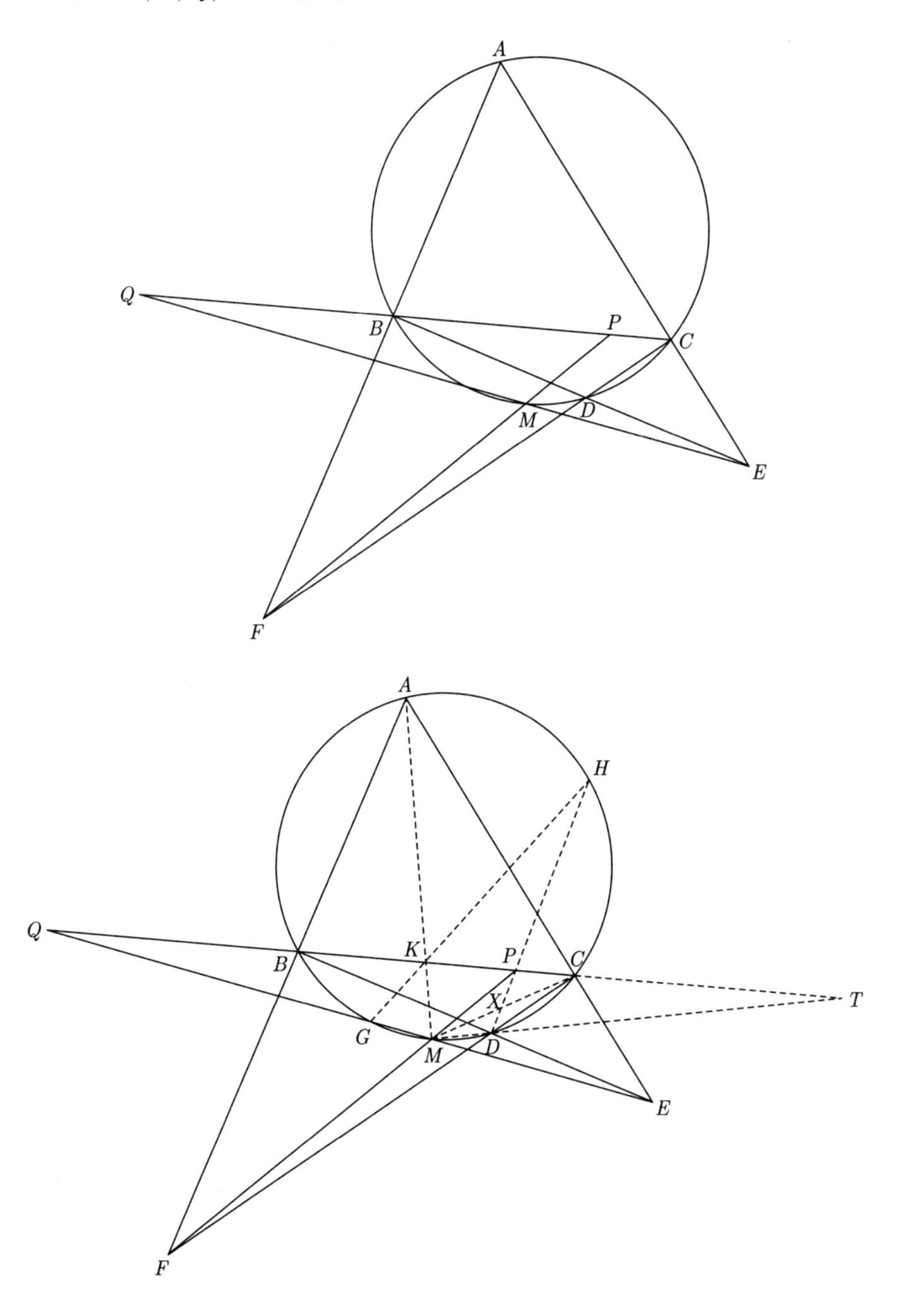

证明 设 MQ 交 $\triangle ABC$ 的外接圆于 G, MA, MD 分别与 BC 交于 K, T, GK, CM 分别与 DP 交于 H, X。

由于 AB, PM, CD 交于一点 F，故 $\triangle BPD$ 与 $\triangle AMC$ 成透视，故 K, X, E 共线。

在六边形 $GMCBDH$ 中 K, X, E 已经共线，由引理 1，H 在 $\triangle ABC$ 的外接圆上。

由于 M 为弧 BC 的中点，故 $\angle MBK = \angle MCB = \angle MAB, \triangle MBK$ 与 $\triangle MAB$ 相似。即 $MB^2 = MK \cdot MA$。

类似可知 $MB^2 = MG \cdot MQ = MK \cdot MA = MD \cdot MT, AKGQ, AKDT$ 分别共圆。

$\angle QAD = \angle QAM + \angle DAM = \angle MGK + \angle KTD = \angle PDT + \angle KTD = \angle QPD$。$A, P, Q, D$ 四点共圆。

评注 这题几乎无从下手，具有相当的难度。既然有弧中点出现，我们不妨作出 MA, MD 与 BC 的交点，MP, MQ 与圆的另一个交点（如下图，H 为 GK 与圆的交点），实际上这相当于以 M 为圆心，MB 为半径将 A, P, Q, D 四点反演，这时会有非常好的性质出现，比如多组四点共圆，方便我们导角，易知 $\angle QAD = \angle QAM + \angle DAM = \angle MGK + \angle KTD = \angle HDT + \angle PTD$。它应等于 $\angle QPD (= \angle PDT + \angle PTD)$。因此，若结论成立，则必有 H, P, D 共线。

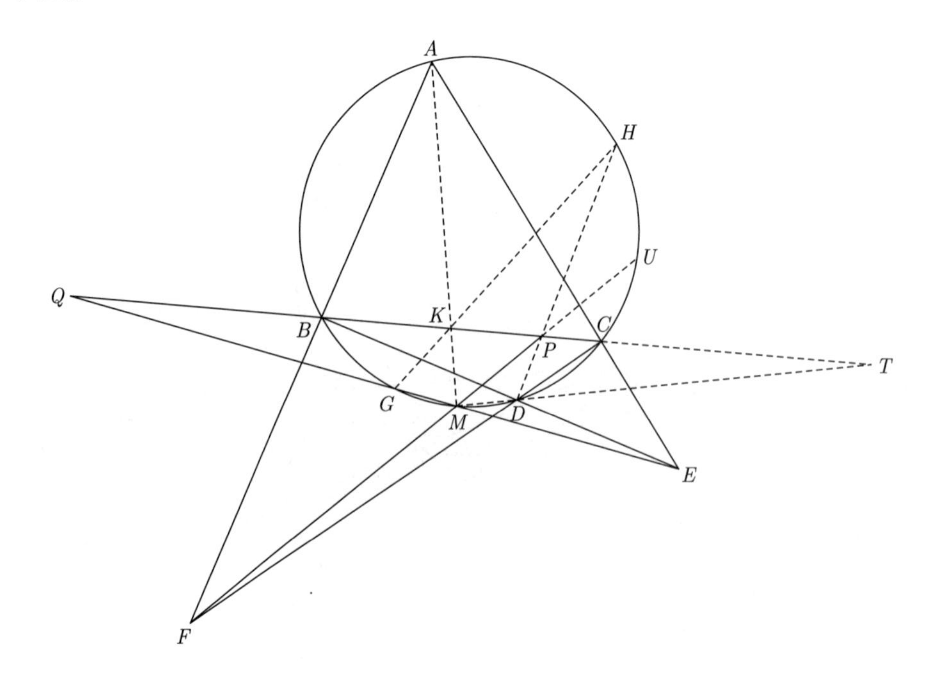

下面，我们将多余的点去掉（如下图），要证明 H,P,D 三点共线，在图中，G,P,H 的性质我们目前还很陌生，为此，需要刻画其中某些点的性质，经过尝试，我们选择刻画 P 的性质，P 是 FM 与 BC 的交点，这就有 $\triangle BPD$ 与 $\triangle AMC$ 成透视，而这两个三角形三个对应边的交点中有两个是已知点! 设 KE,CM 交于 X，则 X,K,E 共线，这样我们只要证明 D,X,H 共线（这时我们可以将 P 擦除），这由帕斯卡定理是显然的。

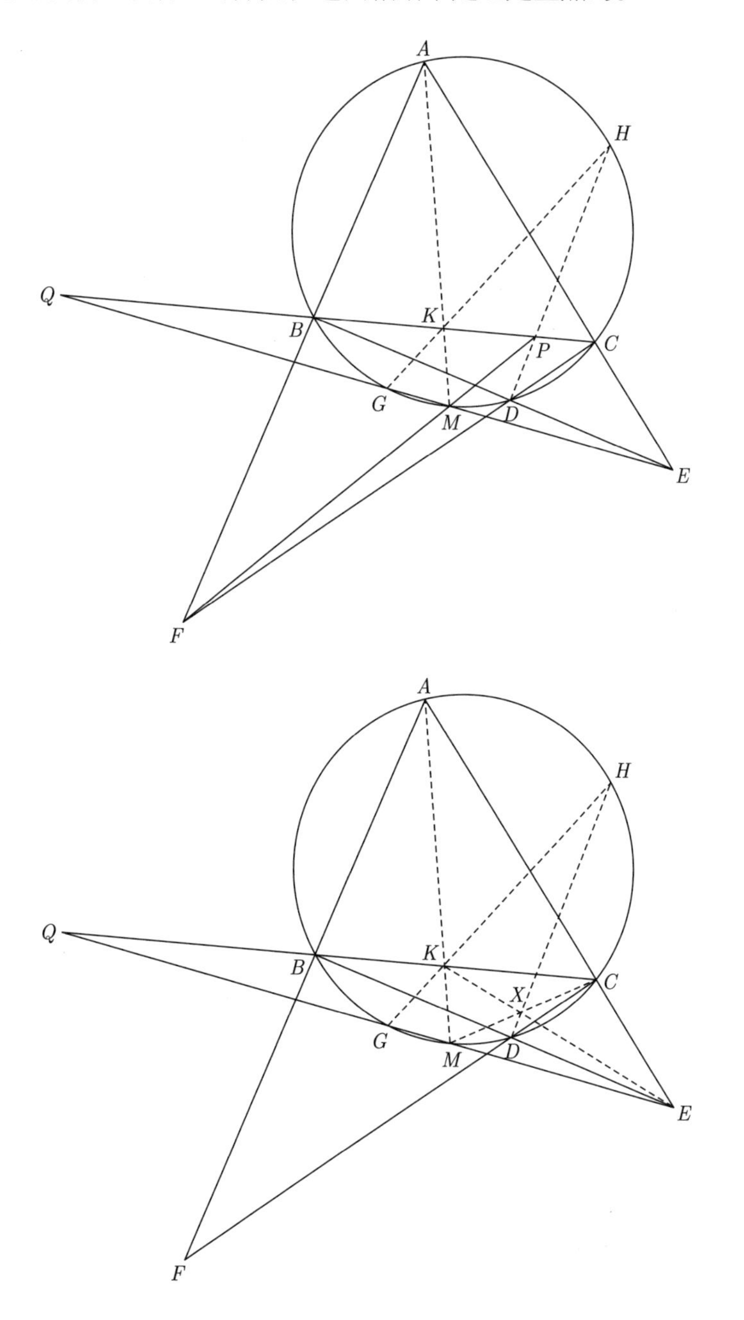

总结一下，第一步将命题转化为证共线或许需要经历很多失败的尝试才能发现，并不容易，然后是刻画 P 的性质，应当注意，解题时需要用到题目中所有有用的条件，比如这题中 P, M, F 共线其实就是一个必不可少的条件，如果思路陷入了死胡同，有可能是忽视了一个显然的条件，导致无论用什么方法也没有效果。

编者按：本文选自数学新星网“学生专栏”。

数学探究

关于 Ivan Borsenco 问题的探讨

吴 茁*

Ivan Borsenco 在 [1] 中提出并证明了如下结论:

定理 1 设 m,n 是正整数，$X=\left\{(x_1,x_2,\cdots,x_m)\middle|x_i>0,\sum\limits_{i=1}^m x_i=1\right\}$，$Y=\left\{(y_1,y_2,\cdots,y_m)\middle|y_i\in\{0,\frac{1}{n},\cdots,\frac{n-1}{n},1\},\sum\limits_{i=1}^m y_i=1\right\}$。则对任何 $(x_1,x_2,\cdots,x_m)\in X$，存在 $(y_1,y_2,\cdots,y_m)\in Y$ 使得

$$\sum_{i=1}^m|y_i-x_i|\leqslant\frac{m}{2n}.$$

冷岗松老师指出，如果将上述定理中的正实向量 $(x_1,x_2,\cdots,x_m)$ 换成一般的实向量, 则有下面的定理:

定理 2 设 m,n 是正整数，$X=\left\{(x_1,x_2,\cdots,x_m)\middle|\sum\limits_{i=1}^m x_i=1,x_i\in\mathbf{R}\right\}$，$Y=\left\{(y_1,y_2,\cdots,y_m)\middle|ny_i\in\mathbf{Z},\sum\limits_{i=1}^m y_i=1\right\}$。则对任何 $(x_1,x_2,\cdots,x_m)\in X$，存在 $(y_1,y_2,\cdots,y_m)\in Y$ 使得

$$\sum_{i=1}^m|y_i-x_i|\leqslant\frac{m}{2n}.$$

贺嘉帆在求解 Ivan Borsenco 问题时作代换 $a_i=nx_i,b_i=ny_i$，将定理写成了如下富于启发性且更简单的结果:

定理 3 设 m,n 是正整数，$A=\left\{(a_1,a_2,\cdots,a_m)\middle|a_i>0,\sum\limits_{i=1}^m a_i=n\right\}$，$B=\left\{(b_1,b_2,\cdots,b_m)\middle|b_i\in\{0,1,\cdots,n\},\sum\limits_{i=1}^m b_i=n\right\}$，则对任意 $(a_1,a_2,\cdots,a_m)\in A$，存在 $(b_1,b_2,\cdots,b_m)\in B$ 使得

$$\sum_{i=1}^m|a_i-b_i|\leqslant\frac{m}{2}.$$

*湖南雅礼中学，现就读于北京大学，指导老师为许鹏辉。

我们进一步研究了上述问题，去掉一些无关紧要的量，得到了下面的结果：

定理 4 设 m 是正整数，$x_1,x_2,\cdots,x_m\in\mathbf{R}$ 且 $\sum\limits_{i=1}^{m}x_i\in\mathbf{Z}$，则存在整数 $y_1,y_2,\cdots,y_m$ 使得

$$\sum_{i=1}^{m}y_i=\sum_{i=1}^{m}x_i \quad 且 \quad \sum_{i=1}^{m}|y_i-x_i|\leqslant\frac{m}{2}.$$

进一步，我们研究了上面估计的最优性，最终证明了如下结果：

定理 5 给定正整数 m，则对任意满足 $\sum\limits_{i=1}^{m}x_i\in\mathbf{Z}$ 的实数 $x_1,x_2,\cdots,x_m$，总存在 m 个整数 $y_1,y_2,\cdots,y_m$ 满足

$$\sum_{i=1}^{m}y_i=\sum_{i=1}^{m}x_i \quad 且 \quad \sum_{i=1}^{m}|y_i-x_i|\leqslant C(m)$$

的最小 $C(m)$ 的值为

$$C(m)=\begin{cases}\dfrac{m}{2}, & 当\ m\ 为偶数,\\ \dfrac{m^2-1}{2m}, & 当\ m\ 为奇数.\end{cases}$$

证明 首先证明存在满足条件的整数 $y_1,y_2,\cdots,y_m$。

记 $a_i=[x_i],b_i=\{x_i\},i=1,2,\cdots,m$，则 $x_i=a_i+b_i$。这时由 $\sum\limits_{i=1}^{m}x_i\in\mathbf{Z}$ 知 $\sum\limits_{i=1}^{m}b_i=\sum\limits_{i=1}^{m}x_i-\sum\limits_{i=1}^{m}a_i\in\mathbf{Z}$。

记 $k=\sum\limits_{i=1}^{m}b_i$，注意到 $b_i\geqslant 0$，故 k 是非负整数。如果 $k=0$，结论是平凡的。因此我们仅须考察 k 是正整数的情况。

不妨设 $b_1\geqslant b_2\geqslant\cdots,b_m$。令

$$y_i=\begin{cases}a_i+1, & i=1,2,\cdots,k,\\ a_i, & i=k+1,\cdots,m.\end{cases}$$

下证这样的整数 $y_i(i=1,2,\cdots,m)$ 满足要求。

事实上，

$$\begin{aligned}\sum_{i=1}^{m}y_i&=k+\sum_{i=1}^{m}a_i\\&=\sum_{i=1}^{m}b_i+\sum_{i=1}^{m}a_i=\sum_{i=1}^{m}x_i.\end{aligned}$$

另一方面，由 $b_1 \geqslant b_2 \geqslant \cdots \geqslant b_m$ 可得

$$\sum_{i=1}^{k} b_i \geqslant \frac{k}{m}\sum_{i=1}^{m} b_i = \frac{k^2}{m},$$

$$\sum_{i=k+1}^{m} b_i \leqslant \frac{m-k}{m}\sum_{i=1}^{m} b_i = \frac{(m-k)k}{m},$$

故

$$\begin{aligned}\sum_{i=1}^{m}|x_i-y_i| &= \sum_{i=1}^{k}(1-b_i)+\sum_{i=k+1}^{m} b_i\\ &= k+\sum_{i=k+1}^{m} b_i-\sum_{i=1}^{k} b_i\\ &\leqslant k+\frac{(m-k)k}{m}-\frac{k^2}{m}\\ &= 2\cdot\frac{k(m-k)}{m}.\end{aligned}$$

又注意到

$$k(m-k) \leqslant \begin{cases}\dfrac{m^2}{4}, & \text{当 } m \text{ 为偶数},\\ \dfrac{(m+1)(m-1)}{4}, & \text{当 } m \text{ 为奇数}.\end{cases}$$

因此

$$\sum_{i=1}^{m}|x_i-y_i| \leqslant C(m) = \begin{cases}\dfrac{m}{2}, & \text{当 } m \text{ 为偶数},\\ \dfrac{m^2-1}{2m}, & \text{当 } m \text{ 为奇数}.\end{cases}$$

下面说明 $C(m)$ 的最优性。

（1）当 m 为偶数时

取 $x_i=\frac{1}{2}, i=1,2,\cdots,m$，则 $\sum\limits_{i=1}^{m} x_i=\frac{m}{2}\in\mathbf{Z}$，且对于任意 $y_i\in\mathbf{Z}$，有

$$\sum_{i=1}^{m}|y_i-x_i| = \sum_{i=1}^{m}\left|y_i-\frac{1}{2}\right| \geqslant \sum_{i=1}^{m}\frac{1}{2}=\frac{m}{2}.$$

故此时 $\frac{m}{2}$ 是最优的。

（2）当 m 为奇数时

取 $x_i=\frac{m-1}{2m}, i=1,2,\cdots,m$，则 $\sum\limits_{i=1}^{m} x_i=\frac{m-1}{2}\in\mathbf{Z}$。

i) 若所有的 $y_i(1\leqslant i\leqslant m)$ 都属于 $\{0,1\}$，则由 $\sum\limits_{i=1}^{m} y_i=\sum\limits_{i=1}^{m} x_i$ 知 y_i 中恰有 $\frac{m-1}{2}$ 个 1，这时

$$\sum_{i=1}^{m}|y_i-x_i| = \frac{m-1}{2}\left(1-\frac{m-1}{2m}\right)+\frac{m+1}{2}\cdot\frac{m-1}{2m}=\frac{m^2-1}{2m}.$$

ii) 若存在 $y_i(1 \leqslant i \leqslant m)$ 不属于 $\{0,1\}$，不妨设 $y_1 \notin \{0,1\}$。注意到 y_1 是整数且 $y_1 \leqslant -1$ 或 $y_1 \geqslant 2$ 有

$$\left|y_1 - \frac{m-1}{2m}\right| \geqslant \frac{m-1}{2m} + 1,$$

故

$$\begin{aligned}\sum_{i=1}^{m}|y_i - x_i| &= |y_1 - x_1| + \sum_{i=2}^{m}|y_i - x_i| \\ &\geqslant \left|y_1 - \frac{m-1}{2m}\right| + \frac{m-1}{2m}\cdot(m-1) \\ &\geqslant \frac{m-1}{2m} + 1 + \frac{m-1}{2m}\cdot(m-1) \\ &= \frac{m+1}{2} \\ &> \frac{m^2-1}{2m}.\end{aligned}$$

这说明此时 $\frac{m^2-1}{2m}$ 是最优的。

综上，所求的最优值为 $C(m)$。

致谢

谢谢我的两位师兄贺嘉帆、谢昌志（2015 年国家队队员）的指点和帮助。

参考文献

[1] Ivan Borsenco. Olympiad Problem 0240 [J]. Math. Refl., 2012(4).

编者按：本文选自数学新星网“学生专栏”。

一个几何问题的探究

曾靖国*

本文源自笔者对一个几何问题的思考及探究过程。文中运用有向角的工具获得问题完备条件，充分体现了有向角在解决问题过程中的优越性。现将笔者探究的过程整理成文供读者参考。

问题 如图 1，已知 T_1 为 $\triangle ABC$ 的外接圆，G 为 T_1 上异于 A,B,C 的一点，过 G 作 AG 的垂线与直线 BC 交于 F，过 A,G 作一圆 T_2，圆心为 O_2，T_2 交直线 AB 于 A,D 两点，交直线 AC 于 A,E 两点。那么 O_2,D,E,F 四点在什么情况下共圆呢?

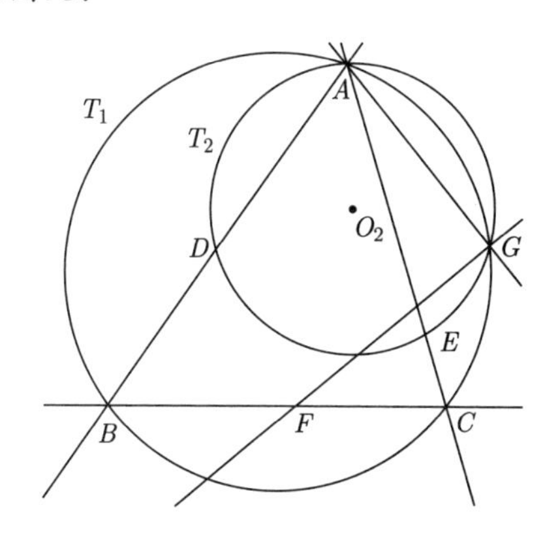

图 1

由于当时笔者已经知道引理 1、引理 2 的结论（见下文），因此先得出了当 $\triangle ABC$ 的垂心在 T_2 上时，O_2,D,E,F 四点共圆。在使用几何画板后，意外发现当 O_2 在直线 BC 上，亦有 O_2,D,E,F 四点共圆。在进一步探索、引入有向角的工具后，得出了 O_2,D,E,F 四点共圆的充要条件。

定理 已知非直角 $\triangle ABC$ 的三边互不相等，T_1 为 $\triangle ABC$ 的外接圆，H 为 $\triangle ABC$ 的垂心，G 为 T_1 上一异于 A,B,C 的一点，G 不在直线 AH

*法国路易大帝中学，arastelier@gmail.com。

上，过 G 作 AG 的垂线与直线 BC 交于 F，过 A,G 作一圆 T_2，圆心为 O_2,T_2 交直线 AB 于 A,D 两点，交直线 AC 于 A,E 两点。则当且仅当 O_2 在直线 BC 上或 H 在 T_2 上时，O_2,D,E,F 四点共圆。

其中"非直角"，"三边不相等"等条件的添加，是为避免讨论一些退化情形。以下将给出上述定理的证明。

证明过程中 $\measuredangle$ 代表有向角，$\measuredangle(l_1,l_2)$ 代表直线 l_1 以顺时针旋转至和 l_2 重合所需经过的角度，角度是以 180° 为循环，即 $\theta\equiv 180°+\theta$。当为 $\measuredangle(AB,BC)$ 的情形时，将简写为 $\measuredangle ABC$。

证明 为证明上述定理，需首先证明下面三个引理。

引理 1 在 $\triangle ABC$ 中，点 D,E 分别在直线 AB,AC 上，F,G 分别为线段 BD,CE 中点。则 $\triangle ADE,\triangle AFG,\triangle ABC$ 的外接圆三圆共轴。

证明 如图 2，令 O_1,O_3 分别为 $\triangle ABC,\triangle ADE$ 的外心，O_2 为 O_1O_3 中点，M,N 分别为 O_3B,O_3C 的中点。因为 $MO_2=O_2N,FM=NG$，且 $\measuredangle O_2MF=\measuredangle(BO_1,O_3D)=\measuredangle(O_1C,O_3E)=\measuredangle O_2NG$，所以 $\triangle FMO_2\equiv\triangle GNO_2$。因此 $O_2F=O_2G$，又 $\measuredangle FO_2G=\measuredangle MO_2N=\measuredangle BO_1C$，故 O_2 为 $\triangle AFG$ 外心。故 $\triangle ADE,\triangle AFG,\triangle ABC$ 的外接圆三圆共轴。

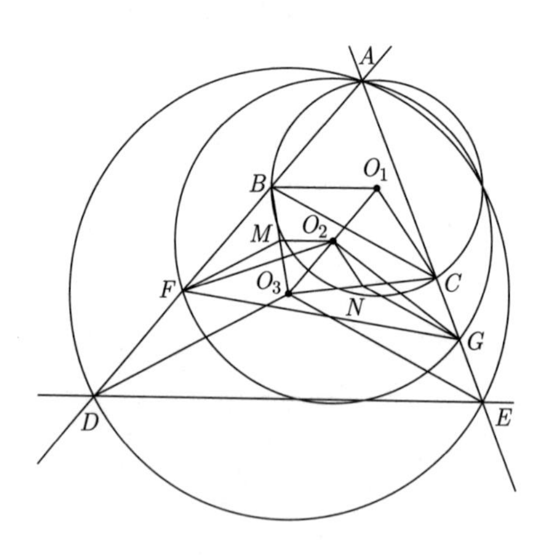

图 2

注 从证明过程可看出，只要满足 $\frac{BF}{FD}=\frac{CG}{GE}$，亦有 $\triangle ADE,\triangle AFG,\triangle ABC$ 的外接圆三圆共轴。

引理 2 设非直角 $\triangle ABC$ 垂心为 H，圆 T_1 过点 A 分别交直线 AB 于 A,D 两点，交直线 AC 于 A,E 两点。记 G 为 BD 中垂线和 CE 中垂线的交点。则 H 在圆 T_1 上 $\Leftrightarrow$ G 在直线 BC 上。

证明 如图 3，D,E,F 点分别在 AB,AC,BC 上，P 为其密克点。令 G 为 $\triangle DEF$ 的外接圆和直线 BC 的第二个交点（若 $\triangle DEF$ 的外接圆和直

线 BC 相切，取 $G=F$）。则

P 是 $\triangle ABC$ 垂心

$\Leftrightarrow \measuredangle BPC+\measuredangle BAC=\measuredangle CPA+\measuredangle CBA=\measuredangle APB+\measuredangle ACB=180^\circ$

$\Leftrightarrow \measuredangle PAC+\measuredangle CBP=180^\circ-2\measuredangle ACB$ 且 $\measuredangle BAP+\measuredangle PCB=180^\circ-2\measuredangle CBA$

$\Leftrightarrow \measuredangle FDE=180^\circ-2\measuredangle ACB$ 且 $\measuredangle DEF=180^\circ-2\measuredangle CBA$

$\Leftrightarrow \measuredangle FGE=180^\circ-2\measuredangle ACB$ 且 $\measuredangle DGF=180^\circ-2\measuredangle CBA$

$\Leftrightarrow BD$ 中垂线和 CE 中垂线之交点在直线 BC 上。

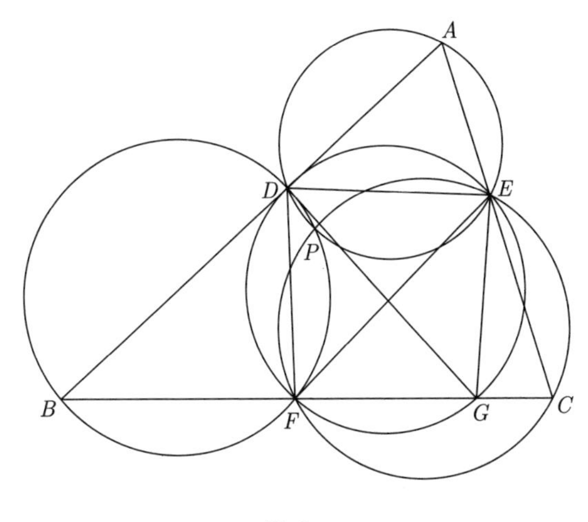

图 3

注 引理 2 即为 2012 年美国队选拔测试第一题，类似的结论整理如下：

（1）$\triangle ABC$ 外心为 O，圆 T_1 过点 A 交直线 AB 于 A,D 两点，交直线 AC 于 A,E 两点。则 O 在 T_1 上 $\Leftrightarrow$ 直线 BC 上存在 G 点，使得 $DG=DB,EG=EC$。

（2）$\triangle ABC$ 内心为 I，圆 T_1 过点 A 交直线 AB 于 A,D 两点，交直线 AC 于 A,E 两点。则 I 在 T_1 上 $\Leftrightarrow$ 直线 BC 上存在 G 点，使得 $BG=DB,CG=EC$。

引理 3 设 $\triangle ABC$ 外心为 O_1，D,E 两点分别在直线 AB,AC 上，过 D 点作平行于 BO_1 的直线 l_1，过 E 点作平行于 CO_1 的直线 l_2。记 F 为 l_1,l_2 的交点，$\triangle ADE$ 的外心为 O_2。则 F 在直线 BC 上 $\Leftrightarrow O_2$ 在直线 BC 上。

证明 因为 $\measuredangle DFE=\measuredangle BO_1C=2\measuredangle BAC=\measuredangle DO_2E$，所以 O_2,D,E,F 四点共圆，推得 $\measuredangle O_2FD=\measuredangle O_2ED=\measuredangle EDO_2=\measuredangle EFO_2$。

若 F 在直线 BC 上，由 $BO_1//DF$，得 $\measuredangle BFD=\measuredangle CBO_1$，同理可得 $\measuredangle O_1CF=\measuredangle EFC$。因此 $\measuredangle BFD=\measuredangle EFC$，推得 O_2 在直线 BC 上。

若 O_2 在直线 BC 上，令直线 l_1, BC 交于点 F'，因 $\measuredangle O_2F'D = \measuredangle BF'D = \measuredangle CBO_1 = \measuredangle EDO_2 = \measuredangle O_2ED$，所以 O_2, D, E, F' 四点共圆。此时 $\measuredangle EF'C = \measuredangle EDO_2 = \measuredangle O_1CB$，于是 EF' 和 CO_1 平行，故 F' 与 F 重合。

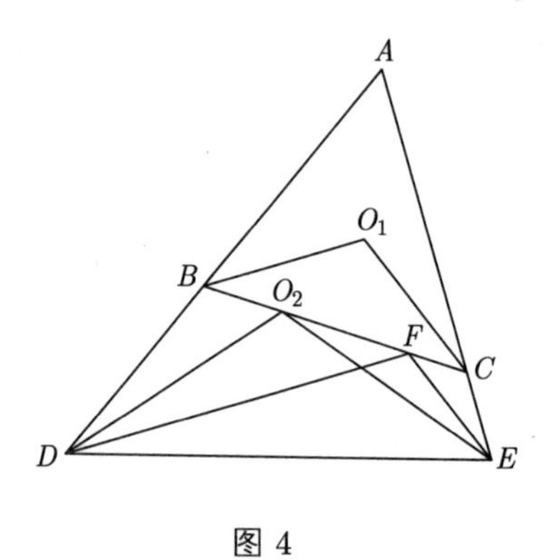

图 4

回到原题。令 O_1 为 $\triangle ABC$ 外心。在直线 AB 上取一点 R，使得 $\measuredangle FDR = \measuredangle DRF$，直线 FR, AC 交于点 I。J 为 DR 中点，K 为 IE 中点，其余记号同原题。

注意到 O_2, D, E, F 四点共圆

$\Leftrightarrow \measuredangle DO_2E = \measuredangle DFE = 2\measuredangle DAE$

$\Leftrightarrow \measuredangle FIE = \measuredangle DAE - \measuredangle DRF = \measuredangle DAE - \measuredangle FDR$

$= \measuredangle DFE - \measuredangle DAE - \measuredangle FDR = \measuredangle IEF$

$\Leftrightarrow FJ \perp AD$ 且 $FK \perp EI \Leftrightarrow A, J, F, K, G$ 五点共圆。

由引理 1 知，A, J, F, K, G 五点共圆 $\Leftrightarrow A, I, G, R$ 四点共圆 $\Leftrightarrow \measuredangle GCF = \measuredangle GAR = \measuredangle GIR = \measuredangle GIF \Leftrightarrow I$ 和 C 重合与 F, I, G, C 四点共圆至少有一成立。

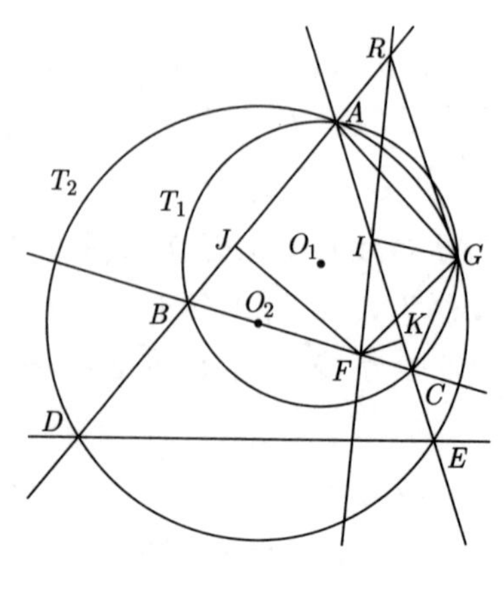

图 5

以下分两种情形讨论:

情形 1 I 和 C 重合时, R 也和 B 重合, 此时 $FC=FE$ 且 $FD=FB$, 由引理 2 知 I 和 C 重合 $\Leftrightarrow H$ 在圆 T_2。

情形 2 F,I,G,C 四点共圆时,

$$\measuredangle O_1BA=90^\circ-\measuredangle ACB=90^\circ-\measuredangle IGF=\measuredangle AGI=\measuredangle ARI=\measuredangle FDA.$$

同理 $\measuredangle ACO_1=\measuredangle AEF$。所以 F,I,G,C 四点共圆 $\Leftrightarrow DF//BO_1$ 且 $EF//CO_1$, 于是 F,I,G,C 四点共圆 $\Leftrightarrow O_2$ 在直线 BC 上。

最后，给出一个引理 1 在其他题目上的应用。

习题 设 O_1,H 分别为 $\triangle ABC$ 的外心和垂心, M 为 BC 中点。AB,AC 直线上分别取点 D,E, 使得 D,H,E 共线且 $AD=AE$。记 O_2 为 $\triangle ADE$ 的外心。证明: O_1O_2 平行 MH。

证明 令 BH,CH 分别交 AC,AB 于 G,F。由 $AD=AE$, 知 $\angle HDA=HEA$。由垂心定义, 得 $\angle HBA=\angle HCA$, 故 $\frac{FD}{DB}=\frac{GE}{EC}$。由引理 1 知 $\triangle ADE,\triangle AFG,\triangle ABC$ 的外接圆三圆共轴。令此三圆交于 A,K。因为 $\angle HFA=90^\circ=\angle HGA$, 所以 H 在 $\triangle AFG$ 的外接圆上。因此 $\angle AKH=\angle AGH=90^\circ$, 故 K 在 MH 直线上。由 $MH\perp AK,O_1O_2\perp AK$, 得 $O_1O_2//MH$。

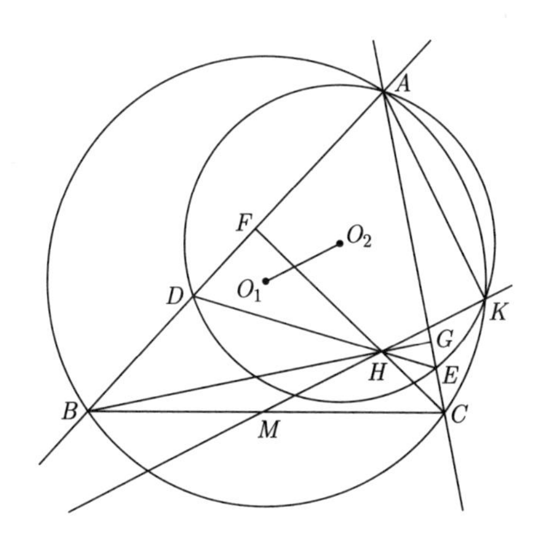

图 6

编者按：本文选自数学新星网“学生专栏”。

一道不等式问题的探究

刘浩宇*

2017 年秋季新星数学奥林匹克第 4 题是如下一道不等式：

题 1 给定正整数 $n \geqslant 2$，求最小的实数 c，使得对任意非负实数 $a_1, a_2, \cdots, a_n$，都存在 $i \in \{1, 2, \cdots, n\}$，满足 $a_{i-1} + a_{i+1} \leqslant ca_i$，其中 $a_0 = a_{n+1} = 0$。

冷岗松教授指出，这道题是由 2013 年罗马尼亚国家队选拔考试的一道题改编而成，是一类 Ky Fan 型不等式。

题 2 已知 n 为正整数，$x_1, x_2, \cdots, x_n$ 为正实数，证明：

$$\min\left\{x_1, \frac{1}{x_1} + x_2, \cdots, \frac{1}{x_{n-1}} + x_n, \frac{1}{x_n}\right\} \leqslant 2\cos\frac{\pi}{n+2}$$
$$\leqslant \max\left\{x_1, \frac{1}{x_1} + x_2, \cdots, \frac{1}{x_{n-1}} + x_n, \frac{1}{x_n}\right\}.$$

事实上，可将题 1 中的条件改为 $\frac{a_{i-1}}{a_i} + \frac{a_{i+1}}{a_i} \leqslant c$，再令 $x_i = \frac{a_{i+1}}{a_i}$ $(1 \leqslant i \leqslant n)$，就变成了与题 2 相同的结构，此时题 2 的下标 n 应改为 $n-1$，从而题 1 的最佳常数 $c = 2\cos\frac{\pi}{n+1}$。

吴尉迟博士在讲评试卷时利用归纳法证明了题 1，而题 2 的官方解答中先是构造了一个数列，使得 $x_1 = \frac{1}{x_1} + x_2 = \cdots = \frac{1}{x_{n-1}} + x_n = \frac{1}{x_n}$，再用反证法证明了两边的不等式，而我的证明方法有所不同。

设最佳常数 $c = c(n)$，对较小的 n，考虑一组使不等式的等号均成立的 $(a_1, \cdots, a_n)$，可得 $c(2) = 1, c(3) = \sqrt{2}, c(4) = \frac{\sqrt{5}+1}{2}, c(5) = \sqrt{3}$。由此我猜测 $c(n) = 2\cos\frac{\pi}{n+1}$。看到这个结果，我联想到一道以前在学校里做过的不等式问题：

题 3 已知 $a_1, a_2, \cdots, a_n$ 是不全为 0 的实数，求

$$\frac{a_1a_2 + a_2a_3 + \cdots + a_{n-1}a_n}{a_1^2 + a_2^2 + \cdots + a_n^2}$$

*杭州第二中学，现就读于清华大学。

的最大值。

这道题的想法是利用均值不等式平衡系数，即利用如下 $n-1$ 个不等式。

$$
\begin{aligned}
2a_1a_2 &\leqslant \lambda_1 a_1^2+\frac{1}{\lambda_1}a_2^2,\\
2a_2a_3 &\leqslant \lambda_2 a_2^2+\frac{1}{\lambda_2}a_3^2,\\
&\vdots\\
2a_{n-1}a_n &\leqslant \lambda_{n-1}a_{n-1}^2+\frac{1}{\lambda_{n-1}}a_n^2.
\end{aligned}
$$

相加后，为使右边 $a_1^2, a_2^2, \cdots, a_n^2$ 的系数相同，考虑找出 $\lambda_1, \cdots, \lambda_{n-1}\in\mathbf{R}$，使得

$$
\lambda_1=\frac{1}{\lambda_1}+\lambda_2=\frac{1}{\lambda_2}+\lambda_3=\cdots=\frac{1}{\lambda_{n-2}}+\lambda_{n-1}=\frac{1}{\lambda_{n-1}}+\lambda_n, \qquad (1)
$$

这里 $\lambda_n=0$，我们要求的最大值即为 $\frac{\lambda_1}{2}$。

这是一个递推数列，满足 $\lambda_{k+1}=\lambda_1-\frac{1}{\lambda_k}$ $(1\leqslant k\leqslant n-1)$。容易知道 $0<\frac{\lambda_1}{2}\leqslant 1$（因为最小值为 λ_1，显然不超过 2），我们可设 $\lambda_1=2\cos\alpha$，$\alpha\in(0,\frac{\pi}{2}]$。则有

$$
\begin{aligned}
\lambda_2 &= 2\cos\alpha-\frac{1}{2\cos\alpha}=\frac{3-4\sin^2\alpha}{2\cos\alpha}=\frac{\sin 3\alpha}{\sin 2\alpha},\\
\lambda_3 &= 2\cos\alpha-\frac{\sin 2\alpha}{\sin 3\alpha}=\frac{2\sin 3\alpha\cos\alpha-\sin 2\alpha}{\sin 3\alpha}=\frac{\sin 4\alpha}{\sin 3\alpha}.
\end{aligned}
$$

一般地，由归纳法可知 $\lambda_k=\frac{\sin(k+1)\alpha}{\sin k\alpha}$。这里我们需多次利用和差化积公式 $\sin(k-1)\alpha+\sin(k+1)\alpha=2\sin k\alpha\cos\alpha$。又要求 $\lambda_n=0$，故 $\sin(n+1)\alpha=0$。因此可取 $\alpha=\frac{\pi}{n+1}$，此时最大值为 $\frac{\lambda_1}{2}=\cos\frac{\pi}{n+1}$。

等号成立时，有 $\lambda_k a_k^2=\frac{1}{\lambda_k}a_{k+1}^2$，$1\leqslant k\leqslant n-1$。即

$$
\frac{a_{k+1}}{a_k}=\lambda_k=\frac{\sin(k+1)\alpha}{\sin k\alpha}, \quad 1\leqslant k\leqslant n-1,
$$

也即

$$
a_k=c\cdot\sin\frac{k\pi}{n+1}, \quad 1\leqslant k\leqslant n, \text{这里 } c \text{ 为不等于 0 的常数.}
$$

这道题的答案与题 1 的答案如此相似，是否可以类似地完成？经过尝试，我发现是可以的。

由于 $a_1, \cdots, a_n\geqslant 0$，故我们只需证明如下不等式：

$$
\begin{aligned}
& a_2^2+(a_1+a_3)^2+(a_2+a_4)^2+\cdots+(a_{n-2}+a_n)^2+a_{n-1}^2\\
\leqslant\ & 4\cos^2\frac{\pi}{n+1}(a_1^2+a_2^2+\cdots+a_n^2). \qquad (2)
\end{aligned}
$$

这样必存在一个 $i\in\{1,2,\cdots,n\}$ 使得 $a_{i-1}+a_{i+1}\leqslant ca_i$，其中 $a_0=a_{n+1}=0$。

为证明式 (2)，我们考虑 $n-2$ 个局部的柯西不等式：

$$(a_{k-1}+a_{k+1})^2\leqslant\left(\frac{1}{\lambda_{k-1}}+\lambda_k\right)\left(\lambda_{k-1}a_{k-1}^2+\frac{1}{\lambda_k}a_{k+1}^2\right),\quad k=2,3,\cdots,n-1. \tag{3}$$

利用类似的方法，我们可求得 $\lambda_k=\frac{\sin(k+1)\alpha}{\sin k\alpha}$, $k=1,2,\cdots,n-1$。这里 $\alpha=\frac{\pi}{n+1}$。

这时，注意到 $\frac{1}{\lambda_{k-1}}+\lambda_k=\frac{\sin(k-1)\alpha}{\sin k\alpha}+\frac{\sin(k+1)\alpha}{\sin k\alpha}=2\cos\alpha$。

将 (3) 对 $k=2,3,\cdots,n-1$ 求和得

$$\begin{aligned}&(a_1+a_3)^2+(a_2+a_4)^2+\cdots+(a_{n-2}+a_n)^2\\ \leqslant&2\cos\alpha\left(\left(\frac{\sin 2\alpha}{\sin\alpha}a_1^2+\frac{\sin 2\alpha}{\sin 3\alpha}a_3^2\right)+\left(\frac{\sin 3\alpha}{\sin 2\alpha}a_2^2+\frac{\sin 3\alpha}{\sin 4\alpha}a_4^2\right)\right.\\ &\left.+\cdots+\left(\frac{\sin(n-1)\alpha}{\sin(n-2)\alpha}a_{n-2}^2+\frac{\sin(n-1)\alpha}{\sin n\alpha}a_n^2\right)\right),\end{aligned} \tag{4}$$

两边加上 $a_2^2+a_{n-1}^2$，此时，(4) 的左边即为 (2) 的左边，而右边 a_1^2 的系数为 $2\cos\alpha\cdot\frac{\sin 2\alpha}{\sin\alpha}=4\cos^2\alpha$, a_n^2 的系数为 $2\cos\alpha\cdot\frac{\sin(n-1)\alpha}{\sin n\alpha}=4\cos^2\alpha$, a_2^2 的系数为 $2\cos\alpha\cdot\frac{\sin 3\alpha}{\sin 2\alpha}+1=\frac{\sin 3\alpha}{\sin\alpha}+1=2\cos\alpha$, a_{n-1}^2 的系数为 $2\cos\alpha\cdot\frac{\sin(n-2)\alpha}{\sin(n-1)\alpha}+1=2\cos\alpha$，对 $3\leqslant k\leqslant n-2$，$a_k^2$ 的系数为 $2\cos\alpha\cdot\left(\frac{\sin(k+1)\alpha}{\sin k\alpha}+\frac{\sin(k-1)\alpha}{\sin k\alpha}\right)=4\cos^2\alpha$。

从而有 $a_2^2+(a_1+a_3)^2+(a_2+a_4)^2+\cdots+(a_{n-2}+a_n)^2+a_{n-1}^2\leqslant 4\cos^2\alpha(a_1^2+a_2^2+\cdots+a_n^2)$，这就是 (2) 式。

由柯西不等式的取等条件，应有 $\frac{a_{k+1}}{a_{k-1}}=\frac{\sin(k+1)\alpha}{\sin(k-1)\alpha}$，取 $a_k=\sin k\alpha$, $1\leqslant k\leqslant n$，可得到 c 的最大值就是 $2\cos\frac{\pi}{n+1}$，这就解决了题 1。

冷岗松教授同时还指出一道类似的问题：

题 4（第二期新星征解第 4 题） 设 $a_1,a_2,\cdots,a_n$ 是实数，证明：

$$\sum_{k=1}^{n+1}(a_k-a_{k-1})^2\leqslant 2\left(1+\cos\frac{\pi}{n+1}\right)\sum_{k=1}^{n}a_k^2,$$

其中 $a_0=a_{n+1}=0$。

事实上，题 4 等价于

$$2\cos\frac{\pi}{n+1}\sum_{k=1}^{n}a_k^2+2\sum_{k=2}^{n}a_{k-1}a_k\geqslant 0.$$

当 $a_1,a_2,\cdots,a_n$ 不全为 0 时（否则显然），即为

$$\frac{a_1a_2+a_2a_3+\cdots+a_{n-1}a_n}{a_1^2+a_2^2+\cdots+a_n^2}\geqslant-\cos\frac{\pi}{n+1}.$$

左边就是题 3 中的左边表达式，其证明也是类似的。只需将题 3 证明中的均值不等式改为

$$-2a_k a_{k+1} \leqslant \frac{\sin\dfrac{k+1}{n+1}\pi}{\sin\dfrac{k}{n+1}\pi}a_k^2 + \frac{\sin\dfrac{k}{n+1}\pi}{\sin\dfrac{k+1}{n+1}\pi}a_{k+1}^2, \quad 1 \leqslant k \leqslant n-1.$$

再对 $k=1,2,\cdots,n-1$ 求和即可。不等式的取等条件为 $a_k=(-1)^k \cdot c \cdot \sin\frac{k\pi}{n+1}$，这里 c 为不等于 0 的常数或 $a_k=0$, $0 \leqslant k \leqslant n+1$（这是平凡的）。

所以，我们有以下结论：

对不全为 0 的实数 $a_1,a_2,\cdots,a_n$ 有

$$-\cos\frac{\pi}{n+1} \leqslant \frac{a_1a_2+a_2a_3+\cdots+a_{n-1}a_n}{a_1^2+a_2^2+\cdots+a_n^2} \leqslant \cos\frac{\pi}{n+1}. \tag{*}$$

这个表达式

$$\frac{a_1a_2+a_2a_3+\cdots+a_{n-1}a_n}{a_1^2+a_2^2+\cdots+a_n^2}$$

的上下界互为相反数，这也是从它的形式中可以预见到的。

通过以上几个问题，我们发现在一些利用二元均值、柯西不等式证明的不等式中，等式 $\sin(k-1)\alpha+\sin(k+1)\alpha=2\sin k\alpha\cos\alpha$ 起着关键作用。

我们再来研究一些形式类似的问题。以下两题均出自《不等式的秘密》一书。

题 5 对任意实数 $x_1,x_2,\cdots,x_n$，

$$x_1^2+(x_1+x_2)^2+\cdots+(x_1+x_2+\cdots+x_n)^2 \leqslant t(x_1^2+x_2^2+\cdots+x_n^2)$$

均成立，求 t 的最小值。

解 待定 $c_1,c_2,\cdots,c_n$ 为正实数，由柯西不等式，

$$(x_1+x_2+\cdots+x_k)^2 \leqslant (c_1+c_2+\cdots+c_n)\left(\frac{x_1^2}{c_1}+\frac{x_2^2}{c_2}+\cdots+\frac{x_k^2}{c_k}\right). \tag{5}$$

将 (5) 对 $k=1,2,\cdots,n$ 求和，可得

$$\begin{aligned}&x_1^2+(x_1+x_2)^2+\cdots+(x_1+x_2+\cdots+x_n)^2\\ \leqslant\ &\frac{s_1+s_2+\cdots+s_n}{c_1}x_1^2+\frac{s_2+\cdots+s_n}{c_2}x_2^2+\cdots+\frac{s_n}{c_n}x_n^2,\end{aligned} \tag{6}$$

这里 $s_k=c_1+c_2+\cdots+c_k$, $k=1,2,\cdots,n$。

下面考虑选取 $c_1,c_2,\cdots,c_n$ 使得 (6) 中各 x_i^2 的系数相等。即

$$\frac{s_1+s_2+\cdots+s_n}{c_1}=\frac{s_2+\cdots+s_n}{c_2}=\cdots=\frac{s_n}{c_n}=t.$$

也即 $\frac{s_1}{c_1-c_2}=\frac{s_2}{c_2-c_3}=\cdots=\frac{s_{n-1}}{c_{n-1}-c_n}=\frac{s_n}{c_n-c_{n+1}}$，这里 $c_{n+1}=0$。

利用 $c_k=s_k-s_{k-1},k=1,2,\cdots,n$，这里 $s_0=0$。上面的等式可化为

$$\frac{s_2}{s_1}=\frac{s_1+s_3}{s_2}=\cdots=\frac{s_{n-2}+s_n}{s_{n-1}}=\frac{s_{n-1}+s_{n+1}}{s_n}. \tag{7}$$

这里补充定义 $s_{n+1}=c_1+\cdots+c_n+c_{n+1}$，注意到这个式子本质与题 3 的求解系数的等式是一致的，只不过有 $s_{n+1}=s_n$，考虑 (1) 中的 $\lambda_n=\frac{\sin(n+1)\alpha}{\sin n\alpha}=1$，知 (7) 就是 (1) 在 $2n+1$ 下的情形。故可取 $s_k=\sin k\alpha$，这里 $\alpha=\frac{\pi}{2n+1}$，此时 $c_k=\sin k\alpha-\sin(k-1)\alpha$。则

$$\begin{aligned}s_k+s_{k+1}+\cdots+s_n&=\sin k\alpha+\sin(k+1)\alpha+\cdots+\sin n\alpha\\&=\frac{\cos\left(k-\frac{1}{2}\right)\alpha-\cos\left(n+\frac{1}{2}\right)\alpha}{2\sin\frac{\alpha}{2}}\\&=\frac{\cos\left(k-\frac{1}{2}\right)\alpha}{2\sin\dfrac{\alpha}{2}}.\end{aligned}$$

从而

$$t=\frac{s_k+s_{k+1}+\cdots+s_n}{c_k}=\frac{\cos\left(k-\frac{1}{2}\right)\alpha}{2\sin\dfrac{\alpha}{2}(\sin k\alpha-\sin(k-1)\alpha)}=\frac{1}{4\sin^2\frac{\alpha}{2}}.$$

利用 (4) 取等条件可知，等号成立时，应有

$$\frac{x_1}{c_1}=\frac{x_2}{c_2}=\cdots=\frac{x_n}{c_n}.$$

即

$$\frac{x_1}{\sin\alpha}=\frac{x_2}{\sin 2\alpha-\sin\alpha}=\cdots=\frac{x_n}{\sin n\alpha-\sin(n-1)\alpha}.$$

将这一组数代入不等式，可得 $t\geqslant\frac{1}{4\sin^2\frac{\pi}{2(2n+1)}}$。故最佳常数为 $t=\frac{1}{4\sin^2\frac{\pi}{2(2n+1)}}$。

与题 3、题 4 的紧密联系相同，题 5 的不等式也有一个反向不等式。

题 6 对任意实数 $x_1,x_2,\cdots,x_n$，

$$x_1^2+(x_1+x_2)^2+\cdots+(x_1+x_2+\cdots+x_n)^2\geqslant t(x_1^2+x_2^2+\cdots+x_n^2)$$

恒成立，求 t 的最大值。

解 待定 $c_1,c_2,\cdots,c_{n-1}$ 为正实数，作换元 $y_k=x_1+x_2+\cdots+x_k$，由均值不等式，

$$c_1y_1^2+\frac{1}{c_1}y_2^2\geqslant -2y_1y_2,$$
$$c_2y_2^2+\frac{1}{c_2}y_3^2\geqslant -2y_2y_3,$$
$$\vdots$$
$$c_{n-1}y_{n-1}^2+\frac{1}{c_{n-1}}y_n^2\geqslant -2y_{n-1}y_n.$$

相加得

$$c_1y_1^2+\left(\frac{1}{c_1}+c_2\right)y_2^2+\cdots+\left(\frac{1}{c_{n-2}}+c_{n-1}\right)y_{n-1}^2+\frac{1}{c_{n-1}}y_n^2+2\sum_{i=1}^{n-1}y_iy_{i+1}\geqslant 0. \tag{8}$$

而题中的不等式等价于

$$y_1^2+y_2^2+\cdots+y_n^2\geqslant t(y_1^2+(y_2-y_1)^2+(y_n-y_{n-1})^2),$$

即

$$2(y_1y_2+y_2y_3+\cdots+y_{n-1}y_n)\geqslant \frac{2t-1}{t}(y_1^2+y_2^2+\cdots+y_{n-1}^2)+\frac{t-1}{t}y_n^2. \tag{9}$$

对比 (8)，(9)，可知应令 $c_1,\cdots,c_{n-1}$ 满足

$$c_1=\frac{1}{c_1}+c_2=\cdots=\frac{1}{c_{n-2}}+c_{n-1}=\frac{1}{c_{n-1}}-1=\frac{1-2t}{t}.$$

这个等式的形式与题 3 的求解系数的等式类似。利用相同的方法，可以得到 $c_k=\frac{\sin(k+1)\alpha}{\sin k\alpha}$，其中 $\alpha=\frac{2\pi}{2n+1}$。此时 $\frac{1-2t}{t}=2\cos\alpha$，则

$$t=\frac{1}{2(\cos\alpha+1)}=\frac{1}{4\cos^2\frac{\alpha}{2}}=\frac{1}{4\cos^2\frac{\pi}{2n+1}},$$

等号成立时，由均值不等式成立条件，知

$$\frac{y_k}{y_{k+1}}=-\frac{1}{c_k}=-\frac{\sin k\alpha}{\sin(k+1)\alpha},\quad k=1,2,\cdots,n-1.$$

即 $y_k=(-1)^k\cdot c\cdot\sin k\alpha$，这里 c 为不等于 0 的常数。

从而

$$x_k=y_k-y_{k-1}=(-1)^k\cdot c\cdot(\sin k\alpha+\sin(k-1)\alpha),$$

即

$$x_k=(-1)^k\cdot c\cdot\left(\sin\frac{2k\pi}{2n+1}+\sin\frac{2(k-1)\pi}{n+1}\right),\quad k=1,2,\cdots,n.$$

将这一组数代入不等式，可得 $t \leqslant \frac{1}{4\cos^2\frac{\pi}{2n+1}}$，故最佳常数为 $t=\frac{1}{4\cos^2\frac{\pi}{2n+1}}$。

由题 5 和题 6，我们得到一个有趣的结果：

对不全为 0 的实数 $x_1, x_2, \cdots, x_n$ 有

$$\frac{1}{4\cos^2\frac{\pi}{2n+1}} \leqslant \frac{x_1^2+(x_1+x_2)^2+\cdots+(x_1+x_2+\cdots+x_n)^2}{x_1^2+x_2^2+\cdots+x_n^2} \leqslant \frac{1}{4\sin^2\frac{\pi}{2(2n+1)}}. \qquad (**)$$

我们发现这个结果在证明中配凑系数的过程和最终得到的上下界均与题 3，题 4 类似。赵斌老师指出，这个不等式也可以直接利用 $(*)$ 证明。

以 $(**)$ 右边的不等式为例。

$$(*)\text{ 式不等式左边} \Leftrightarrow a_1^2+a_2^2+\cdots+a_n^2 \leqslant \frac{1}{2-2\cos\frac{\pi}{n+1}}\left(a_1^2+(a_1-a_2)^2+\cdots+(a_{n-1}-a_n)^2+a_n^2\right).$$

令 $n=2k$，并令 $a_{n+k}=a_{n+1-k}, k=1,2,\cdots,n$，即得

$$2(a_1^2+a_2^2+\cdots+a_k^2) \leqslant \frac{2}{2-2\cos\frac{\pi}{2k+1}}\left(a_1^2+(a_1-a_2)^2+\cdots+(a_{k-1}-a_k)^2\right).$$

再令 $a_i=x_1+\cdots+x_i, i=1,2,\cdots,k$，得

$$x_1^2+(x_1+x_2)^2+\cdots+(x_1+\cdots+x_k)^2 \leqslant \frac{1}{4\sin^2\frac{\pi}{2(2k+1)}}\left(x_1^2+x_2^2+\cdots+x_k^2\right),$$

这就是 $(**)$ 的右边。

这个证明的想法是将前 i 项和的形式转化为相邻两项之间的关系利用差分代换，令 $y_i=x_1+\cdots+x_i, i=1,2,\cdots,k$。则不等式转化为

$$y_1^2+y_2^2+\cdots+y_k^2 \leqslant \frac{1}{4\sin^2\frac{\pi}{2(2k+1)}}\left(y_1^2+(y_1-y_2)^2+\cdots+(y_{k-1}-y_k)^2\right).$$

这个不等式的右边缺少了项 y_k^2，我们考虑 $(*)$ 在 $n=2k$ 时的情形，若将 $y_1, \cdots, y_k$ 拓展为 $y_1, \cdots, y_k, y_k, \cdots, y_1$，则中间项 $(y_k-y_k)^2=0$ 便消失了。这就产生了上述的证明。

对 $(**)$ 不等式作一些转化，可以得到一个与题 2 形式相似的不等式。

题 7 已知 n 为正整数，$x_1, x_2, \cdots, x_n$ 为正实数，证明：

$$\min\left\{x_1, \frac{1}{x_1}+x_2, \cdots, \frac{1}{x_{n-1}}+x_n, \frac{1}{x_n}+1\right\} \leqslant 2\cos\frac{\pi}{2n+3}$$
$$\leqslant \max\left\{x_1, \frac{1}{x_1}+x_2, \cdots, \frac{1}{x_{n-1}}+x_n, \frac{1}{x_n}+1\right\}.$$

事实上，在题 2 中令 $n=2k+1$, $x_{k+1+i}=\frac{1}{x_{k+1-i}}$, $i=1,2,\cdots,k$，并令 $x_{k+1}=1$（这是可行的，因为等号成立时恰有 $x_{k+1}=\frac{\sin(k+2)\cdot\frac{\pi}{2k+3}}{\sin(k+1)\cdot\frac{\pi}{2k+3}}=1$），便得到了题 7。

编者按：本文选自数学新星网“学生专栏”。

一类函数方程的演变

汤继尧*

数学问题的提出和推广经常是从简单到复杂的一个演变过程。本文介绍一个实例，即展示一个简单函数问题发展到一般问题的过程。先看下面的简单问题：

问题 1 试求所有函数 $f:\mathbf{N}^*\to\mathbf{N}^*$，使得对 $\forall x,y\in\mathbf{N}^*$，均有 $xy|f(x)f(y)$。

解 对 $\forall x\in\mathbf{N}^*$，由条件得 $x^2|(f(x))^2$，所以 $x|f(x)$。故 $f(x)=xh(x)$，其中的 $h(x)$ 是 $\mathbf{N}^*\to\mathbf{N}^*$ 上的函数。

经检验，这样的 f 符合题意。

问题 1 似乎有点平凡，条件要求较弱，这诱发我们改变一下问题的条件，从而产生了下面的问题 2：

问题 2 试求所有函数 $f:\mathbf{N}^*\to\mathbf{N}^*$，使得对 $\forall x,y\in\mathbf{N}^*$，均有

$$xy|f(x)f(y)-1.$$

问题 2 似乎不太简单（因为有些同学做得不太顺利）。下面介绍问题 2 的两种解法。

解法 1 因为对 $\forall x,y\in\mathbf{N}^*$，均有 $xy|f(x)f(y)-1$。所以 $(y,f(x))=1$。由 y 的任意性知 $f(x)=1$。经检验，$f(x)=1$ 符合题意，故问题的解为 $f(x)=1$。

解法 2 由于对 $\forall x,y_1,y_2\in\mathbf{N}^*$，均有

$$x|f(x)f(y_1)-1,\quad x|f(x)f(y_2)-1,$$

所以 $x|f(y_1)-f(y_2)$ 对 $\forall x\in\mathbf{N}^*$ 成立。因而有 $f(y_1)=f(y_2)$ 对 $\forall y_1,y_2\in\mathbf{N}^*$ 都成立。故 $f(x)$ 为定值，记为 S $(S>0)$。即 $x^2|S^2-1$ 对 $\forall x\in\mathbf{N}^*$ 成立，故 $S=1$，即 $f(x)=1$，经检验，符合题意。

*湖南省雅礼中学。

利用问题 2 的解法 1，我们提出并解决了下面的问题 3：

问题 3 试求所有函数 $f:\mathbf{N}^*\to\mathbf{N}^*$，使得对 $\forall x,y\in\mathbf{N}^*$，均有

$$f(x)f(y)\big|(f(x)-y)(f(y)-x)-1.$$

问题 3 的解答与问题 2 的解法 1 类似，本文省略不写。

随后我们将问题 3 在形式上稍加改变，得到了下面的问题 4：

问题 4 试求所有函数 $f:\mathbf{N}^*\to\mathbf{N}^*$，使得对 $\forall x,y\in\mathbf{N}^*$，均有

$$f(x)f(y)\big|(f(x)-x)(f(y)-y)-1.$$

通过分析知，问题 2 的解法 1 对问题 4 并不适用，但解法 2 是可以发展借用的。下面是我最初找到的问题 4 的解法。

解 对函数值域分两种情况讨论。

(i) 若 f 的值域为无限集。则对 $\forall x,y_1,y_2\in\mathbf{N}^*$，均有

$$f(x)\big|(f(x)-x)(f(y_1)-y_1)-1,$$
$$f(x)\big|(f(x)-x)(f(y_2)-y_2)-1,$$

于是 $f(x)\big|(f(y_1)-y_1)-(f(y_2)-y_2)$。

又因为 f 的值域为无限集，所以 $f(y_1)-y_1=f(y_2)-y_2$，否则取

$$f(x)>\big|(f(y_1)-y_1)-(f(y_2-y_2))\big|,$$

矛盾。故 $f(x)-x$ 为定值，记为 S。则对 $\forall x\in\mathbf{N}^*$，均有 $(f(x))^2\big|S^2-1$，因此 $S=\pm1$。但由于 $f(1)>0=1-1$，所以 $S\neq-1$。故 $S=1$，即 $f(x)=x+1$。

(ii) 若 f 的值域为有限集。记 T 为所有 $f(x)$ $(x\in\mathbf{N}^*)$ 的最小公倍数，则由条件知 $f(T)\big|(f(T)-T)^2-1$，从而有 $f(T)\big|T^2-1$。又由于 $f(T)\big|T$，因此 $f(T)=1$。

此外，对 $\forall x,y_1,y_2\in\mathbf{N}^*$，同 (i) 可知

$$f(x)\big|(f(y_1)-y_1)-(f(y_2)-y_2),$$

从而

$$T\big|(f(y_1)-y_1)-(f(y_2)-y_2).$$

故

$$f(x)-x\equiv f(T)-T\equiv 1\pmod{T}.$$

记 $f(x)=h(x)T+x+1$（其中 $h(x)\in\mathbf{Z}$）。对 $\forall x+1\leqslant T$，$x\in\mathbf{N}^*$，因为

$$h(x)T+x+1=f(x)\big|(f(x)-x)(f(T)-T)-1,$$

从而有

$$h(x)T+x+1=f(x)\big|x+1.$$

又因为 $h(x)T+x+1=f(x)>0, 1<x+1\leqslant T$，所以

$$h(x)\geqslant 0, \tag{1}$$

同时又有 $x+1\geqslant f(x)=h(x)T+x+1$，即

$$h(x)\leqslant 0, \tag{2}$$

综合 (1)，(2) 得，$h(x)=0$。故对 $\forall x+1\leqslant T$，都有 $f(x)=x+1$。

若 $T\geqslant 3$，则 $f(T-2)=T-1$。由 $f(T)\big|T$ 知 $T-1\big|T$。由 $T\geqslant 3$ 知矛盾！所以 $T=1$ 或 2。

若 $T=2$，由 $f(x)\equiv x+1 \pmod T$ 知，当 x 为奇数时，$f(x)=2$。特别地，$f(1)=f(3)=2$。于是，$f(1)f(3)\big|(f(1)-1)(f(3)-3)-1$，即 $4\big|-2$，矛盾。

从而 $T=1$，即 $f(x)=1$。

综上所述，$f(x)=x+1$ 或 $f(x)=1$。

然而在讨论此题时，有同学告诉我，可取 $x=y=1$，则

$$f^2(1)\big|(f(1)-1)^2-1=f^2(1)-2f(1),$$

故 $f(1)=1$ 或 2。然后对 $f(1)$ 的值进行讨论可很好地解决此问题。这诱发我们对问题 4 进行改造，以避开首先讨论初始值的做法。首先想到的改造方式是：

问题 5 试求所有函数 $f:\mathbf{N}^*\to\mathbf{N}^*$，使得对 $\forall x,y\in\mathbf{N}^*$，均有

$$f(x)\big|(f(x)-x)(f(y)-y)-1.$$

然而这样的改造提醒了题的解法思路，太直白。故我采取了另一种改造方式：

问题 6 试求所有函数 $f:\mathbf{N}^*\to\mathbf{N}^*$，存在 $N_0\in\mathbf{N}^*$，使得对 $\forall x,y\in\mathbf{N}^*$，$xy\geqslant N_0$，均有

$$f(x)f(y)\big|(f(x)-x)(f(y)-y)-1.$$

解 对函数值域分两种情况讨论。

(i) 若 f 的值域为无限集。则对 $\forall x \in \mathbf{N}^* \cap [N_0, +\infty)$, $y_1, y_2 \in \mathbf{N}^*$，均有

$$f(x)\big|(f(x)-x)(f(y_1)-y_1)-1,$$
$$f(x)\big|(f(x)-x)(f(y_2)-y_2)-1.$$

于是 $f(x)\big|(f(y_1)-y_1)-(f(y_2)-y_2)$。

因为 f 的值域为无限集，所以 $f(y_1)-y_1=f(y_2)-y_2$。故 $f(x)-x$ 为定值，记为 S。则对 $\forall x \in \mathbf{N}^* \cap [N_0, +\infty)$，均有 $f(x)\big|S^2-1$。所以 $S=\pm 1$。又由于 $f(1)>0=1-1$，于是 $S=1$，故 $f(x)=x+1$。

(ii) 若 f 的值域为有限集。记 T 为所有 $f(x)$ $(x \in \mathbf{N}^*)$ 的最小公倍数。取 $k \in \mathbf{N}^*$，$kT \geqslant N_0$，则有 $f(kT)\big|(kT)^2-1$。又因为 $f(kT)\big|T$，所以 $f(kT)=1$。

此外，对 $\forall x \in \mathbf{N}^*$，$y_1, y_2 \in [N_0, +\infty) \cap \mathbf{N}^*$，均有

$$f(x)\big|(f(x)-x)(f(y_1)-y_1)-1,$$
$$f(x)\big|(f(x)-x)(f(y_2)-y_2)-1,$$

于是，

$$f(x)\big|(f(y_1)-y_1)-(f(y_2)-y_2),$$

因此，

$$T\big|(f(y_1)-y_1)-(f(y_2)-y_2).$$

即对 $\forall x \in \mathbf{N}^*$，$x \geqslant N_0$，均有

$$f(x)-x \equiv f(kT)-kT \equiv 1 \pmod{T}.$$

所以，当 $x \geqslant N_0$ 时，

$$f(x) \equiv x+1 \pmod{T}, \tag{1}$$

令 $p \geqslant T+1$ 的素数，于是，

$$f(p-1)\big|(f(p-1)-p+1)(f(kT)-kT)-1.$$

因此 $f(p-1)\big|p$。又由于 p 是素数，所以 $f(p-1)=1$ 或 p。

再者，因为 $p>T \geqslant f(p-1)$，所以，

$$f(p-1)=1. \tag{2}$$

由 Dirichlet 定理知，$S=\{nT+(T-1)\big|n \in \mathbf{N}^*\}$ 中存在无穷多个素数。

令 $p \in S$，$p \geqslant T+1$，p 为素数。由 (2) 知 $f(p-1)=1$，由 (1) 知 $f(p-1) \equiv p-1+1 \pmod T$，所以 $T \mid p-1$，$T \mid 2$。于是 $T=1$ 或 2。

若 $T=2$，由 $f(x) \equiv x+1 \pmod T$，取 $x_1=4N_0+1$，$x_2=4N_0+3$。则 $f(x_1)=f(x_2)=2$。由题意可知，

$$\begin{aligned}
&f(x_1)f(x_2) \mid (f(x_1)-x_1)(f(x_2)-x_2)-1 \\
\Leftrightarrow\, &4 \mid (2-4N_0-1)(2-4N_0-3)-1 \\
\Leftrightarrow\, &4 \mid (4N_0)^2-2,
\end{aligned}$$

矛盾。故 $T=1$，即 $f(x)=1$。

综上所述，$f(x)=x+1$ 或 $f(x)=1$。

我们认为，问题 6 已是一个具有较高难度的新的函数问题。至此我们完成了一次有趣的问题探索演化之旅。

编者按：本文选自数学新星网“学生专栏”。

一道 Dospinescu 问题的加强

孙伟舰*

Gabriel Dospinescu 在 [1] 中提出了如下问题：

问题 设 $\{a_n\}$ 和 $\{b_n\}$ 是两个整数序列使得

$$|a_{n+2}-a_n| \leqslant 2, \quad \forall n \in \mathbf{N}^*, \tag{1}$$

且

$$a_m+a_n=b_{m^2+n^2}, \quad \forall m,n \in \mathbf{N}^*. \tag{2}$$

证明：序列 $\{a_n\}$ 中至多有 6 个不同的数。

冷岗松教授在今年的新星夏令营培训上讲解了该问题。我们进一步研究发现，不仅可以证明所求结论，还可以求出所有满足题意的 $\{a_n\}$。

证明 首先证明对任意奇偶性相同的 $x,y \in \mathbf{N}^*$ 均有 $|a_x-a_y| \leqslant 2$。

事实上，不妨设 $x=2k+y$ $(k,y \in \mathbf{N}^*)$。

若 $k=1$，则由 (1) 得 $|a_x-a_y|=|a_{y+2}-a_y| \leqslant 2$。

若 $k>1$，则

$$x^2-y^2=2k(2y+2k)=(k^2+yk+1)^2-(k^2+yk-1)^2,$$

注意到 $k^2+yk-1 \geqslant k^2+k-1 \geqslant 1$，故

$$|a_x-a_y|=|a_{k^2+yk+1}-a_{k^2+yk-1}| \leqslant 2.$$

因此，数列 $\{a_n\}$ 的偶数项和奇数项分别至多有 3 个不同的取值。不妨设

$$a_{2n+1} \in \{x-1,x,x+1\}, \quad a_{2n} \in \{y-1,y,y+1\},$$

并设

$$c_{2n+1}=a_{2n+1}-x \in \{-1,0,1\}, \quad c_{2n}=a_{2n}-y \in \{-1,0,1\},$$

*东北师范大学附属中学，现就读于北京大学。

则数列 $\{c_n\}$ 也满足题设。

注意到 $c_1+c_7=2c_5$，因此，c_1 与 c_7 同奇偶。

下面分三种情况来讨论：

(1) 若 $c_1\neq c_7$，则有 $|c_1-c_7|=2$。

不妨设 $c_1=-1$，$c_7=1$，那么

$$
\begin{aligned}
&c_1+c_8=b_{65}=c_4+c_7\Rightarrow c_8=1,\ c_4=-1;\\
&c_7+c_{16}=b_{305}=c_4+c_{17}\Rightarrow c_{16}=-1,\ c_{17}=1;\\
&c_8+c_9=b_{145}=c_1+c_{12}\Rightarrow c_9=-1,\ c_{12}=1;\\
&c_7+c_{17}=b_{338}=c_{13}+c_{13}\Rightarrow c_{13}=1;\\
&c_{13}+c_{24}=b_{745}=c_4+c_{27}\Rightarrow c_{24}=-1,\ c_{27}=1;\\
&c_9+c_{23}=b_{610}=c_{13}+c_{21}\Rightarrow c_{21}=-1,\ c_{23}=1;\\
&c_6+c_{27}=b_{765}=c_{18}+c_{21}\Rightarrow c_6=-1,\ c_{18}=1;\\
&c_2+c_9=b_{85}=c_6+c_7\Rightarrow c_2=1;\\
&c_2+c_{16}=b_{260}=c_8+c_{14}\Rightarrow c_{14}=-1;\\
&c_6+c_{13}=b_{205}=c_3+c_{14}\Rightarrow c_3=1;\\
&c_2+c_{14}=b_{200}=c_{10}+c_{10}\Rightarrow c_{10}=0.
\end{aligned}
$$

下证

$$
c_n=-\left(\frac{n}{5}\right)=\begin{cases}-1, & n\equiv 1,4 \pmod 5,\\ 1, & n\equiv 2,3 \pmod 5,\\ 0, & n\equiv 0 \pmod 5.\end{cases}\tag{3}
$$

对 n 进行归纳。由上述各式可知当 $n<11$ 时 (3) 式成立。当 $n\geqslant 11$ 时，假设 (3) 式对所有小于 n 的正整数都成立。下面考虑 n 的情形。

若 n 为奇数，则设 $n=2t+1$ $(t\geqslant 5)$。由

$$
c_{2t+1}+c_{t-2}=b_{5t^2+5}=c_{2t-1}+c_{t+2},
$$

以及

$$
\left(\frac{2t-1}{5}\right)=\left(\frac{2t+4}{5}\right)=-\left(\frac{t+2}{5}\right),\quad \left(\frac{2t+1}{5}\right)=\left(\frac{2t-4}{5}\right)=-\left(\frac{t-2}{5}\right),
$$

由归纳假设便得 $c_{2t+1}=-\left(\frac{2t+1}{5}\right)$。

若 n 为偶数，则设 $n=2t$ $(t\geqslant 6)$。注意到

$$
c_{2t}+c_{t-5}=b_{5t^2-20t+25}=c_{2t-4}+c_{t+3},
$$

且

$$\left(\frac{2t-4}{5}\right)=-\left(\frac{t-2}{5}\right)=-\left(\frac{t+3}{5}\right),\quad \left(\frac{2t}{5}\right)=-\left(\frac{t}{5}\right)=-\left(\frac{t-5}{5}\right),$$

由归纳假设便得 $c_{2t}=-\left(\frac{2t}{5}\right)$。

因此，当 $n\geqslant 11$ 时，(3) 式也成立。故对所有 $n\geqslant 1$，(3) 式均成立。

下面验证形如 (3) 式的 c_n 符合题意条件。

事实上，只要验证 $c_m+c_n=b_{m^2+n^2}$。

对于 $x,y,z,w\in\mathbf{N}^*$，满足 $x^2+y^2=z^2+w^2$。由 $x^2\equiv\left(\frac{x}{5}\right)\pmod 5$，得

$$\left(\frac{x}{5}\right)+\left(\frac{y}{5}\right)=\left(\frac{z}{5}\right)+\left(\frac{w}{5}\right).$$

故 $c_x+c_y=b_{x^2+y^2}=c_z+c_w$。即 (3) 式定义的 c_n 符合要求。

(2) 若 $c_1=c_7=0$，则 $c_5=0$。那么

$$c_7+c_{17}=b_{338}=2c_{13}\Rightarrow c_{13}=c_{17}=0,$$
$$c_1+c_{41}=b_{1682}=2c_{29}\Rightarrow c_{29}=c_{41}=0,$$
$$c_1+c_{17}=b_{290}=c_{11}+c_{13}\Rightarrow c_{11}=0.$$

下证

$$c_n=0,\quad n\equiv 1,5 \pmod 6. \tag{4}$$

对 n 进行归纳。

由上述各式可知当 $n<13$ 时 (4) 式成立。当 $n\geqslant 13$ 时，假设 (4) 式对所有小于 n 且满足模 6 余 1 或 5 的正整数都成立。下面考虑 n 的情况。

当 $n=6k+1$ 时，设 $k=2^l\cdot t$ $(2\nmid t, t\geqslant 1, l\geqslant 0)$。注意到

$$(6k+1)^2-(6k-1)^2=24k=2^{l+3}\cdot 3t=(2^{l+1}+3t)^2-(2^{l+1}-3t)^2,$$

则有

$$c_{6k+1}-c_{6k-1}=c_{2^{l+1}+3t}-c_{|2^{l+1}-3t|}.$$

又因为 $2\nmid 2^{l+1}\pm 3t$，且 $3\nmid 2^{l+1}\pm 3t$，所以根据归纳假设可得 $c_{6k+1}=0$。

当 $n=6k+5$ 时，设 $2k+1=3^l\cdot t$ $(3\nmid t, t\geqslant 1, l\geqslant 0)$。

若 $t>1$，则有

$$(6k+5)^2-(6k+1)^2=8(6k+3)=2^3\cdot 3^{l+1}\cdot t=(3^{l+1}+2t)^2-(3^{l+1}-2t)^2,$$

从而

$$c_{6k+5}-c_{6k+1}=c_{3^{l+1}+2t}-c_{|3^{l+1}-2t|}.$$

又因为 $2 \nmid 3^{l+1} \pm 2t$，且 $3 \nmid 3^{l+1} \pm 2t$，因此由归纳假设便得 $c_{6k+5} = 0$。

若 $t = 1$，则有 $n = 3^{l+1} + 2\ (l + 1 \geqslant 3)$。设 $3^{l+1} - 1 = 2^a \cdot b\ (a > 1, 2 \nmid b, 3 \nmid b)$。

若 $b \neq 1$，则有

$$(3^{l+1}+2)^2-(3^{l+1}-4)^2 = 12(3^{l+1}-1) = 2^{2+a}\cdot 3b = (2^a\cdot 3+b)^2-(2^a\cdot 3-b)^2.$$

因此

$$c_n - c_{n-6} = c_{2^a\cdot 3+b} - c_{|2^a\cdot 3-b|}.$$

又因为 $2 \nmid b, 3 \nmid b$，所以由归纳假设可得 $c_n = 0$。

若 $b = 1$，则有 $3^{l+1} - 1 = 2^a$。因为 $l + 1 \geqslant 3$，所以 $a \geqslant 4$, $3^{l+1} \equiv 1 \pmod 8$，故 $2 | l + 1$。设 $l + 1 = 2l_0$，则

$$(3^{l_0}+1)(3^{l_0}-1) = 2^a.$$

又因为 $(3^{l_0}+1, 3^{l_0}-1) = 2$，$3^{l_0} - 1 < 3^{l_0} + 1$，所以 $3^{l_0} - 1 = 2$，故 $l = 2$，与 $l \geqslant 4$ 矛盾!

综上所述，(4) 式成立。

因为 $(6k+1)^2 - (6k-1)^2 = 24k$，所以对任意满足 $24 \mid x^2 - y^2$ 的 x, y 均有 $c_x = c_y$。因此，

$$c_n = \begin{cases} 0, & n^2 \equiv 1 \pmod{24}, \\ c_2, & n^2 \equiv 4 \pmod{24}, \\ c_3, & n^2 \equiv 9 \pmod{24}, \\ c_4, & n^2 \equiv 16 \pmod{24}, \\ c_6, & n^2 \equiv 12 \pmod{24}, \\ c_{12}, & n^2 \equiv 0 \pmod{24}, \end{cases}$$

其中

$$c_2 + c_9 = b_{85} = c_6 + c_7 \Rightarrow c_2 + c_3 = c_6,$$

$$c_4 + c_{18} = b_{340} = c_{12} + c_{14} \Rightarrow c_6 + c_4 = c_{12} + c_2 \Rightarrow c_3 + c_4 = c_{12}.$$

检验可知满足 $c_2, c_3, c_4, c_6, c_{12} \in \{-1, 0, 1\}$ 的所有 c_2, c_3, c_4 的取值对应的 $\{c_n\}$ 均符合题意。事实上，只要验证 $c_m + c_n = b_{m^2+n^2}$。

对于 $x, y, z, w \in \mathbf{N}^*$，满足 $x^2 + y^2 = z^2 + w^2$。若 (x^2, y^2) 与 (z^2, w^2) 两个无序对模 24 有一个一样，则另一个也一样，此时确有 $c_x + c_y = c_z + c_w$。

下设两个无序对不同，在模 24 意义下讨论。

若 x^2, y^2, z^2, w^2 中有奇数，在模 24 意义下，不妨设 $x^2 \equiv 1, z^2 \equiv 9$。则 $(y^2, w^2) \equiv (12, 4)$ 或 $(0, 16)$。此时

$$c_x + c_y = c_1 + c_6 = c_2 + c_3 = c_z + c_w,$$

或

$$c_x + c_y = c_1 + c_{12} = c_3 + c_4 = c_z + c_w.$$

若 x^2, y^2, z^2, w^2 均为偶数，只有四种情形：

$$\begin{aligned}(x^2, y^2) &\equiv (0,4) \quad (12,4) \quad (12,12) \quad (4,4),\\ (z^2, w^2) &\equiv (12,16) \quad (0,16) \quad (0,0) \quad (16,16).\end{aligned}$$

第一种情形下，

$$c_x + c_y = c_{12} + c_2 = c_3 + c_4 + c_2 = c_6 + c_4 = c_z + c_w.$$

其余三种情形下，$2 \parallel x, 2 \parallel y, 4 \mid z, 4 \mid w$, 而 $\left(\frac{x}{2}\right)^2 + \left(\frac{y}{2}\right)^2 = \left(\frac{z}{2}\right)^2 + \left(\frac{w}{2}\right)^2$ 在模 4 意义下，左边为 2，右边为 0。矛盾!

(3) 若 $c_1 = c_7 \neq 0$，不妨设 $c_1 = c_7 = -1 = c_5$，那么

$$\begin{aligned}c_5 + c_{35} &= b_{1250} = 2c_{25} \Rightarrow c_{35} \neq 0,\\ c_7 + c_{49} &= b_{2450} = 2c_{35} \Rightarrow c_{35} \neq 1,\end{aligned}$$

因此 $c_1 = c_5 = c_7 = c_{25} = c_{35} = c_{49} = -1$，且

$$\begin{aligned}c_5 + c_{35} &= b_{1250} = c_{17} + c_{31} \Rightarrow c_{17} = c_{31} = -1,\\ c_1 + c_{17} &= b_{290} = c_{11} + c_{13} \Rightarrow c_{11} = c_{13} = -1.\end{aligned}$$

下证

$$c_n = -1, \quad n \equiv 1, 5 \pmod 6. \tag{5}$$

证明 (5) 的方法与 (4) 的证明方法相同，这里就不赘述了。

因为 $(6k+1)^2 - (6k-1)^2 = 24k$，所以对任意满足 $24 \mid x^2 - y^2$ 的 x, y 均有 $c_x = c_y$。因此，

$$c_n = \begin{cases} -1, & n^2 \equiv 1 \pmod{24},\\ c_2, & n^2 \equiv 4 \pmod{24},\\ c_3, & n^2 \equiv 9 \pmod{24},\\ c_4, & n^2 \equiv 16 \pmod{24},\\ c_6, & n^2 \equiv 12 \pmod{24},\\ c_{12}, & n^2 \equiv 0 \pmod{24},\end{cases}$$

其中

$$c_2+c_9=b_{85}=c_6+c_7\Rightarrow 1+c_2+c_3=c_6,$$

$$c_4+c_{18}=b_{340}=c_{12}+c_{14}\Rightarrow c_6+c_4=c_{12}+c_2\Rightarrow 1+c_3+c_4=c_{12}.$$

与前面讨论类似，检验可知满足 $c_2,c_3,c_4,c_6,c_{12}\in\{-1,0,1\}$ 的所有 c_2,c_3,c_4 的取值对应的 $\{c_n\}$ 均符合题意。

综上所述，$\{c_n\}$ 为下列两种情况之一：

(i) $c_n=\left(\frac{n}{5}\right)$ 或 $c_n=-\left(\frac{n}{5}\right)$（其中 $\left(\frac{n}{5}\right)$ 为勒让德符号）；

$$\text{(ii) } c_n=\begin{cases} c_1, & n\equiv 1,5,7,11 \pmod{12},\\ c_2, & n\equiv 2,10 \pmod{12},\\ c_3, & n\equiv 3,9 \pmod{12},\\ c_4, & n\equiv 4,8 \pmod{12},\\ c_2+c_3-c_1, & n\equiv 6 \pmod{12},\\ c_3+c_4-c_1, & n\equiv 0 \pmod{12},\end{cases}$$

其中 $c_1,c_2,c_3,c_4\in\{-1,0,1\}$ 且 $c_2+c_3-c_1,c_3+c_4-c_1\in\{-1,0,1\}$。

再结合 $a_n=\begin{cases} x+c_n, & 2\nmid n\\ y+c_n, & 2\mid n\end{cases}$ 即可得所有满足条件的 $\{a_n\}$。

由前面讨论容易看出，在且仅在情况 (i) 且 $|x-y|\geqslant 3$ 时，$\{a_n\}$ 有 6 个取值。而在情况 (ii) 时，$\{a_n\}$ 至多有 5 个取值。

注析 本文由湖北武钢三中王逸轩同学和上海大学博士生施柯杰审核校对。王逸轩同学补充证明了作者原稿中的验证过程以及归纳过程，使本文的证明更加严谨完善。

参考文献

[1] Titu Andreescu. Mathematical Reflections: The First Two Years (2006—2007) [M]. XYZ Press, 2011.

编者按：本文选自数学新星网“学生专栏”。

一道 IMC 试题的推广

鲁一道*

2006 年 IMC（国际大学生数学竞赛）中有一道有趣的代数不等式试题，它本质上可叙述为：

定理 1 设 (a,b,c) 和 (d,e) 分别是一个三维实向量和一个二维实向量，满足

$$\begin{cases} a^2+b^2+c^2=d^2+e^2, \\ a^4+b^4+c^4=d^4+e^4, \end{cases}$$

则 $|a|^3+|b|^3+|c|^3 \leqslant |d|^3+|e|^3$。

对于定理 1，一个自然的问题是对 n 维 $(n \geqslant 3)$ 实向量 $(x_1,\cdots,x_n)$ 和 $n-1$ 维实向量 $(y_1,y_2,\cdots,y_{n-1})$ 是否有类似的结论呢？也就是：

问题 1 若 n 维 $(n \geqslant 3)$ 实向量 $(x_1,\cdots,x_n)$ 和 $n-1$ 维实向量 $(y_1,y_2,\cdots,y_{n-1})$ 满足

$$\begin{cases} x_1^2+x_2^2+\cdots+x_n^2=y_1^2+y_2^2+\cdots+y_{n-1}^2, \\ x_1^4+x_2^4+\cdots+x_n^4=y_1^4+y_2^4+\cdots+y_{n-1}^4, \end{cases}$$

是否一定有

$$|x_1|^3+|x_2|^3+\cdots+|x_n|^3 \leqslant |y_1|^3+|y_2|^3+\cdots+|y_{n-1}|^3?$$

可惜答案是否定的。例如当 $n \geqslant 4$ 时，下面的 n 维实向量 $(x_1,x_2,\cdots,x_n)$ 和 $n-1$ 维实向量 $(y_1,y_2,\cdots,y_{n-1})$ 就是反例：

$$x_1=x_2=\sqrt{3}, \quad x_3=x_4=\cdots=x_n=0;$$

$$y_1=y_2=1, \quad y_3=2, \quad y_4=\cdots=y_{n-1}=0.$$

但对于一般的 n 维 $(n \geqslant 3)$ 实向量和二维实向量，我们则有正面的回答，即：

---

*上海市上海中学，现就读于北京大学。

定理 2 设 $(x_1,x_2,\cdots,x_n)$ 是一个 n 维 $(n\geqslant 3)$ 实向量，(y_1,y_2) 是一个二维实向量，且满足

$$\begin{cases}|x_1|^t+|x_2|^t+\cdots+|x_n|^t=|y_1|^t+|y_2|^t,\\ |x_1|^s+|x_2|^s+\cdots+|x_n|^s=|y_1|^s+|y_2|^s,\end{cases}\tag{$*$}$$

其中 $s>t>0$，则对任意 $\lambda\in[t,s]$ 有

$$|x_1|^\lambda+|x_2|^\lambda+\cdots+|x_n|^\lambda\leqslant|y_1|^\lambda+|y_2|^\lambda.$$

证明 显然不妨设所有变元 $x_1,\cdots,x_n,y_1,y_2$ 均非负。

再不妨设 $t=1$，否则可用 $x_1^t,x_2^t,\cdots,x_n^t,y_1^t,y_2^t$ 替代 $x_1,x_2,\cdots,x_n,y_1,y_2$，再用 $\frac{s}{t}$ 替代 s 便可。这时条件 $(*)$ 变为

$$\begin{cases}x_1+x_2+\cdots+x_n=y_1+y_2, & (1)\\ x_1^s+x_2^s+\cdots+x_n^s=y_1^s+y_2^s, & (2)\end{cases}$$

其中 $s>1$。

这样问题转化为证明对任何 $\lambda\in[1,s]$，有

$$x_1^\lambda+x_2^\lambda+\cdots+x_n^\lambda\leqslant y_1^\lambda+y_2^\lambda.$$

我们首先证明下面的引理。

引理 设 n 维 $(n\geqslant 3)$ 实向量 $(x_1,x_2,\cdots,x_n)$ 和二维实向量 (y_1,y_2) 满足条件 (1), (2), 则

$$\max\{x_1,x_2,\cdots,x_n\}\geqslant\max\{y_1,y_2\}.$$

引理的证明 不妨设

$$0\leqslant x_1\leqslant x_2\leqslant\cdots\leqslant x_n,\ 0\leqslant y_1\leqslant y_2.$$

这样我们仅须证明 $x_n\geqslant y_2$。

用反证法。假设 $x_n<y_2$，由齐次性，不妨设 $y_2=1$。于是

$$0\leqslant x_1\leqslant x_2\leqslant\cdots\leqslant x_n\leqslant 1.$$

现考虑函数 $f(x)=x-x^s$，$x\in[0,1]$，将 (1)，(2) 两式相减便得

$$f(x_1)+f(x_2)+\cdots+f(x_n)=f(y_1).\tag{3}$$

因 $s>1$，所以

$$f''(x)=-s(s-1)x^{s-2}<0,\quad \forall x\in(0,1).$$

这说明 $f(x)$ 是 $[0,1]$ 上的严格凹函数。

再注意到 $x_1+x_2+\cdots+x_n=y_1+1$ 及 $x_n<1$，因此

$$(1,y_1,\underbrace{0,\cdots,0}_{n-1\text{个}})\succ(x_n,x_{n-1},\cdots,x_1).$$

故由 Karamata 不等式（也称控制不等式）[1] 可得

$$f(x_1)+f(x_2)+\cdots+f(x_n)>f(1)+f(y_1)+(n-2)f(0).$$

亦即 $f(x_1)+f(x_2)+\cdots+f(x_n)>f(y_1)$，这与 (3) 式矛盾！引理证完。

回到原题 由齐次性不妨设 $x_n=1$，且不妨设 $x_1,\cdots,x_{n-2}$ 中总有正数。

这时由 (1) 和引理可得 $y_1-x_{n-1}=x_1+\cdots+x_{n-2}+(x_n-y_2)>0$。故

$$y_1>x_{n-1}. \tag{4}$$

记

$$g(x)=x_1^x+x_2^x+\cdots+x_{n-1}^x-y_1^x-y_2^x,$$

则 $g(x)$ 可导且 $g(1)=g(s)=-1$。

故由洛尔定理知存在 $x_0\in(1,s)$ 使得 $g'(x_0)=0$。即

$$x_1^{x_0}\ln x_1+\cdots+x_{n-1}^{x_0}\ln x_{n-1}-y_1^{x_0}\ln y_1-y_2^{x_0}\ln y_2=0. \tag{5}$$

再注意到 $\ln x_1,\cdots,\ln x_{n-1},\ln y_1,\ln y_2$ 均为负数，由 (4)，(5) 便知对 $x>x_0$ 有

$$\begin{aligned}-y_1^x\ln y_1-y_2^x\ln y_2&>y_1^{x-x_0}(-y_1^{x_0}\ln y_1-y_2^{x_0}\ln y_2)\\&>(-x_1^{x_0}\ln x_1-\cdots-x_{n-1}^{x_0}\ln x_{n-1})x_{n-1}^{x-x_0}\\&>-x_1^x\ln x_1-\cdots-x_{n-1}^x\ln x_{n-1}.\end{aligned}$$

---

[1] 设 $x=(x_1,x_2,\cdots,x_n),y=(y_1,y_2,\cdots,y_n)$ 是两个 n 维向量，满足

$$x_1+x_2+\cdots+x_n=y_1+y_2+\cdots+y_n.$$

将 x,y 重排，使得 $x_1\geqslant x_2\geqslant\cdots\geqslant x_n$，$y_1\geqslant y_2\geqslant\cdots\geqslant y_n$，若此时满足

$$x_1+x_2+\cdots+x_k\geqslant y_1+y_2+\cdots+y_k,\quad k=1,2,\cdots,n-1.$$

则称 x 控制 y。记作 $x\succ y$ 或 $(x_1,x_2,\cdots,x_n)\succ(y_1,y_2,\cdots,y_n)$。

Karamata 不等式 设 φ 是区间 I 上的实值凸函数，若 $(x_1,x_2,\cdots,x_n)\succ(y_1,y_2,\cdots,y_n)$，则

$$\sum_{i=1}^n\varphi(x_i)\geqslant\sum_{i=1}^n\varphi(y_i).$$

且当 φ 是严格凸函数时，等号取到当且仅当 $x_i=y_i$ $(i=1,2,\cdots,n)$。这里 $x_i,y_i\in I$。

当 φ 是凹函数时，不等式符号反向。

这说明对任意 $x > x_0$ 有 $g'(x) > 0$。

同理对任意 $x < x_0$ 有 $g'(x) < 0$。

这说明在 $[1, x_0]$ 上 $g(x)$ 单调递减，在 $(x_0, s]$ 上单调递增。

因此当 $1 < \lambda < s$ 时，总有 $g(\lambda) < g(1)$ 或 $g(\lambda) < g(s)$。故 $g(\lambda) < -1$。亦即

$$x_1^\lambda + x_2^\lambda + \cdots + x_{n-1}^\lambda - y_1^\lambda - y_2^\lambda < -1.$$

这就是

$$x_1^\lambda + x_2^\lambda + \cdots + x_{n-1}^\lambda + x_n^\lambda < y_1^\lambda + y_2^\lambda$$

对所有 $\lambda \in [1, s]$ 均成立。定理证完。

注意由本文的结果还可进一步推出在同样的条件下对 $\lambda \in [s, +\infty)$，我们有

$$x_1^\lambda + x_2^\lambda + \cdots + x_n^\lambda \geqslant y_1^\lambda + y_2^\lambda.$$

致谢 本文是在冷岗松教授的精心指导下完成, 在此致谢!

编者按：本文选自数学新星网“学生专栏”。

一道 Kürschák 比赛试题的加强

叶 奇*，滕丁维*

2015 年，匈牙利 Kürschák 比赛有这样一道试题：

问题 1 设 Q_n 是所有 n 项 $0,1$ 序列组成的集合，A 是 Q_n 的一个 2^{n-1} 元子集。证明：至少存在 2^{n-1} 个序列对 (a,b)，满足 $a\in A, b\in Q_n\backslash A$ 且 a,b 恰有一项不同。

冷岗松老师介绍了这个问题的一个推广：

定理 1 设 A,B 是 Q_n 的一个分拆，则至少存在 $\min\{|A|,|B|\}$ 个序列对 $(a,b)\in A\times B$，使得 a,b 恰有一项不同。

我们给出这个定理的进一步加强，证明如下结果：

定理 2 设 A,B 是 Q_n 的一个分拆，则至少存在 $\frac{|A||B|}{2^{n-1}}$ 个序列对 $(a,b)\in A\times B$，使得 a,b 恰有一项不同。

由于 A,B 是 Q_n 的一个分拆，从而 $|A|$ 和 $|B|$ 至少有一项大于等于 2^{n-1}，所以 $\frac{|A||B|}{2^{n-1}}\geqslant\min\{|A|,|B|\}$。这就说明了定理 2 是定理 1 的加强。

下面我们给出两个证明：

证明 1 对 n 用数学归纳法。

当 $n=1$ 时，结论显然成立。假设结论对 $n-1$ 成立。

现考虑 n 的情况。设

$$A_0=\{\alpha|\alpha\in Q_{n-1},\ (\alpha,0),(\alpha,1)\text{ 均在 }A\text{ 中}\},$$

$$A_1=\{\alpha|\alpha\in Q_{n-1},\ (\alpha,0),(\alpha,1)\text{ 恰有一个 }A\text{ 中}\},$$

$$A_2=\{\alpha|\alpha\in Q_{n-1},\ (\alpha,0),(\alpha,1)\text{ 均在 }B\text{ 中}\}.$$

则 A_0,A_1,A_2 是 Q_{n-1} 的分拆，且 $|A|=2|A_0|+|A_1|$，$|B|=2|A_2|+|A_1|$。

设存在 x 对 $(a,b)\in A_0\times A_1$ 使得 a,b 恰有一项不同，y 对 $(a,b)\in A_1\times A_2$

*浙江温州乐清市乐成寄宿中学，叶奇现就读于清华大学，滕丁维现就读于北京大学。

使得 a,b 恰有一项不同，z 对 $(a,b)\in A_0\times A_2$ 使得 a,b 恰有一项不同。则存在 $x+y+2z+|A_1|$ 对 $(a,b)\in A\times B$ 使得 a,b 恰有一项不同。

对 $A_0, A_1\cup A_2$ 用归纳假设得

$$x+z\geqslant\frac{|A_0|\cdot(|A_1|+|A_2|)}{2^{n-2}},$$

对 $A_0\cup A_1, A_2$ 用归纳假设得

$$y+z\geqslant\frac{|A_2|\cdot(|A_0|+|A_1|)}{2^{n-2}}.$$

因此要证明结论对 n 成立，只需证明

$$\begin{aligned}&\frac{|A_0|\cdot(|A_1|+|A_2|)}{2^{n-2}}+\frac{|A_2|\cdot(|A_0|+|A_1|)}{2^{n-2}}+|A_1|\\ \geqslant&\frac{(2|A_0|+|A_1|)(2|A_2|+|A_1|)}{2^{n-1}}.\end{aligned}$$

这等价于 $2^{n-1}|A_1|\geqslant|A_1|^2$，即 $0\leqslant|A_1|\leqslant 2^{n-1}$，显然成立。这证明了 n 的情形也成立。

证明 2 若 $a\in A, b\in B$ 恰在第 $d_1<d_2<\cdots<d_k$ 个分量处不同，则可构造 $c_1,c_2,\cdots,c_{k-1}\in Q_n$ 使得

$$\begin{gathered}a\text{ 与 }c_1\text{ 恰在第 }d_1\text{ 个分量处不同},\\ c_1\text{ 与 }c_2\text{ 恰在第 }d_1\text{ 个分量处不同},\\ \vdots\\ c_{k-1}\text{ 与 }c_k\text{ 恰在第 }d_k\text{ 个分量处不同}.\end{gathered}$$

从而可知 $c_1,c_2,\cdots,c_{k-1}$ 被 a,b 唯一决定。由于 $a\in A, b\in B$，故在序列 $a,c_1,c_2,\cdots,c_{k-1},b$ 中至少有一对相邻的 c_{i_0-1},c_{i_0}（视 $c_0=a, c_k=b$），$1\leqslant i_0\leqslant k$ 满足 $c_{i_0-1}\in A$ 且 $c_{i_0}\in B$。故对任意 $a\in A, b\in B$，都至少存在一对 $(a',b')\in A\times B$ 与之对应，使得 a',b' 恰有一个分量不同。

另一方面，对任意恰一个分量不同的对 (a',b')（其中 $a'\in A, b'\in B$），与其对应的对 (a,b)（其中 $a\in A, b\in B$）的个数不超过 2^{n-1}。理由如下：若

$$\begin{aligned}a'&=(\varepsilon_1,\varepsilon_2,\cdots,\varepsilon_i,\varepsilon_{i+1},\cdots,\varepsilon_n),\\ b'&=(\varepsilon_1,\varepsilon_2,\cdots,1-\varepsilon_i,\varepsilon_{i+1},\cdots,\varepsilon_n).\end{aligned}$$

注意到在构造与 (a,b) 对应的 (a',b') 时，变化的分量的位置顺序是从小到大，故由 a',b' 在第 i 个分量不同可知，前 i 个分量已经做了变化，从而 b 的前 i 个分量为 $\varepsilon_1,\varepsilon_2,\cdots,1-\varepsilon_i$；而第 $i+1$ 到 n 个分量还没有变化，故 a 的

第 $i+1$ 到 n 个分量为 $\varepsilon_i, \varepsilon_{i+1}, \cdots, \varepsilon_n$。$a, b$ 的其他分量可以从 $0, 1$ 中自由选择，故与 (a', b') 对应的对 (a, b) 的个数至多 $2^{i-1} \cdot 2^{n-i} = 2^{n-1}$。从而这样的 (a', b') 至少 $\frac{|A||B|}{2^{n-1}}$ 对。

致谢 作者感谢余水能、羊明亮老师的指导！

编者按：本文选自数学新星网“学生专栏”。

命题加强与推广

关于一道征解问题的探讨

陈炤桦*

陈宝麟在数学新星问题征解第十二期 [1] 中提供了如下问题：

问题 1 我们用 k 种颜色对所有的自然数进行染色，令 S 是自然数集的一个子集，记 $f(S)$ 是使得差值在 S 中的两个自然数被染上不同颜色的 k 的最小值。若最小值不存在，则记 $f(S)=0$。已知 $S=\{2,3,4,5\}$，求 $f(S)$。

此题难度不算太大，首先给出我们的解答。

解 对于 $S=\{2,3,4,5\}$，我们证明 $f(S)=4$。

首先，我们给出 4 种颜色的构造。

不妨设 4 种颜色为 x_1,x_2,x_3,x_4，则对 $i\equiv 1,2 \pmod 7$，$i\equiv 3,4 \pmod 7$，$i\equiv 5,6 \pmod 7$，$i\equiv 0 \pmod 7$，将 i 分别染 x_1,x_2,x_3,x_4 色。此时，若 i 和 j 同色，则 $i-j\equiv 0,1,6 \pmod 7$，但 $x\in S$ 时，$i-j\equiv 2,3,4,5 \pmod 7$，所以 $i-j\notin S$。染色符合要求。

其次，我们证明不能用 3 种颜色完成染色。

用反证法，考虑 $A=\{1,2,3,4,5,6,7\}$，设 3 种颜色为 x_1,x_2,x_3。

根据抽屉原理，存在三个互不相同的数 $i,j,k\in A$，它们被染了同种颜色。但由题意，$|i-j|\notin S$，所以 $|i-j|=1$ 或 6。同理 $|j-k|=1$ 或 6，$|k-i|=1$ 或 6。由 $(i-j)+(j-k)+(k-i)=0$ 可知以上三式不同时成立，矛盾！

综上，$f(S)=4$。

虽然此题的难度不是很大，但其中题设还是颇有新意的。因此，我们考虑在此题设下的一些问题：

(1) *$f(S)$ 是否存在最大值 K_m?*

若存在，则对任意 $m\in\{1,2,\cdots,K_m\}$，是否存在 S，使得 $f(S)=m$?

*中国人民大学附属中学，现就读于北京大学。

若不存在，则对任意 $m \in \mathbf{N}_+$，是否存在 S，使得 $f(S)=m$?

(2) 是否存在无限集 S，使得 $f(S) \neq 0$? 是否存在有限集 S，使得 $f(S)=0$?

我们可以从原题解答中得到相当一部分的灵感。在原题中，我们的构造是具有周期性的。所以，我们试图用相似的办法处理上述问题，即构造 $f(S)=\{2,3,\cdots,t\}$，使得 $f(S)$ 可以取到任何大于 1 的给定值。详细解答如下：

解 (1) 我们证明，对任意 $m \in \mathbf{N}_+$，都存在 $S \subseteq \mathbf{N}$，使得 $f(S)=m$。

取 $S=\varnothing$，则 $f(S)=1$。当给定 $m \neq 1$ 时，我们取 $S=\{2,3,\cdots,2m-2\}$。(取 $S=\{2,3,\cdots,2m-3\}$ 亦可)。不妨设 m 种颜色为 $x_1,x_2,\cdots,x_m$，则对 $i \equiv 2t-1, 2t-2 \pmod{2m}$，将 i 染 x_t。这样，若 i 和 j 同色，则 $i-j \equiv 0,1,2m-1 \pmod{2m}$，所以 $i-j \notin S$，符合题意。

其次，我们证明 $m-1$ 种颜色无法完成染色。用反证法，考虑 $A=\{1,2,\cdots,2m\}$，设 $m-1$ 种颜色为 $x_1,x_2,\cdots,x_{m-1}$。

根据抽屉原理，存在三个互不相同的数 $i,j,k \in A$，它们被染了同种颜色。但由题意，$|i-j| \notin S$，所以 $|i-j|=1$ 或 $2m-1$。同理 $|j-k|=1$ 或 $2m-1$，$|k-i|=1$ 或 $2m-1$。但三式不能同时成立，矛盾！这样，问题 (1) 得到了解决。

(2) 首先，显然存在无限集 S，使得 $f(S) \neq 0$。比如，S 为全体正奇数集时，$f(S)=2$。

其次，对任意有限集 S，$f(S) \neq 0$。

实际上，不妨设 $S=\{a_1,a_2,\cdots,a_n\}$。取 $N=[a_1,a_2,\cdots,a_n]$ (即 $a_1,\cdots,a_n$ 的最小公倍数)，我们用 $2N$ 种颜色对全体自然数以 $2N$ 为周期染色，且使得前 $2N$ 个自然数被染的颜色互不相同。这样的染法显然符合条件，所以 $2 \leqslant f(S) \leqslant 2N$。从而问题 (2) 得到解决。

最后提出如下征解问题：

问题 2 对自然数集的哪些子集 S，有 $f(S)=0$?

致谢 特别感谢冯跃峰老师对本文细心审阅并修正初稿中的疏漏之处。

参考文献

[1] 数学新星问题征解第十二期 [OL]. 数学新星网, 2016. 01.

编者按：本文选自数学新星网“学生专栏”。

命题加强与推广

关于有界多项式的最高次系数的界的问题

龙　博*

1. 引子

在学习二次函数的时候，曾经遇到这样的问题：

已知函数 $f(x)=ax^2+bx+c$，当 $x\in[-1,1]$ 时，恒有 $|f(x)|\leqslant 1$，求 $|a|$ 的最大值。

解决上述问题并不难，从图像上来看（不妨设 $a>0$），要使得 a 最大，也就是说二次函数 $f(x)$ 的开口要足够小，而函数又被边界条件 $x=\pm1$ 时 $|f(x)|\leqslant 1$ 所控制，因此，a 取最大值时，必有 $f(-1)=f(1)=1$，以及二次函数的最小值 $f(-\frac{b}{2a})=-1$，便可确定唯一的二次函数 $(f(x)=2x^2-1)$，也就是 $a_{\max}=2$。

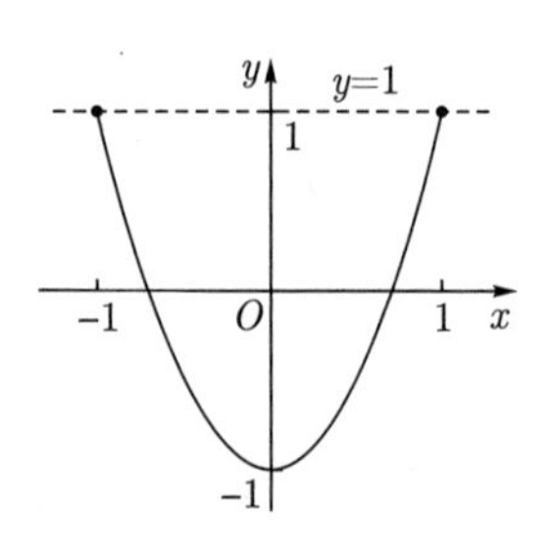

对于一般的多项式函数，类似的问题又如何解决呢？

2. 问题与解决

问题　已知多项式 $f(x)=a_nx^n+a_{n-1}x^{n-1}+\cdots+a_1x+a_0$，当 $x\in[-1,1]$ 时，恒有 $|f(x)|\leqslant 1$，那么 $|a_n|$ 的最大值是多少？

在解决这个问题之前，我们先分析 $a=a_n$（不妨设 $a>0$）取最大值的一些必要条件：从变化趋势上看，当 a 取最大值时，若 $|x|>1$ 时，则函数 $|f(x)|$ 将急剧增大，也就是说 $f(x)$ 的所有极值点 $\xi_k(k=1,2,\cdots,n-1)$ 都在区间 $(-1,1)$ 内，而且每个极值都满足 $|f(\xi_k)|\leqslant 1$；另外在端点处的值 $|f(-1)|,|f(1)|\leqslant 1$；直观上来看，$f(x)$ 在 $[-1,1]$ 上的图像就有点类似于三角函数图像，下图给出了 $n=5$ 和 $n=6$ 的满足条件的多项式的大致图像。

*湖南省长沙市第一中学，现就读于大连理工大学，指导教师为黄科。

由此想到切比雪夫多项式 $T_n(x) = \cos(n \arccos x)$，$x \in [-1, 1]$，它是以递归方式定义的一系列正交多项式序列（见 [1]），其递推式为：

$$T_{k+1}(x) = 2xT_k(x) - T_{k-1}(x), \text{ 其中 } T_0(x) = 1,\ T_1(x) = x,\ x \in [-1, 1].$$

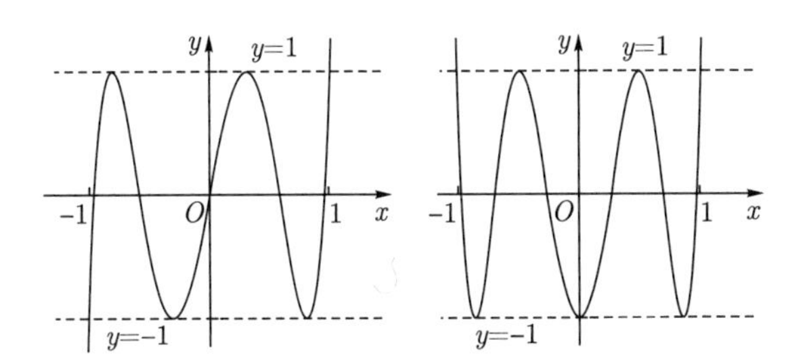

第一类切比雪夫多项式的一个性质为 $|T_n(x)| \leqslant 1$。利用这一性质，第一类切比雪夫多项式的根（被称为切比雪夫节点）经常用于多项式插值，因此第一类切比雪夫多项式在逼近理论中有重要的应用，本问题中也用到了这一点。

下面分两步处理：

第一步：先证明 $|a_n|_{\max} \geqslant 2^{n-1}$。

事实上，只需说明存在一个首系数为 2^{n-1} 的 n 次多项式满足题意即可。注意到切比雪夫多项式满足条件，下面用数学归纳法证明：

第一类切比雪夫多项式 $T_n(x) = \cos(n \arccos x)$ $(x \in [-1, 1], n \in \mathbf{N}^*)$ 是首系数为 2^{n-1} 的 n 次多项式。

当 $n = 1$ 时成立；设 $n \leqslant k$ 时命题成立，即 $T_n(x) = \cos(n \arccos x)$ $(x \in [-1, 1])$ 是首系数为 2^{n-1} 的 n 次多项式；当 $n = k + 1$ 时，由第一类切比雪夫多项式递推关系

$$T_{k+1}(x) = 2xT_k(x) - T_{k-1}(x),$$

由归纳假设可知，$T_k(x)$ 是首系数为 2^{k-1} 的 k 次多项式，$T_{k-1}(x)$ 是首系数为 2^{k-2} 的 $k-1$ 次多项式，因此 $T_{k+1}(x)$ 是首系数为 2^{k-2} 的 $k-1$ 次多项式。

综上可知，$T_n(x) = \cos(n \arccos x)$ $(x \in [-1, 1])$ 是首系数为 2^{n-1} 的 n 次多项式。

由此可得，$|a_n|_{\max} \geqslant 2^{n-1}$。

第二步：再证明 $|a_n|_{\max} \leqslant 2^{n-1}$。也即证明：

对任意满足题设条件的多项式 $f(x) = a_n x^n + a_{n-1} x^{n-1} + \cdots + a_1 x + a_0$，均有 $|a_n| \leqslant 2^{n-1}$。

由于 $f(x)$ 的任意性，因此考虑通过拉格朗日插值来刻画 $f(x)$，那么取哪

些插值点呢？注意到切比雪夫多项式的节点性质，可取 $n+1$ 个点 $(\xi_k, f(\xi_k))$，其中 $\xi_k = \cos\frac{k\pi}{n}$，$k = 0,1,2,\cdots,n$，则

$$f(x) = \sum_{k=0}^{n} \prod_{0\leqslant j\leqslant n, j\neq k} \frac{x-\xi_j}{\xi_k-\xi_j} \cdot f(\xi_k).$$

所以 $a_n = \sum\limits_{k=0}^{n} \prod\limits_{0\leqslant j\leqslant n, j\neq k} \frac{f(\xi_k)}{\xi_k-\xi_j}$，结合 $|f(x)| \leqslant 1$，可知

$$|a_n| = \sum_{k=0}^{n} \prod_{0\leqslant j\leqslant n, j\neq k} \left|\frac{f(\xi_k)}{\xi_k-\xi_j}\right| \leqslant \sum_{k=0}^{n} \prod_{0\leqslant j\leqslant n, j\neq k} \frac{1}{|\xi_k-\xi_j|}.$$

下面只需证明：

$$\sum_{k=0}^{n} \prod_{0\leqslant j\leqslant n, j\neq k} \frac{1}{|\xi_k-\xi_j|} \leqslant 2^{n-1}, \tag{$*$}$$

其中 $\xi_k = \cos\frac{k\pi}{n}$，$k = 0,1,2,\cdots,n$。

在证明 $(*)$ 式之前，注意到 $\xi_k - \xi_j = \cos\frac{k\pi}{n} - \cos\frac{j\pi}{n} = 2\sin\frac{(k+j)\pi}{2n}\sin\frac{(j-k)\pi}{2n}$，发现 $(*)$ 式左边的每一项是若干正弦值的乘积，由此联想到如下引理（见 [2]）。

引理 对任意的 $m \in \mathbf{N}^*$，均有

$$\prod_{k=1}^{m-1} \sin\frac{k\pi}{m} = \frac{m}{2^{m-1}}.$$

引理的证明 设 $\varepsilon_k = e^{\frac{2k\pi i}{m}} (k = 0,1,2,\cdots,m-1)$，则可知 ε_k 为 $x^m = 1$ 的单位根，因此有

$$1 + x + x^2 + \cdots + x^{m-1} = (x-\varepsilon_1)(x-\varepsilon_2)\cdots(x-\varepsilon_m).$$

取 $x = 1$ 可知：$m = (1-\varepsilon_1)(1-\varepsilon_2)\cdots(1-\varepsilon_m)$。又

$$\begin{aligned} 1-\varepsilon_k = 1 - e^{\frac{2k\pi i}{m}} &= 1 - \cos\frac{2k\pi}{m} - i\sin\frac{2k\pi}{m} \\ &= 2\sin^2\frac{k\pi}{m} - 2i\sin\frac{k\pi}{m}\cos\frac{k\pi}{m} \\ &= -2i\sin\frac{k\pi}{m}\left(\cos\frac{k\pi}{m} - \sin\frac{k\pi}{m}\right) \\ &= -2i\sin\frac{k\pi}{m} \cdot e^{-\frac{k\pi i}{m}}. \end{aligned}$$

因此

$$m = \prod_{k=1}^{m-1}(1-\varepsilon_k) = (-2i)^{m-1}\prod_{k=1}^{m-1}\sin\frac{k\pi}{m} \cdot e^{-\frac{k\pi i}{m}},$$

两边取模得 $m=2^{m-1}\prod\limits_{k=1}^{m-1}\sin\frac{k\pi}{m}$，引理得证。

接下来证明 (*) 式。

设 $s_k=\prod\limits_{0\leqslant j\leqslant n,j\neq k}\frac{1}{|\xi_k-\xi_j|}$，注意到 $\xi_0=\cos 0=1$，$\xi_n=\cos\pi=-1$，因此

$$
\begin{aligned}
s_0&=\prod_{1\leqslant j\leqslant n}\frac{1}{|\xi_0-\xi_j|}=\prod_{1\leqslant j\leqslant n}\frac{1}{\left|1-\cos\dfrac{j\pi}{n}\right|}\\
&=\prod_{1\leqslant j\leqslant n}\frac{1}{2\sin^2\dfrac{j\pi}{2n}}=\prod_{1\leqslant j\leqslant n}\frac{1}{2\sin\dfrac{j\pi}{2n}\sin\dfrac{(2n-j)\pi}{2n}}\\
&=\frac{1}{2^n\sin\dfrac{\pi}{2}}\prod_{1\leqslant j\leqslant 2n-1}\frac{1}{\sin\dfrac{j\pi}{2n}}\\
&=\frac{1}{2^n}\prod_{1\leqslant j\leqslant 2n-1}\frac{1}{\sin\dfrac{j\pi}{2n}},\\
s_n&=\prod_{0\leqslant j\leqslant n-1}\frac{1}{|\xi_n-\xi_j|}=\prod_{0\leqslant j\leqslant n-1}\frac{1}{\left|-1-\cos\dfrac{j\pi}{n}\right|}\\
&=\prod_{0\leqslant j\leqslant n-1}\frac{1}{2\cos^2\dfrac{j\pi}{2n}}=\prod_{0\leqslant j\leqslant n-1}\frac{1}{2\sin^2\dfrac{(n-j)\pi}{2n}}\\
&=\prod_{0\leqslant j\leqslant n-1}\frac{1}{2\sin\dfrac{(n-j)\pi}{2n}\sin\dfrac{(n+j)\pi}{2n}}\\
&=\frac{1}{2^n}\prod_{1\leqslant j\leqslant 2n-1}\frac{1}{\sin\dfrac{j\pi}{2n}}.
\end{aligned}
$$

在引理中，令 $m=2n$，可得 $\prod\limits_{1\leqslant j\leqslant 2n-1}\frac{1}{\sin\frac{j\pi}{2n}}=\frac{2^{2n-1}}{2n}$，则

$$
s_0=s_n=\frac{1}{2^n}\cdot\frac{2^{2n-1}}{2n}=\frac{2^{n-2}}{n}.
$$

下面再计算 s_k，事实上，

$$
\begin{aligned}
s_k&=\prod_{0\leqslant j\leqslant n,j\neq k}\frac{1}{|\xi_k-\xi_j|}=\prod_{0\leqslant j\leqslant n,j\neq k}\frac{1}{\left|\cos\dfrac{k\pi}{n}-\cos\dfrac{j\pi}{n}\right|}\\
&=\prod_{0\leqslant j\leqslant n,j\neq k}\frac{1}{\left|2\sin\dfrac{(k+j)\pi}{2n}\sin\dfrac{(j-k)\pi}{2n}\right|}
\end{aligned}
$$

$$
\begin{aligned}
&= \frac{1}{2^n}\prod_{j=0}^{k-1}\frac{1}{\sin\frac{(k+j)\pi}{2n}}\cdot\prod_{j=k+1}^{n}\frac{1}{\sin\frac{(k+j)\pi}{2n}}\cdot\prod_{j=0}^{k-1}\frac{1}{\sin\frac{(k-j)\pi}{2n}}\\
&\quad\cdot\prod_{j=k+1}^{n}\frac{1}{\sin\frac{(j-k)\pi}{2n}}\\
&= \frac{1}{2^n}\prod_{j=k}^{2k-1}\frac{1}{\sin\frac{j\pi}{2n}}\cdot\prod_{j=2k+1}^{n+k}\frac{1}{\sin\frac{j\pi}{2n}}\cdot\prod_{j=1}^{k}\frac{1}{\sin\frac{j\pi}{2n}}\cdot\prod_{j=n+k}^{2n-1}\frac{1}{\sin\frac{j\pi}{2n}}\\
&= \frac{1}{2^n}\cdot\frac{\sin\frac{k\pi}{n}}{\sin\frac{k\pi}{2n}\sin\frac{(n+k)\pi}{2n}}\cdot\prod_{j=1}^{2n-1}\frac{1}{\sin\frac{j\pi}{2n}}\\
&= \frac{1}{2^{n-1}}\cdot\frac{2^{2n-1}}{2n}=\frac{2^{n-1}}{n}.
\end{aligned}
$$

综上可知，

$$
\sum_{k=0}^{n}\prod_{0\leqslant j\leqslant n,j\neq k}\frac{1}{|\xi_k-\xi_j|}=s_0+s_n+\sum_{k=1}^{n-1}s_k=2\times\frac{2^{n-2}}{n}+(n-1)\times\frac{2^{n-1}}{n}=2^{n-1}.
$$

事实上，我们已证明了一个更强的结论，即：

$$
\sum_{k=0}^{n}\prod_{0\leqslant j\leqslant n,j\neq k}\frac{1}{|\xi_k-\xi_j|}=2^{n-1},\text{ 其中 }\xi_k=\cos\frac{k\pi}{n},\ k=0,1,2,\cdots,n,
$$

由上可得 $|a_n|\leqslant 2^{n-1}$。

通过适当的平移和伸缩变换，设 $g(x)=Mf(\frac{2x}{B-A}-\frac{A+B}{B-A})$，便得到下面的推论：

推论 对任意的多项式函数 $g(x)=b_nx^n+b_{n-1}x^{n-1}+\cdots+b_1x+b_0$，若 $x\in[A,B]$ 时，恒有 $|g(x)|\leqslant M$，则 $|b_n|$ 的最大值为 $\frac{(B-A)^n}{2M}$。

致谢 特别感谢冯跃峰老师对本文细心审阅并修正原文中的疏漏之处。

参考文献

[1] 李庆扬, 王能超. 数值分析 [M]. 北京: 清华大学出版社, 2008.

[2] 叶军. 数学奥林匹克教程 [M]. 湖南: 湖南师范大学出版, 1998.

编者按：本文选自数学新星网“学生专栏”。

无平均数列的一个注记

王逸轩*

若数列 $a_1, a_2, \cdots, a_n$ 满足对任意的 $1 \leqslant i < j < k \leqslant n$ 均有 $a_i + a_k \neq 2a_j$ 成立，则称这个数列是**无平均数列**。关于无平均数列的一个著名结论是 [1, p58]：任意有限个不同的整数均可排成无平均数的数列。

本短文推广这个结论到任意有限个复数，我们可以证明如下的命题：

命题 任给 n 个不同的复数，可将它们排成一个无平均数列。

证明 首先我们考虑 n 个不同的数均为有理数的情况。注意到若三个数成等差数列，则同时乘上一个数仍然成等差数列。因此我们把这 n 个有理数同乘以公分母变为整数，不影响问题。因此立刻转化为已知的整数问题。

接下来我们考虑复数的情况。设这 n 个不同的复数为 $z_1, \cdots, z_n$。我们取其中的极大线性无关组，不妨记为 $z_1, \cdots, z_k$，$1 \leqslant k \leqslant n$。这里的线性无关指的是不存在非零的有理数 $q_1, \cdots, q_k$ 使得 $\sum\limits_{i=1}^{k} q_i z_i = 0$。由 $z_1, \cdots, z_k$ 的极大线性无关性，对任意的 $1 \leqslant i \leqslant n$，存在有理数 q_{ij} 使得

$$z_i = \sum_{j=1}^{k} q_{ij} z_j.$$

于是再由 $z_1, \cdots, z_k$ 的线性无关性知，等式 $z_t + z_s = 2z_r$，$1 \leqslant t < r < s \leqslant n$ 等价于对任意的 $1 \leqslant j \leqslant k$，

$$q_{tj} + q_{sj} = 2q_{rj}. \tag{1}$$

故只要使 (1) 在重排中对某个 j 不成立即可。

下面对 k 归纳。当 $k = 1$ 时，我们将有理数 $q_{11}, \cdots, q_{1n}$ 排成无平均数列，那么对应的数列 $z_1, \cdots, z_n$ 的重排使得 (1) 对 $j = 1$ 不成立，结论得证。

假设结论对 $k - 1$ 成立。下面考虑 k 的情形。

---

*湖北省武钢三中，现就读于北京大学。

对任意的 $1 \leqslant i \leqslant n$，$z_i$ 对应 k 维数组 $(q_{i1}, \cdots, q_{ik})$。考察 $q_{11}, \cdots, q_{n1}$ 的所有可能取值 $c_1, \cdots, c_m$。记 $D_j = \{(q_{i2}, \cdots, q_{ik}) | q_{i1} = c_j\}$。首先将 $c_1, \cdots, c_m$ 按 $k = 1$ 排成无平均数列，不妨仍记为 $c_1, \cdots, c_m$。对每个 D_j 中的数组，由归纳假设，可将 $D_1, \cdots, D_m$ 中的数组按要求排好，并补充为 k 维。这时，n 个数组的排列满足对于 $t < r < s$，关系式 (1) 不全成立。这是因为若 t, s 在同一个 D_j 中，则由归纳假设，后 $k-1$ 个不全成立；若在不同 D_j 中，则 $q_{t1} + q_{s1} \neq 2q_{r1}$。于是结论对 k 成立。

参考文献

[1] 单墫. 数学竞赛研究教程 [M]. 第三版. 南京: 江苏教育出版社, 2009.

编者按：本文选自数学新星网“学生专栏”。

莱斯特定理的复数证法

李泽宇*

1997 年莱斯特（Lester）在文 [1] 中证明了平面几何中非常优美的结果：

定理（莱斯特） $\triangle ABC$ 的外心 O、九点圆心 N 和第一、第二费马点 F_1, F_2 四点共圆。

近几年，莱斯特定理及对应的莱斯特圆的研究，得到越来越广泛的关注，如文献 [2—4] 中得到了很多有用的推广和证明。而对莱斯特定理本身的证明，也有文献给出了许多简便的办法，如解析法、纯几何法、投影法、复数法等，具体可参见 [5—8]。在本文中，我们用复数的方法证明这一定理。

证明 以圆心 O 为原点建立复平面，记 $A=a, B=b, C=c$，满足 $|a|=|b|=|c|$。由九点圆即为 $\triangle ABC$ 三边中点之外接圆，易知 $N=\frac{(a+b+c)}{2}$。

设 $\triangle ABC$ 向外的三个等边三角形依次为 $\triangle ABC_1, \triangle BCA_1, \triangle CAB_1$，它们的中心依次为 O_3, O_1, O_2，则由定义知 $F_1 = AA_1 \cap BB_1 \cap CC_1$；设 $\triangle ABC$ 向内的三个等边三角形依次为 $\triangle ABC_2, \triangle BCA_2, \triangle CAB_2$，它们的中心依次为 O_3', O_1', O_2'，则由定义知 $F_2 = AA_2 \cap BB_2 \cap CC_2$。从而

$$C_1 = A + (A-B)w = -bw - aw^2, \quad C_2 = B + (B-A)w = -aw - bw^2,$$

其中 w 为三次单位虚根，$w^3 - 1 = (w-1)(w^2+w+1) = 0$。

同理知

$$A_1 = -cw - bw^2, \quad B_1 = -aw - cw^2;$$
$$A_2 = -bw - cw^2, \quad B_2 = -cw - aw^2.$$

故

$$O_1 = \frac{b+c+A_1}{3} = \frac{(1-w)(c-bw^2)}{3}, \quad O_1' = \frac{b+c+A_2}{3} = \frac{(1-w)(b-cw^2)}{3},$$

*北京师范大学第二附属中学，现就读于北京大学。

$$O_2=\frac{c+a+B_1}{3}=\frac{(1-w)(a-cw^2)}{3},\ O_2'=\frac{c+a+B_2}{3}=\frac{(1-w)(c-aw^2)}{3},$$
$$O_3=\frac{a+b+C_1}{3}=\frac{(1-w)(b-aw^2)}{3},\ O_3'=\frac{a+b+C_2}{3}=\frac{(1-w)(a-bw^2)}{3}.$$

注 由 $(1-w)(1-w^2)=3$ 可知下式成立:

$$O_1+O_2+O_3=O_1'+O_2'+O_3'=a+b+c=A_1+B_1+C_1=A_2+B_2+C_2.$$

进而五个对应三角形的重心重合。

由 F_1 为 $\odot(ABC_1)$ 与 $\odot(ACB_1)$ 交点可知 F_1 是 A 关于 O_2O_3 的对称点，从而

$$\frac{F_1-O_2}{O_2-O_3}=\overline{\frac{A-O_2}{O_2-O_3}}.$$

又

$$O_2-O_3=\frac{(1-w)(aw+b+cw^2)}{3},$$

因此

$$\frac{F_1-\dfrac{(1-w)(a-cw^2)}{3}}{(1-w)(aw+b+cw^2)}=\overline{\frac{a-\dfrac{(1-w)(a-cw^2)}{3}}{(1-w)(aw+b+cw^2)}}=\frac{3\bar{a}-(1-w^2)(\bar{a}-\bar{c}w)}{3(1-w^2)(\bar{a}w^2+\bar{b}+\bar{c}w)},$$

于是,

$$\begin{aligned}F_1=&\frac{[3\bar{a}-(1-w^2)(\bar{a}-\bar{c}w)](aw+b+cw^2)}{3(1+w)(\bar{a}w^2+\bar{b}+\bar{c}w)}\\&+\frac{(1-w)(a-cw^2)(1+w)(\bar{a}w^2+\bar{b}+\bar{c}w)}{3(1+w)(\bar{a}w^2+\bar{b}+\bar{c}w)}\\=&\frac{S}{3(1+w)(\bar{a}w^2+\bar{b}+\bar{c}w)},\end{aligned}$$

其中

$$\begin{aligned}S=&3\bar{a}(aw+b+cw^2)-(1-w^2)(\bar{a}-\bar{c}w)(aw+b+cw^2)\\&+(1-w^2)(a-cw^2)(\bar{a}w^2+\bar{b}+\bar{c}w)\\=&3(\bar{a}aw+\bar{a}b+\bar{a}cw^2)+(1-w^2)[(a\bar{a}w^2+a\bar{b}+a\bar{c}w-c\bar{a}w-c\bar{b}w^2-c\bar{c})\\&-(a\bar{a}w+\bar{a}b+c\bar{a}w^2-a\bar{c}w^2-b\bar{c}w-c\bar{c})]\\=&3\bar{a}aw+3\bar{a}b+3\bar{a}cw^2+a\bar{a}w^2+a\bar{b}+a\bar{c}w-c\bar{a}w-c\bar{b}w^2-a\bar{a}w-\bar{a}b-c\bar{a}w^2\\&+a\bar{c}w^2+b\bar{c}w-a\bar{a}w-a\bar{b}w^2-a\bar{c}+c\bar{a}+c\bar{b}w+a\bar{a}+\bar{a}bw^2+c\bar{a}w-a\bar{c}w-b\bar{c}\\=&a\bar{b}(1-w^2)+a\bar{c}(w^2-1)+c\bar{a}(1+2w^2)\\&+c\bar{b}(w-w^2)+\bar{a}b(w^2+2)+b\bar{c}(w-1)\\=&(1-w^2)a(\bar{b}-\bar{c})+(w^2-w)c(\bar{a}-\bar{b})+(w-1)b(\bar{c}-\bar{a}).\end{aligned}$$

从而

$$F_1=\frac{(w-1)[w^2a(\bar{b}-\bar{c})+b(\bar{c}-\bar{a})+wc(\bar{a}-\bar{b})]}{3(1+w)(w^2\bar{a}+\bar{b}+w\bar{c})}.$$

令 $b\to c, c\to b$，则

$$F_2=\frac{(w-1)[w^2a(\bar{c}-\bar{b})+wb(\bar{a}-\bar{c})+c(\bar{b}-\bar{a})]}{3(1+w)(w^2\bar{a}+w\bar{b}+\bar{c})}.$$

欲证 F_1,F_2,O,N 四点共圆，只需证交比 $(F_1,F_2;O,N)=\frac{F_1}{F_2}\cdot\frac{F_2-N}{F_1-N}$ 为实数。

注意到

$$\frac{F_1}{F_2}=\frac{w^2a(\bar{b}-\bar{c})+b(\bar{c}-\bar{a})+wc(\bar{a}-\bar{b})}{w^2a(\bar{c}-\bar{b})+wb(\bar{a}-\bar{c})+c(\bar{b}-\bar{c})+c(\bar{b}-\bar{a})}\cdot\frac{w^2\bar{a}+w\bar{b}+\bar{c}}{w^2a(\bar{c}-\bar{b})+\bar{b}+w\bar{c}},$$

且由 $(1-w)(1-w^2)=3,(1-w^2)(1+w)=(1-w)w$，可得

$$\begin{aligned}
&\frac{F_2-N}{F_1-N}\cdot\frac{w^2\bar{a}+w\bar{b}+\bar{c}}{w^2\bar{a}+\bar{b}+w\bar{c}}\\
=&\frac{2(w-1)[w^2a(\bar{c}-\bar{b})+wb(\bar{a}-\bar{c})+c(\bar{b}-\bar{a})]+}{2(w-1)[w^2a(\bar{b}-\bar{c})+b(\bar{c}-\bar{a})+wc(\bar{a}-\bar{b})]+}\\
&\frac{-3(a+b+c)(1+w)(w^2\bar{a}+w\bar{b}+\bar{c})}{-3(a+b+c)(1+w)(w^2\bar{a}+\bar{b}+w\bar{c})}\\
=&\frac{2[w^2a(\bar{c}-\bar{b})+wb(\bar{a}-\bar{c})+c(\bar{b}-\bar{a})]+}{2[w^2a(\bar{b}-\bar{c})+b(\bar{c}-\bar{a})+wc(\bar{a}-\bar{b})]+}\\
&\frac{+(1-w)(a+b+c)(\bar{a}+w^2\bar{b}+w\bar{c})}{+(1-w)(a+b+c)(\bar{a}+w\bar{b}+w^2\bar{c})}\\
=&\frac{\bar{a}(2wb-2c)+\bar{b}(2c-2w^2a)+\bar{c}(2w^2a-2wb)+}{\bar{a}(2wc-2b)+\bar{b}(2w^2a-2wc)+\bar{c}(2b-2w^2a)+}\\
&\frac{+(1-w)[a\bar{a}+w^2b\bar{b}+wc\bar{c}+\bar{a}(b+c)+w^2\bar{b}(c+a)+w\bar{c}(a+b)]}{+(1-w)[a\bar{a}+wb\bar{b}+w^2c\bar{c}+\bar{a}(b+c)+w\bar{b}(c+a)+w^2\bar{c}(a+b)]}\\
=&\frac{\bar{a}(2wb-2c+b+c-wb-wc)+\bar{b}(2c-2w^2a+w^2c+w^2a-c-a)+}{\bar{a}(2wc-2b+b+c-wb-wc)+\bar{b}(2w^2a-2wc+wc+wa-w^2c-w^2a)+}\\
&\frac{+\bar{c}(2w^2a-2wb+wa+wb-w^2a-w^2b)}{+\bar{c}(2b-2w^2a+w^2a+w^2b-a-b)}\\
=&\frac{(w+1)\bar{a}(b-c)+(w^2+1)\bar{b}(c-a)+(w^2+w)\bar{c}(a-b)}{(w+1)\bar{a}(c-b)+(w^2+w)\bar{b}(a-c)+(w^2+1)\bar{c}(b-a)}\\
=&\frac{w^2\bar{a}(b-c)+w\bar{b}(c-a)+\bar{c}(a-b)}{w^2\bar{a}(c-b)+\bar{b}(a-c)+w\bar{c}(b-a)}.
\end{aligned}$$

故而

$$(F_1,F_2;O,N)=\frac{w^2a(\bar b-\bar c)+b(\bar c-\bar a)+wc(\bar a-\bar b)}{w^2a(\bar c-\bar b)+wb(\bar a-\bar c)+c(\bar b-\bar a)}\cdot\frac{w^2\bar a(b-c)+w\bar b(c-a)+\bar c(a-b)}{w^2\bar a(c-b)+\bar b(a-c)+w\bar c(b-a)}$$

$$=\left|\frac{w^2a(\bar b-\bar c)+b(\bar c-\bar a)+wc(\bar a-\bar b)}{w^2a(\bar c-\bar b)+wb(\bar a-\bar c)+c(\bar b-\bar a)}\right|^2\in\mathbf{R}.$$

从而结论得证。

参考文献

[1] J. Lester. Triangles III: Complex triangle functions [J]. Aequationes Math., 1997(53): 4–35.

[2] M. Trott. Applying GroebnerBasis to Three Problems in Geometry [J]. Math. Edu. Res., 1997(6): 1–28.

[3] P. Yiu. The circles of Lester, Evans, Parry, and their generalizations [J]. Forum Geom., 2010(10): 175–209.

[4] D. Oai. A Simple Proof of Gilbert's Generalization of the Lester Circle Theorem [J]. Forum Geom., 2014(14): 201–202.

[5] R. Shail. A proof of Lester's Theorem [J]. Math. Gaz., 2001(85): 225–232.

[6] J. Rigby. A simple proof of Lester's theorem [J]. Math. Gaz., 2003(87): 444–452.

[7] M. Duff. A short projective proof of Lester's theorem [J]. Math. Gaz., 2005(89): 505–506.

[8] 张鑫垚, 卢圣. 三角形莱斯特定理的证明 [J]. 数学新星网 · 学生专栏, 2016–04–12 期.

编者按：本文选自数学新星网“学生专栏”。

一个复数不等式的证明

李师铨*

数学新星问题征解第十二期中刊登了如下问题：

问题 设 $x_1, x_2, \cdots, x_n$ 是实数，证明：

$$\left(\sum_{1\leqslant i<j\leqslant n}|x_i-x_j|\right)^2 \geqslant (n-1)\sum_{1\leqslant i<j\leqslant n}|x_i-x_j|^2. \tag{1}$$

冷岗松教授猜想不等式 (1) 对复数 $x_1, x_2, \cdots, x_n$ 也成立，我们证明了这个猜想，得到如下结论：

命题 设 $z_1, z_2, \cdots, z_n \in \mathbf{C}, n \geqslant 2$，则

$$\left(\sum_{1\leqslant i<j\leqslant n}|z_i-z_j|\right)^2 \geqslant (n-1)\sum_{1\leqslant i<j\leqslant n}|z_i-z_j|^2. \tag{2}$$

证明 记 $w_i = z_i - z_{i-1}$，$i = 1, 2, \cdots, n$，其中 $z_0 = 0$。则 $z_i = \sum\limits_{j=1}^{i} w_j$，且

$$\left(\sum_{1\leqslant i<j\leqslant n}|z_i-z_j|\right)^2 = \left(\sum_{1\leqslant i<j\leqslant n}|w_j+\cdots+w_{i+1}|\right)^2,$$

$$(n-1)\left(\sum_{1\leqslant i<j\leqslant n}|z_i-z_j|\right)^2 = (n-1)\left(\sum_{1\leqslant i<j\leqslant n}|w_j+\cdots+w_{i+1}|\right)^2.$$

我们证明，对任意固定的 (j_0, i_0) $(1 \leqslant i_0 < j_0 \leqslant n)$，有

$$|w_{j_0}+\cdots+w_{i_0+1}|\left(\sum_{1\leqslant i<j\leqslant n}|w_j+\cdots+w_{i+1}|\right)\geqslant(n-1)|w_{j_0}+\cdots+w_{i_0+1}|^2. \tag{3}$$

---

*湖南省雅礼中学，现就读于北京大学。

再将 (3) 式两边关于不同的 (j_0,i_0) $(1\leqslant i_0<j_0\leqslant n)$ 求和，便得到不等式 (2)。

注意到 (3) 等价于

$$\sum_{1\leqslant i<j\leqslant n}|w_j+\cdots+w_{i+1}|\geqslant(n-1)|w_{j_0}+\cdots+w_{i_0+1}|,\tag{4}$$

我们采用配对及三角不等式来证明 (4) 式。

首先，将 $|w_{j_0}+\cdots+w_{i_0+1}|$ 单独配成一对，有

$$|w_{j_0}+\cdots+w_{i_0+1}|\geqslant|w_{j_0}+\cdots+w_{i_0+1}|;$$

对于 $2\leqslant k\leqslant i_0$ $(k\in\mathbf{N}_+)$，将 $|w_{j_0}+\cdots+w_k|$ 与 $|w_{i_0}+\cdots+w_k|$ 配成一对，有

$$|w_{j_0}+\cdots+w_k|+|w_{i_0}+\cdots+w_k|\geqslant|w_{j_0}+\cdots+w_{i_0+1}|,$$

这样的对子有 i_0-1 对；

对于 $i_0+1\leqslant k\leqslant j_0-1$ $(k\in\mathbf{N}_+)$，将 $|w_{j_0}+\cdots+w_{k+1}|$ 与 $|w_k+\cdots+w_{i_0+1}|$ 配成一对，有

$$|w_{j_0}+\cdots+w_{k+1}|+|w_k+\cdots+w_{i_0+1}|\geqslant|w_{j_0}+\cdots+w_{i_0+1}|,$$

这样的对子有 j_0-i_0-1 对；

对于 $j_0+1\leqslant k\leqslant n$ $(k\in\mathbf{N}_+)$，将 $|w_k+\cdots+w_{j_0+1}|$ 与 $|w_k+\cdots+w_{i_0+1}|$ 配成一对，有

$$|w_k+\cdots+w_{j_0+1}|+|w_k+\cdots+w_{i_0+1}|\geqslant|w_{j_0}+\cdots+w_{i_0+1}|,$$

这样的对子有 $n-j_0$ 对。

按上面所叙述的方法，我们将 $\sum\limits_{1\leqslant i<j\leqslant n}|w_j+\cdots+w_{i+1}|$ 中的项不重复（可能遗漏）地配成 $1+i_0-1+j_0-i_0-1+n-j_0=n-1$ 对，每对均不小于 $|w_{j_0}+\cdots+w_{i_0+1}|$，从而有

$$\sum_{1\leqslant i<j\leqslant n}|w_j+\cdots+w_{i+1}|\geqslant(n-1)|w_{j_0}+\cdots+w_{i_0+1}|.$$

即 (4) 成立，从而不等式 (2) 得证。

编者按：本文选自数学新星网“学生专栏”。

新的证法与妙解

三角形莱斯特定理的证明

张鑫垚*，卢　圣†

文献 [1] 提到三角形如下一个优美的定理：

定理（莱斯特）　*三角形的外心、九点圆心和第一、第二费马点四点共圆。*

该圆称为三角形的**莱斯特（Laster）圆**。可惜的是文献 [1] 并没有给出这个优美定理的证明，我们经过研究，得到该定理的一个纯几何的证明，现整理成文供大家参考。

由于证明涉及很多近代欧氏几何的内容，为确保证明过程流畅，我们将这些内容以引理的形式给出，这些引理也揭示了三角形的第一、第二费马点，第一、第二等力点，共轭重心，拿破仑三角形等近代欧氏几何概念的联系。引理中参考文献没有证明的，我们也将给出证明。

引理 1[2]　*如图 1，过圆外的一点 P 作圆的两切线 PA,PB，过 P 作圆的一条割线交圆于 C,D，交 AB 于 Q，则 P,C,Q,D 构成调和点列且 $\frac{CP}{PD}=\frac{CQ}{QD}=\frac{CB^2}{BD^2}$。*

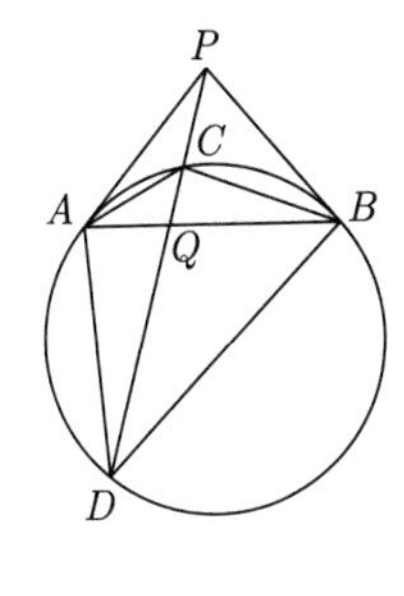

图 1

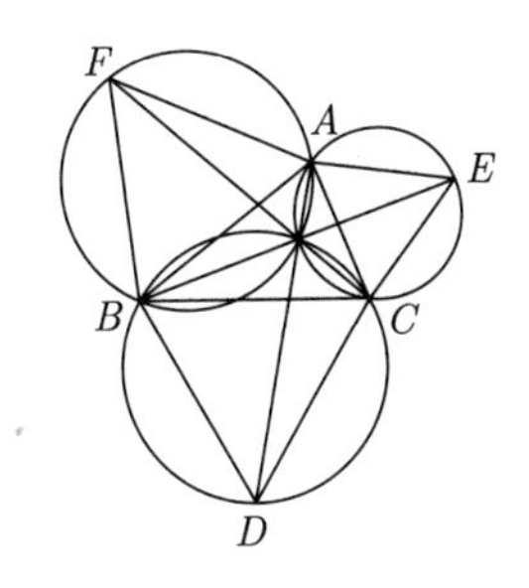

图 2

引理 2[3]　*如图 2，以 $\triangle ABC$ 的三边为边向外作等边三角形 $\triangle BCD$,*

*北京大学数学科学学院 2014 级 2 班。

†广西钦州市新兴街 30 号祥和景都 2 栋 2 单元。

$\triangle CAE, \triangle ABF$，则

(1) $AD = BE = CF$；

(2) AD, BE, CF 共点，称为第一费马点；

(3) 第一费马点为三个外侧正三角形的外接圆的公共点。向内作三个等边三角形也有三个类似的结论，此时三线及三圆所共的点为第二费马点。

注 费马点也称**等角中心**。[3]

引理 3[3] 三角形的三个阿波罗尼（Apollonius）圆与其外接圆正交。

注 以三角形一角的内外角平分线与对边两个交点连成的线段为直径的圆称为**阿波罗尼圆**。当三角形为等腰三角形时，顶角所对应的阿波罗尼圆退化为底边的中垂线，此为需要注意的一种特殊情形。每个三角形都有三个阿波罗尼圆。

引理 4[4] 与 $\triangle ABC$ 外接圆切于 B 和 C 的切线交于 P，则直线 AP 为 $\angle BAC$ 所对的共轭中线（又称类似中线、陪位中线 [5]）。

引理 5[3] $\triangle ABC$ 的第一、第二费马点 R, R' 的等角共轭点分别为第一、第二等力点 S, S'，$\triangle ABC$ 的外心、共轭重心分别为 O, K，则 O, S, K, S' 为一组调和点列，且 $\frac{SO}{OS'} = \frac{SA^2}{S'A^2}$。

注 等力点又称正则点、等积点 [1]；三角形的三条共轭中线共点，该点称为共轭重心，也有文献称为类似重心或陪位重心 [5]。

引理 5 的证明 第一、第二费马点与第一、第二等力点互为等角共轭点见文献 [3]，我们仅证明引理的后半部分。

如图 3，以 BC 为边向 $\triangle ABC$ 外侧作正 $\triangle BCD$，记 $\triangle ABC$ 的外接圆半径为 R。

由于 R 与 S 为等角共轭点，所以 $\angle SCA = \angle BCR = \angle BDA$，$\angle SAC = \angle BAD$，故 $\triangle ASC \sim \triangle ABD$，从而 $\frac{SC}{BD} = \frac{AC}{AD}$。同理 $\frac{BS}{CD} = \frac{BA}{DA}$。

又 $BD = CD$，故 $\frac{SC}{BS} = \frac{AC}{AB}$。同理 $\frac{S'C}{BS'} = \frac{AC}{AB}$。因此 S, S' 在以 B, C 为定点，$\frac{AC}{AB}$ 为定比的阿波罗尼圆上。同理 S, S' 也在 $\triangle ABC$ 的另外两个阿波罗尼圆上。所以 $\triangle ABC$ 的三个阿波罗尼圆交于 S, S' 两点。

记 $\triangle ABC$ 的三个阿波罗尼圆为 $\odot O_1, \odot O_2, \odot O_3$。由引理 3 知 O 到 $\odot O_1, \odot O_2, \odot O_3$ 的幂为 R^2，即 O 在 $\odot O_1, \odot O_2, \odot O_3$ 的根轴上，所以 O, S, S' 三点共线。

设外接圆与 $\odot O_1$ 的另一交点为 M，由阿波罗尼圆的性质知 $\frac{BM}{CM} = \frac{BA}{CA}$，即四边形 $ABMC$ 为调和四边形。由引理 4 知 AM 为边 BC 的共轭中线，所以 AM 过 K，即 K 对外接圆和 $\odot O_1$ 的幂相等。

同理 K 对外接圆和 $\odot O_2, \odot O_3$ 的幂相等。所以 K 对外接圆，$\odot O_1, \odot O_2$,

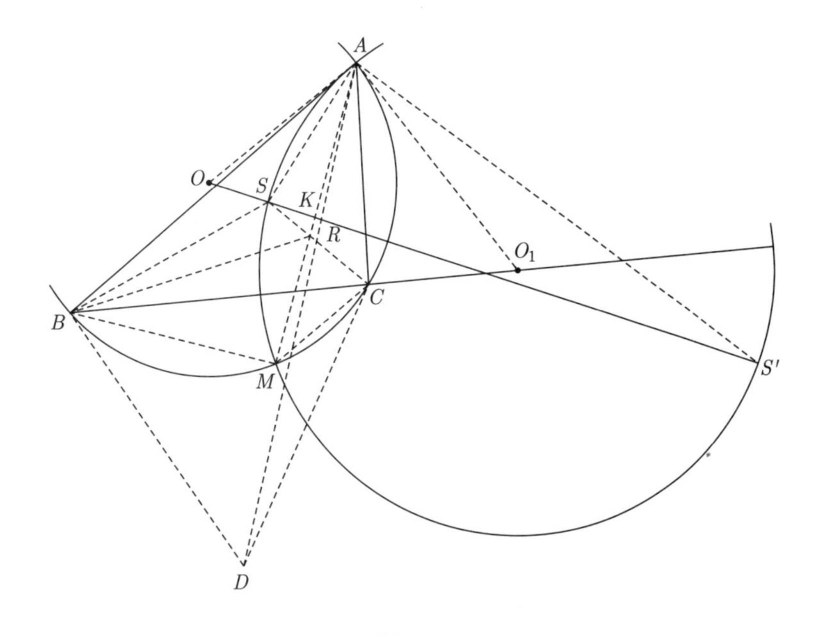

图 3

$\odot O_3$ 四圆的幂相等。故 O, S, K, S' 共线。

由引理 1 知 O, S, K, S' 成调和点列且 $\frac{SO}{OS'} = \frac{SA^2}{S'A^2}$。

引理 6[3] 三角形的重心为内外拿破仑三角形的中心。

注 **外拿破仑三角形**是指以三角形的三边为边向三角形的外侧所作三个正三角形的中心组成的三角形。向内侧所作三个正三角形所得三个中心所成的三角形为**内拿破仑三角形**[1]。

引理 6 的证明 我们仅证外拿破仑三角形的情形，内拿破仑三角形的情形类似。

如图 4，以 BC 为边向 $\triangle ABC$ 外侧作正 $\triangle BCD$，$\triangle O_1O_2O_3$ 为 $\triangle ABC$ 的外拿破仑三角形，BC 中点为 M，$\triangle ABC$ 重心为 G。

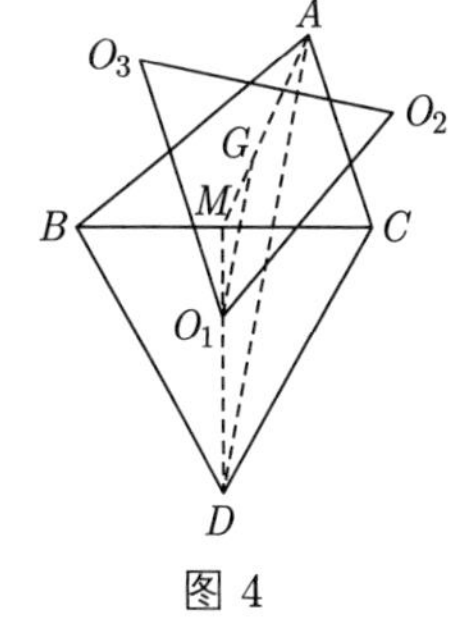

图 4

由重心性质易知 $\frac{MG}{GA} = \frac{MO_1}{O_1D} = \frac{1}{2}$，故 $O_1G // AD$。

由引理 2 知，AD 是以 AB, AC 为边分别向外侧所作的正三角形的外接圆的根轴。所以 $AD \perp O_2O_3$，故 $O_1G \perp O_2O_3$。

同理 $O_2G \perp O_3O_1, O_3G \perp O_1O_2$。

故 G 为 $\triangle O_1O_2O_3$ 的中心。

引理 7[3] 一点的垂足三角形的边，垂直于原三角形相应顶点与这点的等角共轭点的连线。

引理 8[3] 从两个等角共轭点到各边的垂线的垂足在一个圆上，圆心是这两个等角共轭点连线的中点。

引理 9[3] 到三角形各边的距离与边长成正比的点仅有一个，即共轭重心。

引理 10 共轭重心是外拿破仑三角形与第一等力点的垂足三角形的位似中心，也是内拿破仑三角形与第二等力点的垂足三角形的位似中心。

引理 10 的证明 我们仅证明外拿破仑三角形及第一等力点的情形，对于内拿破仑三角形及第二等力点的情形类似可得。

如图 5，设 $\triangle O_1O_2O_3$ 为 $\triangle ABC$ 的外拿破仑三角形。R,S 分别为 $\triangle ABC$ 的第一费马点、第一等力点，S 关于 $\triangle ABC$ 的垂足三角形为 $\triangle XYZ$，$\triangle ABC$ 的三边长为 a,b,c。

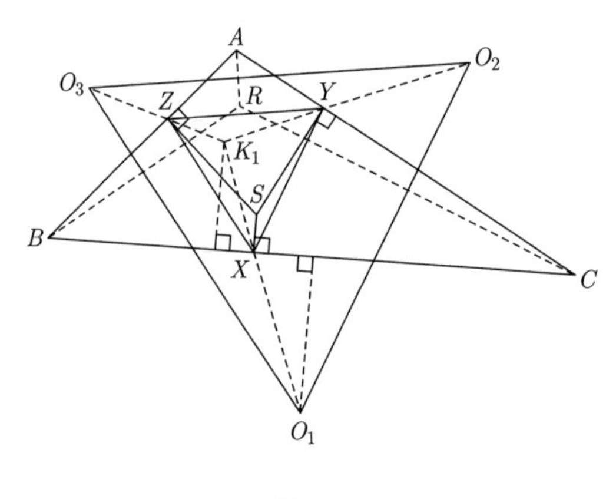

图 5

由于 R,S 是一对等角共轭点，由引理 7 知 $AR\perp YZ, BR\perp XZ, CR\perp XY$。

由引理 2，$AR\perp O_2O_3, BR\perp O_3O_1, CR\perp O_1O_2$。从而 $YZ//O_2O_3$，$ZX//O_3O_1, XY//O_1O_2$。故 O_3Z, O_2Y, O_1X 三线共点且该点为正 $\triangle O_1O_2O_3$ 和正 $\triangle XYZ$ 的位似中心。设该位似中心为 K_1。

设 K_1 到 $\triangle ABC$ 三边的距离分别为 d_1,d_2,d_3，O_1,O_2,O_3 分别到 BC,CA，AB 的距离为 h_1,h_2,h_3，正 $\triangle O_1O_2O_3$ 和正 $\triangle XYZ$ 的边长分别为 μ,λ。

由 $YZ//O_2O_3, ZX//O_3O_1, XY//O_1O_2$ 知

$$\frac{\lambda}{\mu-\lambda}=\frac{d_1}{h_1}=\frac{d_2}{h_2}=\frac{d_3}{h_3}.$$

易知 $h_1=\frac{\sqrt{3}}{6}a, h_2=\frac{\sqrt{3}}{6}b, h_3=\frac{\sqrt{3}}{6}c$，故

$$\frac{\sqrt{3}}{6}\cdot\frac{\lambda}{\mu-\lambda}=\frac{d_1}{a}=\frac{d_2}{b}=\frac{d_3}{c}.$$

由引理 9 知 K_1 为类似重心。

引理 11 三角形的第一费马点与第一等力点连线，第二费马点与第二等力点连线都平行于欧拉线。

引理 11 的证明 我们仅证明三角形的第一费马点与第一等力点连线平行于欧拉线。第二费马点与第二等力点的情形的证明类似。

如图 6，$\triangle O_1O_2O_3$ 为 $\triangle ABC$ 的外拿破仑三角形，O, G 分别为 $\triangle ABC$ 的外心、重心，R, S 分别为 $\triangle ABC$ 的第一费马点、第一等力点，M 为 RS 的中点，K 为 $\triangle ABC$ 的共轭重心，X, Y, Z 为 S 在 $\triangle ABC$ 三边的垂足。

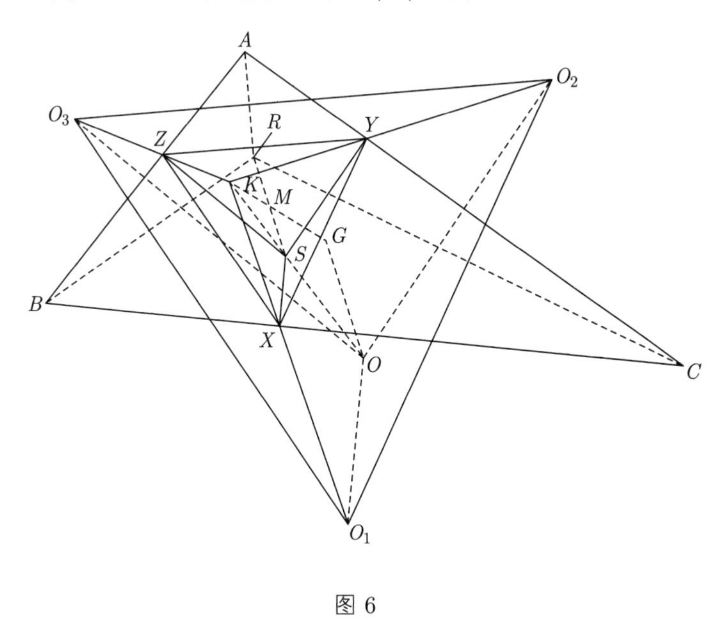

图 6

由引理 10 知 $\triangle O_1O_2O_3$ 与 $\triangle XYZ$ 位似，位似中心为 K，设位似比为 λ。

由 $O_1O//XS, O_2O//YS, O_3O//ZS$，得 K, S, O 三点共线，且 K 分 SO 的比为 λ。

由引理 6、引理 8 知 M, G 为两个正三角形的中心，即为一对位似对应点，故 K, M, G 三点共线，且 K 分 MG 的比为 λ。从而 $MS//GO$，且 $\frac{MS}{GO} = \lambda$。

因此 $RS//GO$，且 $\frac{RS}{GO} = 2\lambda$，即 RS 平行 $\triangle ABC$ 的欧拉线。

引理 12[3] 第一、第二费马点分别在内、外拿破仑三角形的外接圆上。

引理 12 的证明 我们仅证明第一费马点在内拿破仑三角形的外接圆上，第二费马点在外拿破仑三角形的外接圆上的证明类似。

如图 7，O_1, V_1 为以边 BC 分别向 $\triangle ABC$ 外侧和内侧所作正三角形的中心，R 为 $\triangle ABC$ 的第一费马点，$\triangle V_1V_2V_3$ 为 $\triangle ABC$ 的内拿破仑三角形。

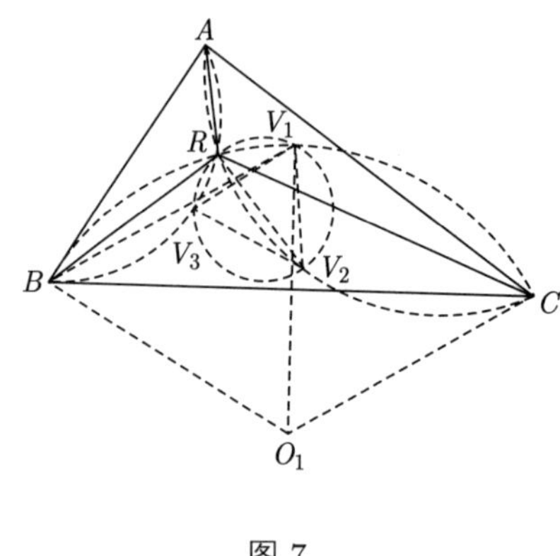

图 7

易知 $\angle O_1BC = 30^\circ$, O_1, V_1 关于 BC 对称。故

$$O_1B = O_1C = O_1V_1 = O_1R.$$

即 B, R, V_1, C 四点共圆。

故 $\angle CRV_1 = 30^\circ$。同理 $\angle CRV_2 = 30^\circ$。因此

$$\angle V_2RV_1 = \angle CRV_2 + \angle CRV_1 = 60^\circ = \angle V_2V_3V_1.$$

故 V_1, R, V_3, V_2 四点共圆。

引理 13 设 $\triangle ABC$ 的第一、第二等力点为 S, S'，外内拿破仑三角形的外接圆半径为 r_1, r_2，则 $\frac{r_1}{r_2} = \frac{AS'}{AS}$。

引理 13 的证明 如图 8，以 BC 为边分别向 $\triangle ABC$ 外侧、内侧作正 $\triangle BCD$, $\triangle BCD'$, $\triangle O_1O_2O_3$ 为 $\triangle ABC$ 的外拿破仑三角形，$\triangle V_1V_2V_3$ 为 $\triangle ABC$ 的内拿破仑三角形。

由引理 5 知 $\frac{SA}{AB} = \frac{AC}{AD}$，即 $SA \cdot AD = AC \cdot AB$。

同理 $AS' \cdot AD' = AB \cdot AC$。

故 $SA \cdot AD = AS' \cdot AD'$，即 $\frac{AS'}{AS} = \frac{AD}{AD'}$。

易知 $\triangle CO_1O_2 \sim \triangle CDA$，故 $\frac{AD}{O_1O_2} = \frac{CD}{O_1C} = \sqrt{3}$。

同理 $\frac{AD'}{V_1V_2} = \sqrt{3}$。所以

$$\frac{r_1}{r_2} = \frac{O_1O_2}{V_1V_2} = \frac{AD}{AD'} = \frac{AS'}{AS}.$$

引理 14 三角形两个费马点的连线与两个等力点的连线交于类似重心。

引理 14 的证明 如图 9，$\triangle ABC$ 中，R, S 分别为第一费马点、第一等力点，R', S' 分别为第二费马点、第二等力点，G, K 分别为重心、共轭重心，M, M' 分别为 $RS, R'S'$ 的中点。

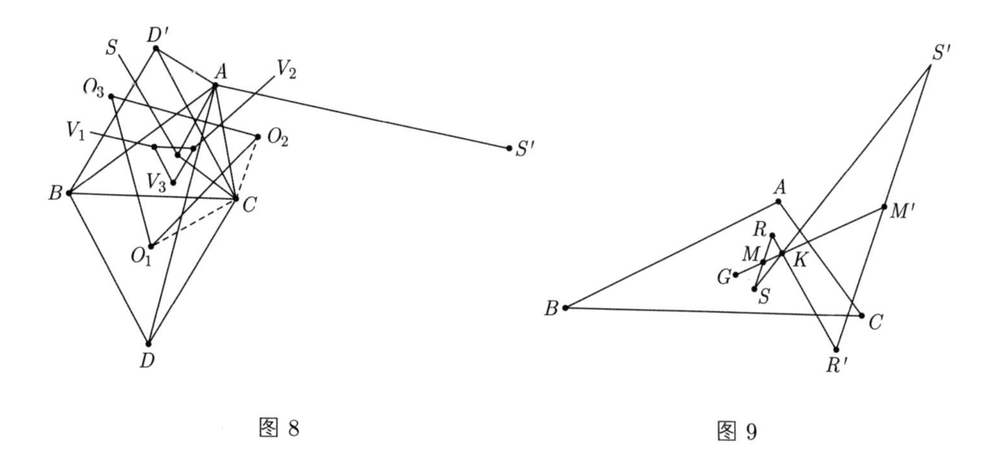

图 8　　图 9

由引理 11 知 G,M 两个正三角形的中心，即为一对位似对应点。所以 G,M,K 共线。同理 G,M',K 共线。

由引理 5 知 K 在直线 SS' 上，又由 $RS//R'S'$，所以 SS',RR',MM' 共点于 K。

下面证明莱斯特定理。

定理的证明　如图 10，$\triangle ABC$ 中，R,S 分别为第一费马点、第一等力点，R',S' 分别为第二费马点、第二等力点，O,G,H,N,K 分别为外心、重心、垂心、九点圆心、共轭重心，M,M' 分别为 $RS,R'S'$ 的中点，延长 RR' 交欧拉线于 J。设 $\triangle ABC$ 的外内拿破仑三角形的外接圆半径为 r_1,r_2。

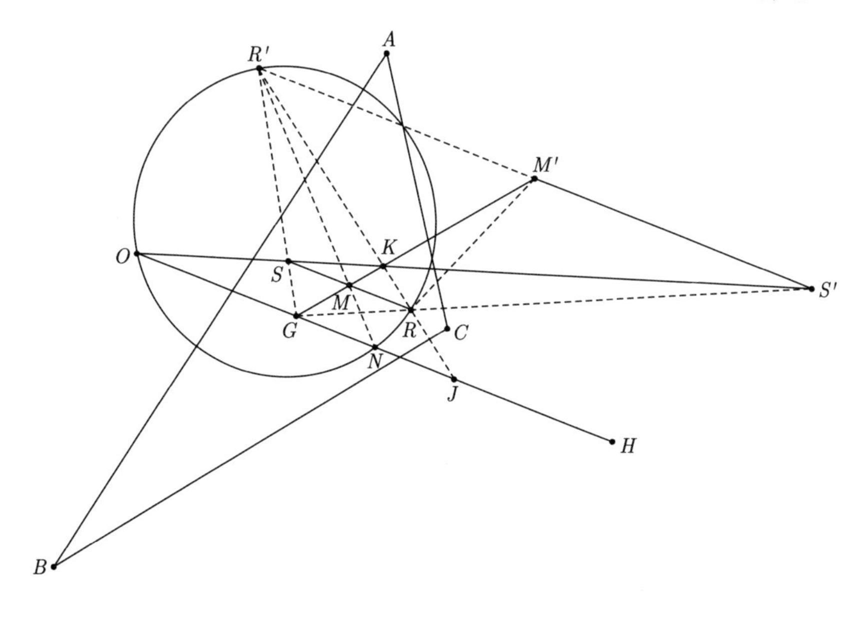

图 10

由引理 11 知 G 为 OJ 的中点。又 $GH=2OG$，故 J 为 GH 的中点。

由引理 12 知 $(\frac{GR}{GR'})^2 = (\frac{r_2}{r_1})^2$，由引理 13 知 $(\frac{AS}{AS'})^2 = (\frac{r_2}{r_1})^2$。又由引理 5、引理 11 知

$$(\frac{AS}{AS'})^2 = \frac{SO}{S'O}, \quad \frac{SO}{S'O} = \frac{GS}{GR'}.$$

从而 $(\frac{GR}{GR'})^2 = \frac{GS}{GR'}$，即 $GR^2 = GS \cdot GR'$。

所以 $\triangle GRS \sim \triangle GR'R$，因此 $\angle GR'R = \angle GRS = \angle RGJ$。

故 $\triangle GJR \sim \triangle R'JG$，从而 $GJ^2 = JR \cdot JR'$。又由 $2NJ = GJ, OJ = 2GJ$，得 $GJ^2 = NJ \cdot OJ$。

所以 $JR \cdot JR' = NJ \cdot OJ$。故 O, N, R, R' 四点共圆。

参考文献

[1] 吴悦辰. 三线坐标与三角形特征点 [M]. 哈尔滨: 哈尔滨工业大学出版社, 2015: 63−64, 75, 549.

[2] 沈文选, 杨清桃. 几何瑰宝 (上) [M]. 哈尔滨: 哈尔滨工业大学出版社, 2010: 538.

[3] 约翰逊. 近代欧氏几何学 [M]. 单樽译. 哈尔滨: 哈尔滨工业大学出版社, 2012: 105, 147, 151, 152, 209−210.

[4] 波拉索洛夫. 俄罗斯平面几何问题集 [M]. 周春荔译. 哈尔滨: 哈尔滨工业大学出版社, 2009: 387.

[5] 梁绍鸿. 初等数学复习及研究 (平面几何) [M]. 哈尔滨: 哈尔滨工业大学出版社, 2008: 162.

编者按：本文选自数学新星网"学生专栏"。

Alzer 不等式的一个简证

罗文林*

在文 [1] 中，Alzer 证明了如下有趣的逆柯西不等式:

定理 设 $a_1 \geqslant a_2 \geqslant \cdots \geqslant a_n > 0$，$b_1 \geqslant b_2 \geqslant \cdots \geqslant b_n > 0$。则

$$\sum_{i=1}^{n} a_i b_i \geqslant \frac{\left(\sum_{i=1}^{n} a_i^2\right)\left(\sum_{i=1}^{n} b_i^2\right)}{\max\left\{a_1 \sum_{i=1}^{n} b_i, b_1 \sum_{i=1}^{n} a_i\right\}}. \tag{1}$$

这个不等式对参加数学竞赛的学生来说是一个难题。本短文介绍我们最近找到的一个证明，它是十分简短的。

证明 对 n 用数学归纳法。

当 $n=1$ 时，(1) 显然成立。

假设结论对 $n-1$ 成立，现考虑 n 的情况。由归纳假设知

$$\begin{aligned}\sum_{i=1}^{n} a_i b_i &= a_1 b_1 + \sum_{i=2}^{n} a_i b_i \\ &\geqslant a_1 b_1 + \frac{\left(\sum_{i=2}^{n} a_i^2\right)\left(\sum_{i=2}^{n} b_i^2\right)}{\max\left\{a_2 \sum_{i=2}^{n} b_i, b_2 \sum_{i=2}^{n} a_i\right\}}.\end{aligned} \tag{2}$$

注意到 (1) 关于 $a_1, \cdots, a_n$ 和 $b_1, \cdots, b_n$ 均是齐次的，因此不妨设 $a_1 = 1$，$b_1 = 1$，注意到此时 $1 \geqslant a_2 \geqslant \cdots \geqslant a_n > 0$，$1 \geqslant b_2 \geqslant \cdots \geqslant b_n > 0$，现记 $\sum_{i=1}^{n} a_i^2 = A$，$\sum_{i=1}^{n} b_i^2 = B$，$\max\left\{\sum_{i=1}^{n} a_i, \sum_{i=1}^{n} b_i\right\} = X$，由 (2) 可得

*湖南师范大学附属中学，现就读于北京大学。

$$\sum_{i=1}^{n} a_i b_i \geqslant 1+\frac{\left(\sum_{i=2}^{n} a_i^2\right)\left(\sum_{i=2}^{n} b_i^2\right)}{\max\left\{\sum_{i=2}^{n} a_i, \sum_{i=2}^{n} b_i\right\}}=1+\frac{(A-1)(B-1)}{X-1}. \tag{3}$$

因此由 (3) 知要证不等式

$$\sum_{i=1}^{n} a_i b_i \geqslant \frac{AB}{X},$$

只需证明

$$1+\frac{(A-1)(B-1)}{X-1} \geqslant \frac{AB}{X}. \tag{4}$$

而通过简单的恒等变形知

$$(4) \Leftrightarrow (X-A)(X-B) \geqslant 0. \tag{5}$$

下证 (5)，事实上

$$\begin{aligned} X &= \max\left\{\sum_{i=1}^{n} a_i, \sum_{i=1}^{n} b_i\right\} \geqslant \sum_{i=1}^{n} a_i \\ &= \left(\sum_{i=1}^{n} a_i\right) a_1 \\ &\geqslant \sum_{i=1}^{n} a_i^2 = A. \end{aligned}$$

同理 $X \geqslant B$。故 (5) 成立。

这样就证明了结论对 n 成立。故定理得证。

参考文献

[1] Alzer H. On a converse Cauchy inequality of D. Zagier [J]. Archiv der Mathematik, 1992, 58(2): 157–159.

编者按：本文选自数学新星网“学生专栏”。

一类多项式问题的简捷解法

罗文林*

对给定的一个复系数多项式，如何用多项式的系数来估计其在单位圆盘内的最大模，即估计 $\max\limits_{\|z\|\leqslant 1}|f(z)|$ 的问题，近年来在数学竞赛中经常出现。本文通过实例介绍这一类问题的新的简捷方法。

题 A 已知 $f(z)=c_n\cdot z^n+c_{n-1}\cdot z^{n-1}+\cdots+c_1\cdot z+c_0$ 是一个 n 次复系数多项式。求证：一定存在一个复数 z_0，$|z_0|\leqslant 1$，且 $|f(z_0)|\geqslant|c_n|+|c_0|$。

（CMO，1994）

证法一 设 $w=e^{\frac{2\pi i}{n}}$，则对 $k\in\{1,2,\cdots,n-1\}$ 有

$$w^k+w^{2k}+\cdots+w^{(n-1)k}+w^{nk}=0.$$

再设 $u=\left(\frac{c_0\cdot|c_n|}{c_n\cdot|c_0|}\right)^{\frac{1}{n}}$，则

$$\begin{aligned}\sum_{k=1}^{n}|f(uw^k)|&\geqslant\left|\sum_{k=1}^{n}f(uw^k)\right|\\&=\left|n\cdot\frac{c_0\cdot|c_n|}{|c_0|}+n\cdot c_0\right|\\&=n\cdot|c_n|+n\cdot|c_0|.\end{aligned}$$

故

$$\max_{1\leqslant k\leqslant n}\{|f(uw^k)|\}\geqslant|c_n|+|c_0|,$$

亦即存在 $1\leqslant j\leqslant n$ 使得

$$|f(uw^j)|\geqslant|c_n|+|c_0|.$$

因此取 $z_0=uw^j$，注意到 $|z_0|=1$ 便知结论成立。

---

*湖南师范大学附属中学，现就读于北京大学，指导老师为羊明亮。

这是笔者在第一次做题 A 时的解法。这个解法源于下面自然的想法：既然要证明结果的右边只留下了最高次项系数 c_n 及常数项 c_0，那么我们就可利用单位根的性质，消去 $c_1,\cdots,c_{n-1}$。

题 B 已知复系数多项式 $P(z)=a_n\cdot z^n+a_{n-1}\cdot z^{n-1}+\cdots+a_1\cdot z+a_0$，求证：存在一个复数 z，满足 $|z|\leqslant 1$，且 $|P(z)|\geqslant|a_0|+\frac{|a_1|}{n}$。

（中国国家队培训，2003）

这一问题不能用题 A 的证明方法解决；虽然右边有一项系数相对于题 A 来说变小了，但由单位根的性质却不能直接将之消去。不过可以构造另外的多项式，再将它的根按模长大小排序，并说明模长最小的根一定满足要求。

证明 令

$$f(x)=a_nx^n+a_{n-1}x^{n-1}+\cdots+a_1x-\frac{a_0|a_1|}{n|a_0|},$$

若 $a_0=0$，取 $f(x)$ 常数项为 $\frac{a_1}{n}$。设 $f(x)$ 的所有根为 $z_1,z_2,\cdots,z_n$，不妨设

$$|z_1|\leqslant|z_2|\leqslant\cdots\leqslant|z_n|,$$

则由韦达定理，得

$$|z_1z_2\cdots z_n|=\left|\frac{a_1}{na_n}\right|,$$

$$|z_1z_2\cdots z_n|\cdot\left|\frac{1}{z_1}+\frac{1}{z_2}+\cdots+\frac{1}{z_n}\right|=\sum_{i=1}^{n}\prod_{j\neq i}|z_j|=\left|\frac{a_1}{a_n}\right|.$$

两式相除，得

$$\left|\frac{1}{z_1}+\frac{1}{z_2}+\cdots+\frac{1}{z_n}\right|=n.$$

又注意到

$$n\cdot\left|\frac{1}{z_1}\right|=\left|\frac{1}{z_1}+\frac{1}{z_1}+\cdots+\frac{1}{z_1}\right|\geqslant\left|\frac{1}{z_1}+\frac{1}{z_2}+\cdots+\frac{1}{z_n}\right|=n,$$

故 $|z_1|\leqslant 1$。从而

$$|P(z)|=\left|\frac{a_0|a_1|}{n|a_0|}+a_0\right|=\frac{|a_1|}{n}+|a_0|.$$

故结论成立。

题 B 的处理方法对题 A 也是适用的。事实上，我们有

题 A 的证法二 设

$$P(x)=c_nx^n+c_{n-1}x^{n-1}+\cdots+c_1x-\frac{c_n|c_0|}{|c_0|},$$

若 $c_0=0$，则取 $p(x)$ 常数项为 c_0。设 $p(x)$ 的所有根为 $\alpha_1,\alpha_2,\cdots,\alpha_n$，由韦达定理得

$$|\alpha_1|\cdots|\alpha_n|=1,$$

则存在 $i\in\{1,2,\cdots,n\}$，使得 $|\alpha_i|\leqslant 1$，不妨设为 α_1，则

$$|f(\alpha_1)|=\left|\frac{c_n|c_0|}{|c_0|}+c_0\right|=|c_0|+|c_n|.$$

故结论成立。

当然，这种构造多项式的方法也有一定的局限性，有时需要同时利用单位根的性质来构造。

题 C 设 n 为正整数，复系数多项式 $P(z)=\sum\limits_{i=0}^{n}a_i\cdot z^i$，求证：存在一个复数 z，满足 $|z|\leqslant 1$，且

$$|P(z)|\geqslant|a_0|+\max_{1\leqslant k\leqslant n}\frac{|a_k|}{\left[\dfrac{n}{k}\right]}.$$

（AMM，10779 号问题）

证明 只需证对任意 $k\in\{1,2,\cdots,n\}$，存在 $|z|\leqslant 1$，使得

$$|P(z)|\geqslant|a_0|+\frac{|a_k|}{\left[\dfrac{n}{k}\right]}.$$

首先，先证 $k=1$ 的情形，这即题 B，构造多项式即证。

再证 $1<k\leqslant n$ 的情形。令 $\varepsilon=e^{\frac{2\pi i}{k}}$（$k$ 次单位根），考虑多项式

$$Q(z)=\frac{1}{k}\cdot\sum_{j=0}^{k-1}P(\varepsilon^j\cdot z)=a_0+a_k\cdot z^k+a_{2k}\cdot z^{2k}+\cdots,$$

则 $Q(z)$ 为关于 z^k 的 $\left[\frac{n}{k}\right]$ 次多项式。

由 $k=1$ 的结论可知，存在 $|z_0|\leqslant 1$，使得

$$|Q(z)|\geqslant|a_0|+\frac{|a_k|}{\left[\dfrac{n}{k}\right]},$$

故存在 $1\leqslant j\leqslant n$，使得

$$|P(\varepsilon^j\cdot z_0)|\geqslant|a_0|+\frac{|a_k|}{\left[\dfrac{n}{k}\right]}.$$

证毕。

编者按：本文选自数学新星网“学生专栏”。

一个多项式问题的新证明

高天伟*

本短文给出如下经典多项式问题的新证明。

定理 *任一实系数多项式都可以表示为两个单增多项式的差。*

证明 首先证明下面的引理。

引理 *若一个实系数多项式的导数大于等于 0，则该多项式在 $\mathbf{R}$ 上递增。*

引理的证明 若对于实多项式 $F(x)$，结论不成立，则存在两个不相等的实数 m,n，且 $F(m)=F(n)$。那么，在 $[m,n]$ 中，导数 $F'(x)$ 恒等于零。又 $[m,n]$ 是无限集，这等价于 $F'(x)$ 有无穷多个根，而这与多项式的根有有限个矛盾。所以不存在满足条件的 m,n，从而假设不成立。故引理得证。

回到原题。设 $f(x)$ 是一个关于 x 的实系数多项式，若 $f(x)$ 的次数 $\partial(f(x))=1$，则结论显然。下设 $\partial(f(x))\geqslant 2$，则 $f'(x)$ 为关于 x 的实系数多项式。分两种情况证明。

(i) 若 $f'(x)$ 有实根 a，则 $f'(x)=(x-a)g(x)$，其中 $g(x)$ 为关于 x 的实系数多项式。令

$$U'(x)=\frac{[x-a+g(x)]^2}{4},\quad V'(x)=\frac{[x-a-g(x)]^2}{4},$$

则 $f'(x)=U'(x)-V'(x)$。从而必然存在 $U(x),V(x)$，使得

$$f(x)=U(x)-V(x).$$

又 $U(x),V(x)$ 为实系数多项式，且导数大于等于 0，所以由引理，$U(x),V(x)$ 在 $\mathbf{R}$ 上单增，故结论成立。

(ii) 若 $f'(x)$ 没有实根，则由实系数多项式复数根成对出现的基本事实及

---

*北京五中分校初三年级，现就读于北京大学。

代数基本定理可知，

$$\begin{aligned} f'(x) &= (x-z_1)(x-z_2)h(x) \\ &= [x^2-(z_1+z_2)x+z_1z_2]h(x), \end{aligned}$$

其中 z_1, z_2 为共轭复数，$h(x)$ 为实系数多项式。则 $f'(x)$ 有实系数二次因式 $[x^2-(z_1+z_2)x+z_1z_2]$，令

$$P'(x) = \frac{\{[x^2-(z_1+z_2)x+z_1z_2]+h(x)\}^2}{4},$$
$$Q'(x) = \frac{\{[x^2-(z_1+z_2)x+z_1z_2]-h(x)\}^2}{4},$$

从而 $f'(x) = P'(x) - Q'(x)$。则存在 $P(x), Q(x)$ 使得

$$f(x) = P(x) - Q(x).$$

又由 $P(x), Q(x)$ 为实系数多项式，且导数大于等于 0，所以由引理得 $P(x), Q(x)$ 在 $\mathbf{R}$ 上单增，故结论成立。

综上所述，定理得证。

致谢 衷心感谢陈祖维老师的指导与帮助。

编者按：本文选自数学新星网“学生专栏”。

Vasile Cîrtoaje 猜测的一个新证明

俞辰捷*

2006 年，Vasile Cîrtoaje 在 *Crux Math.* 的 Klamkin 问题专栏 [1] 中证明了下面的结果：设 k 和 n 是正整数，且 $k<n$；$a_1,a_2,\cdots,a_n$ 是实数，满足 $a_1\leqslant a_2\leqslant\cdots\leqslant a_n$，则不等式

$$(a_1+a_2+\cdots+a_n)^2\geqslant n(a_1a_{k+1}+a_2a_{k+2}+\cdots+a_na_{n+k})$$

对 $n=2k$ 或 $n=4k$ 时成立，其中 $a_{n+j}=a_j$，$1\leqslant j\leqslant n$。

在 [1] 中，Cîrtoaje 进一步猜测上面的不等式对 $2<\frac{n}{k}<4$ 也成立。2008 年，他在 *Crux Math.* [2] 中证明了这个猜测，但证明过程是十分复杂的。

本文我们给出了这个猜测的一个简洁的新证明。

定理 设 k 和 n 是正整数，且 $2<\frac{n}{k}<4$，$a_1,a_2,\cdots,a_n$ 是实数，满足 $a_1\leqslant a_2\leqslant\cdots\leqslant a_n$，则

$$(a_1+a_2+\cdots+a_n)^2\geqslant n(a_1a_{k+1}+a_2a_{k+2}+\cdots+a_na_{k+n}).\tag{1}$$

其中 $a_{n+j}=a_j$，$1\leqslant j\leqslant n$。

证明 我们需用到一个熟知的结论：若实数 $a\leqslant x\leqslant b$，则

$$ab\leqslant x(a+b-x).\tag{2}$$

事实上，这等价于 $(a-x)(b-x)\leqslant 0$。

其次，将每个 a_i 同时加一个整数 Δ，并不影响结论。这是因为 (1) 式的左边增加了

$$(n\Delta)^2+2(n\Delta)\sum_{i=1}^{n}a_i,$$

右边增加了

$$n\sum_{i=1}^{n}[\Delta^2+\Delta(a_i+a_{i+k})]=n^2\Delta^2+2n\Delta\sum_{i=1}^{n}a_i,$$

---

*华东师范大学第二附属中学，现就读于北京大学，指导教师为唐立华。

两边增加部分相同。故我们不妨设 $a_1>0$。

(i) 若 $3k+1\leqslant n\leqslant 4k-1$，则

$$\begin{aligned}\sum_{i=1}^{n}a_ia_{i+k}&=\sum_{i=1}^{k}(a_ia_{i+k}+a_ia_{n+i-k})\\&\quad+\sum_{i=k+1}^{n-2k}(a_ia_{i+k}+a_{i+k}a_{i+2k})+\sum_{i=n-2k+1}^{2k}a_ia_{i+k}\\&=\sum_{i=1}^{k}a_i(a_{i+k}+a_{n+i-k})\\&\quad+\sum_{i=2k+1}^{n-k}a_i(a_{i-k}+a_{i+k})+\sum_{i=n-2k+1}^{2k}a_ia_{i+k},\end{aligned}$$

考虑到对 $1\leqslant i\leqslant k$，有

$$a_i\leqslant a_{n-k}\leqslant a_{n+i-k}<a_{n+i-k}+a_{i+k},$$

对 $2k+1\leqslant i\leqslant n-k$，有

$$a_i\leqslant a_{n-k}\leqslant a_{i+k}<a_{i-k}+a_{i+k},$$

对 $n-2k+1\leqslant i\leqslant 2k$，有

$$a_i\leqslant a_{n-k}\leqslant a_{i+k}.$$

利用 (2) 式，可得

$$\begin{aligned}\sum_{i=1}^{n}a_ia_{i+k}&\leqslant\sum_{i=1}^{k}a_{n-k}(a_i+a_{i+k}+a_{n+i-k})\\&\quad+\sum_{i=2k+1}^{n-k}a_{n-k}(a_{i-k}+a_i+a_{i+k}-a_{n-k})\\&\quad+\sum_{i=n-2k+1}^{2k}a_{n-k}(a_i+a_{i+k}-a_{n-k})\\&=a_{n-k}\left(2\sum_{i=1}^{n}a_i-na_{n-k}\right)\\&\leqslant\frac{1}{n}\left[\frac{na_{n-k}+2\sum\limits_{i=1}^{n}a_i-na_{n-k}}{2}\right]^2\\&=\frac{1}{n}\left(\sum_{i=1}^{n}a_i\right)^2.\end{aligned}$$

(ii) 若 $2k+1 \leqslant n \leqslant 3k$，则

$$\begin{aligned}
\sum_{i=1}^{n} a_i a_{i+k} &= \sum_{i=1}^{k}(a_i a_{i+k} + a_i a_{n+i-k}) + \sum_{i=k+1}^{n-k} a_i a_{i+k} \\
&= \sum_{i=1}^{k} a_i(a_{i+k} + a_{n+i-k}) + \sum_{i=k+1}^{n-k} a_i a_{i+k} \\
&\leqslant \sum_{i=1}^{k} a_{n-k}(a_{i+k} + a_{n+i-k} + a_i - a_{n-k}) \\
&\quad + \sum_{i=k+1}^{n-k} a_{n-k}(a_i + a_{i+k} - a_{n-k}) \\
&= a_{n-k}\left(2\sum_{i=1}^{n} a_i - n a_{n-k}\right) \\
&\leqslant \frac{1}{n}\left(\sum_{i=1}^{n} a_i\right)^2.
\end{aligned}$$

故由 (i)，(ii) 知不等式 (1) 成立。

参考文献

[1] Vasile Cîrtoaje. Klamkin Solutions, Klamkin01-15 [J]. Crux Math., 2006: 315.

[2] Vasile Cîrtoaje. Klamkin Solutions, Klamkin01-05 [J]. Crux Math., 2008: 244−246.

编者按：本文选自数学新星网“学生专栏”。

关于差的平方积的一类代数不等式

刘　奔*

在学习高中数学时，我们注意到下面十分简单的问题：**当正数 x,y 满足 $x^2+y^2=1$ 时，$(x-y)^2$ 的最大值为 1。但当 x,y 的取值范围改为实数集时，同样问题的最大值却是 2。**这诱发我们研究在各种条件下，差的平方积 $\prod\limits_{1\leqslant i<j\leqslant n}(a_i-a_j)^2$ 的最大值问题。

我们首先发现若四个实变量 a_1,a_2,a_3,a_4 满足 $a_1^2+a_2^2+a_3^2+a_4^2=1$，则 $\prod\limits_{1\leqslant i<j\leqslant 4}(a_j-a_i)^2$ 的最大值为 $\frac{1}{108}$。事实上，我们证明了如下关于四个变元差的积的代数不等式：

问题 1　设 $a_1,a_2,a_3,a_4\in\mathbf{R}$，则

$$108\prod_{1\leqslant i<j\leqslant 4}(a_j-a_i)^2\leqslant\left(\sum_{i=1}^{4}a_i^2\right)^6.$$

等号当 a_1,a_2,a_3,a_4 与多项式 $f(x)=x^4-6x^2+3$ 的根成比例时成立。

证明　考虑多项式 $f(x):=x^4-6x^2+3$。不难求得 f 有四个实根 $\pm\sqrt{3\pm\sqrt{6}}$，这里的两个 $\pm$ 号独立选取。令 $\alpha_1,\alpha_2,\alpha_3,\alpha_4$ 为 f 的四个实根的升序排列。我们先证明对 $1\leqslant i\leqslant 4$，有

$$\sum_{j\neq i}\frac{1}{\alpha_i-\alpha_j}=\frac{1}{2}\alpha_i. \tag{1}$$

首先容易检验 f 满足方程 $f''-xf'+4f=0$，于是可得

$$\frac{f''(\alpha_i)}{f'(\alpha_i)}=\alpha_i. \tag{2}$$

再定义多项式 $f_i(x):=\frac{f(x)}{(x-\alpha_i)}$，$1\leqslant i\leqslant 4$，那么有

$$\frac{f_i'(x)}{f_i(x)}=\sum_{j\neq i}\frac{1}{x-\alpha_j},$$

---

*山东大学。

于是

$$\frac{f_i'(\alpha_i)}{f_i(\alpha_i)} = \sum_{j\neq i} \frac{1}{\alpha_i - \alpha_j}. \tag{3}$$

另一方面，由于

$$\begin{aligned} f(x) &= \sum_{k=0}^{4} \frac{f^{(k)}(\alpha_i)}{k!}(x-\alpha_i)^k \\ &= f'(\alpha_i)(x-\alpha_i) + \frac{1}{2}f''(\alpha_i)(x-\alpha_i)^2 + (x-\alpha_i)^3 g_i(x), \end{aligned}$$

其中 $g_i(x)$ 是一次多项式，可得

$$f_i(x) = f'(\alpha_i) + \frac{1}{2}f''(\alpha_i)(x-\alpha_i) + (x-\alpha_i)^2 g_i(x).$$

从而有

$$f_i(\alpha_i) = f'(\alpha_i), \tag{4}$$

$$f_i'(\alpha_i) = \frac{1}{2}f''(\alpha_i), \tag{5}$$

最后由 (2)，(3)，(4)，(5) 可知 (1) 成立。

直接计算可知

$$\sum_{i=1}^{4} \alpha_i^2 = 12, \tag{6}$$

以及

$$\prod_{1\leqslant i<j\leqslant 4} (\alpha_i - \alpha_j)^2 = 2^{10} \times 3^3. \tag{7}$$

下面我们来证明原不等式。

由对称性，不妨设 $a_1 \leqslant a_2 \leqslant a_3 \leqslant a_4$。由 AM-GM 不等式以及柯西不等式，有

$$\begin{aligned} \prod_{1\leqslant i<j\leqslant 4} \left(\frac{a_i - a_j}{\alpha_i - \alpha_j}\right)^2 &\leqslant \left(\frac{1}{6}\sum_{1\leqslant i<j\leqslant 4} \frac{a_i - a_j}{\alpha_i - \alpha_j}\right)^{12} \\ &= \left(\frac{1}{6}\sum_{i=1}^{4} a_i \sum_{j\neq i} \frac{1}{\alpha_i - \alpha_j}\right)^{12} \\ &= \left(\frac{1}{12}\sum_{i=1}^{4} a_i\alpha_i\right)^{12} \\ &\leqslant \frac{1}{12^{12}}\left(\sum_{i=1}^{4} a_i^2\right)^6 \left(\sum_{i=1}^{4} \alpha_i^2\right)^6. \end{aligned}$$

这里第三行的等号用到了 (1)，再将 (6)，(7) 代入上式，即得要证不等式。

分析上述证明过程不难发现等号成立当且仅当诸 a_i 为诸 α_i 的一个排列的倍数。

用类似问题 1 的证明方法，我们还证明了如下的问题。

问题 2　设 $a_1, a_2, a_3, a_4 \in \mathbf{R}$，则

$$108 \prod_{1 \leqslant i<j \leqslant 4} (a_j - a_i)^2 \leqslant \left(\frac{\sum\limits_{i=1}^{4} a_i^2}{\sum\limits_{i=1}^{4} a_i}\right)^{12}.$$

等号当 a_1, a_2, a_3, a_4 与 $\alpha_i + \sqrt{3}$ 成比例时成立，其中 α_i 为 $f(x) = x^4 - 6x^2 + 3$ 的 4 个根。

证明　不妨设 $a_1 + a_2 + a_3 + a_4 \geqslant 0$, $a_1 \leqslant a_2 \leqslant a_3 \leqslant a_4$，令 $\beta_i := \alpha_i + \sqrt{3}$，$1 \leqslant i \leqslant 4$，这里诸 α_i 的意义同问题 1。那么 (1) 式成为

$$\frac{\sqrt{3}}{2} + \sum_{j \neq i} \frac{1}{\beta_i - \beta_j} = \frac{1}{2}\beta_i. \tag{8}$$

直接计算可知

$$\sum_{i=1}^{4} \beta_i = 4\sqrt{3}, \tag{9}$$

$$\sum_{i=1}^{4} \beta_{i=1}^2 = 24, \tag{10}$$

$$\prod_{1 \leqslant i<j \leqslant 4} (\beta_i - \beta_j)^2 = 2^{10} \times 3^3. \tag{11}$$

由 AM-GM 不等式以及柯西不等式，有

$$\begin{aligned}
&\left(\frac{1}{4\sqrt{3}} \sum_{i=1}^{4} a_i\right)^{12} \prod_{1 \leqslant i<j \leqslant 4} \left(\frac{a_i - a_j}{\beta_i - \beta_j}\right)^2 \\
\leqslant &\left(6 \times \frac{1}{12} \times \frac{1}{4\sqrt{3}} \sum_{i=1}^{4} a_i + \frac{1}{12} \sum_{1 \leqslant i<j \leqslant 4} \frac{a_i - a_j}{\beta_i - \beta_j}\right)^{24} \\
= &\left(\frac{1}{12} \sum_{i=1}^{4} a_i \left(\frac{\sqrt{3}}{2} + \sum_{j \neq i} \frac{1}{\beta_i - \beta_j}\right)\right)^{24} \\
= &\left(\frac{1}{24} \sum_{i=1}^{4} a_i \beta_i\right)^{24} \\
\leqslant &\frac{1}{24^{24}} \left(\sum_{i=1}^{4} a_i^2\right)^{12} \left(\sum_{i=1}^{4} \beta_i^2\right)^{12},
\end{aligned}$$

这里第三行的等号用到了 (8)，再将 (10)，(11) 代入上式，即得所证不等式。利用 (9)，不难发现等号成立当且仅当诸 a_i 为诸 β_i 的一个排列的倍数。

进一步，我们证明了一个包括题 1 和题 2 的更一般的结论，这就是下面的定理。

定理 1 设 n 是正整数 $(n \geqslant 2)$，$x_1, x_2, \cdots, x_n \in \mathbf{R}$，$r \geqslant 0$，则

$$\left|\sum_{k=1}^{n} x_k\right|^r \prod_{1 \leqslant i<j \leqslant n} (x_i - x_j)^2 \leqslant c_{n,r} \left(\sum_{k=1}^{n} x_k^2\right)^{\frac{n^2-n+r}{2}},$$

其中

$$c_{n,r} := (nr)^{\frac{r}{2}} (n^2-n+r)^{-\frac{n^2-n+r}{2}} \prod_{k=1}^{n} k^k.$$

等号成立当且仅当诸 x_k $(1 \leqslant k \leqslant n)$ 与多项式 $H_n(x+\sqrt{\frac{r}{n}})$ 的所有根成比例，其中多项式序列 $\{H_n\}_{n \in \mathbf{N}}$ 的定义为

$$H_n(x) = \sum_{k=0}^{[\frac{n}{2}]} (-1)^k (2k-1)!! \binom{n}{2k} x^{n-2k},$$

H_n 被称作 Hermite 多项式，它必有 n 个实根。其中还约定 $0^0 = 1$。

问题 1，问题 2 分别为 $(n, r) = (4, 0)$ 以及 $(n, r) = (4, 12)$ 的情形。因为定理 1 的证明较为复杂，且囿于本文的任务，这里省略了证明。

作为定理 1 的一个应用，在定理 1 中取 $r = 0$ 便有以下推论。

推论 1 设 n 是正整数 $(n \geqslant 2)$，$a_1, a_2, \cdots, a_n \in \mathbf{R}$ 且满足 $\sum\limits_{k=1}^{n} a_k^2 = 1$，则 $\prod\limits_{1 \leqslant i<j \leqslant n} (a_j - a_i)^2$ 的最大值为 $(n^2-n)^{-\frac{n^2-n}{2}} \prod\limits_{k=1}^{n} k^k$。

我们还注意到了下面已知的不等式（如 [1] 中出现过）：

设 a_1, a_2, a_3, a_4 是非负实数，则

$$12^6 \prod_{1 \leqslant i<j \leqslant 4} (a_j - a_i)^2 \leqslant \left(\sum_{i=1}^{4} a_i\right)^{12}. \tag{12}$$

我们采用相似于定理 1 的证明方法也推广 (12) 到一般情况，建立了下面的定理 2。

定理 2 设 n 是正整数 $(n \geqslant 2)$，$\alpha \geqslant -1$，$x_1, x_2, \cdots, x_n$ 是非负实数，则

$$\left(\prod_{k=1}^{n} x_k\right)^{\alpha+1} \prod_{1 \leqslant i<j \leqslant n} (x_i - x_j)^2 \leqslant c_{n,\alpha} \left(\sum_{k=1}^{n} x_k\right)^{n(\alpha+n)},$$

其中

$$c_{n,\alpha} := (n(\alpha+n))^{-n(\alpha+n)} \prod_{k=1}^{n} (k^k(\alpha+k)^{\alpha+k}).$$

等号成立当且仅当诸 x_k $(1 \leqslant k \leqslant n)$ 与多项式 $L_n^{(\alpha)}(x)$ 的所有根成比例。其中多项式序列 $\{L_n^{(\alpha)}\}_{n\in\mathbf{N}}$ 的定义为

$$L_n^{(\alpha)}(x) = \sum_{k=0}^{n} (-1)^k k! \binom{\alpha+n}{k} \binom{n}{k} x^{n-k},$$

$L_n^{(\alpha)}$ 被称作 Laguerre 多项式，它必有 n 个非负实根。

取 $(n,\alpha) = (4,-1)$，可得不等式 (12)。此外，在定理 2 中取 $\alpha = -1$ 可得以下推论。

推论 2 设 $n \geqslant 2$ 是正整数，$x_1, x_2, \cdots, x_n$ 是非负实数且 $\sum\limits_{i=1}^{n} x_i = 1$，则 $\prod\limits_{1\leqslant i<j\leqslant n} (x_j - x_i)^2$ 的最大值为 $(n(n-1))^{-n(n-1)} \prod\limits_{k=1}^{n} k^n (k-1)^{k-1}$。

参考文献

[1] 韩京俊. 初等不等式的证明方法 [M]. 第二版. 哈尔滨: 哈尔滨工业大学出版社, 2014.

编者按：本文选自数学新星网“学生专栏”。

解题方法归纳总结

函数方程问题的一些方法

施奕成*

函数方程是一类比较有趣的代数问题，也是近几年 IMO 的常考题型（2015 年第 5 题，2017 年第 2 题）。本文介绍一些函数方程问题的解题方法。

笔者认为，对于一般的函数方程问题，有以下几种思考方向：

(1) 考虑一些特殊值。比如 $f(0), f(1), f(-1)$ 之类。可先将其求出，再代入到原函数方程中，得到一些有用的结论。

(2) 考虑函数的一些特殊性质。比如考虑 f 是否为单射或满射。f 是否为奇函数等性质。

(3) 考虑所给函数方程的形式。通过式子形式来选择用什么方法去做，比如，若所给式子形式为柯西方程的形式，那么应尽可能地去凑出柯西方程的条件（单调性、连续性）。

下面介绍几种函数方程问题的方法。

一、合理代入特殊值

题 1 求函数 $f:\mathbf{R}\to\mathbf{R}$ 使得对任意 $x,y\in\mathbf{R}$，

$$f(f(x)+y)=f(x^2-y)+4f(x)y. \tag{1}$$

解 固定 x，取 y 使得

$$f(x)+y=x^2-y,$$

即 $y=\frac{x^2-f(x)}{2}$，则此时

$$f(f(x)+y)=f(x^2-y).$$

*华中师范大学第一附属中学，现就读于北京大学。

故对任意 $x \in \mathbf{R}$，

$$2f(x)(x^2 - f(x)) = 0.$$

则对任意 $x \in \mathbf{R}$，$f(x) = 0$ 或 $f(x) = x^2$。于是 $f(0) = 0$。

若有 $a \neq 0$，$f(a) = 0$，在 (1) 中令 $x = 0$，$x = a$，可分别得出

$$f(y) = f(-y) \text{ 及 } f(y) = f(a^2 - y).$$

故

$$f(y) = f(-y) = f(a^2 + y),$$

即 a^2 为 f 的周期。

由 (1)，对任意 $x, y \in \mathbf{R}$，有

$$f(f(x) + y + a^2) = f(x^2 - y - a^2) + 4f(x)(y + a^2).$$

又

$$f(f(x) + y + a^2) = f(f(x) + y), \quad f(x^2 - y - a^2) = f(x^2 - y),$$

故

$$4f(x)(y + a^2) = 4f(x)y.$$

故 $a^2 f(x) = 0$。又 $a \neq 0$，因此 $f(x) = 0$，$\forall x \in \mathbf{R}$。

故综上可知 $f(x) = x^2$，$\forall x \in \mathbf{R}$ 或 $f(x) = 0$，$\forall x \in \mathbf{R}$。

经检验，上述两解符合题意。

注 本题最重要的地方就是观察 (1) 后，发现代入特殊的 y 可使得两个麻烦的式子 $f(f(x) + y)$ 及 $f(x^2 - y)$ 都被消掉，后面就简单了。

题 2 求所有的函数 $f : \mathbf{R} \to \mathbf{R}$，使得对于任意实数 x, y，有

$$f(f(x)f(y)) + f(x + y) = f(xy). \tag{1}$$

解 令 $x = y = 0$，则 $f(f^2(0)) = 0$。

考虑 $z \in \mathbf{R}$，$f(z) = 0$。（由上式，这样的 z 存在。）

若 $z = 0$，在 (1) 中令 $y = 0$，则

$$f(x) = 0, \quad \forall x \in \mathbf{R}.$$

若 $z \neq 0, 1$，在 (1) 中令 $x = z$，$y = \frac{z}{z-1}$，这样有 $x + y = xy$。故

$$f\left(f(z)f\left(\frac{z}{z-1}\right)\right) = 0.$$

故 $f(0)=0\Rightarrow f(x)=0$，$\forall x\in\mathbf{R}$。

下面假设满足 $f(z)=0$ 的实数 z 仅有 $z=1$，那么

$$f^2(0)=1\Rightarrow f(0)=\pm1.$$

$f(0)=-1$ 时，在 (1) 中令 $y=1$，则对任意 $x\in\mathbf{R}$ 有

$$f(x+1)=f(x)+1. \tag{2}$$

下证 f 为单射，若存在 $x_1,x_2\in\mathbf{R},x_1\neq x_2,f(x_1)=f(x_2)$。

首先，有结论 $f(x)=-1$ 的解为

$$x=0. \tag{3}$$

这是因为由 (1) 可知 $f(x+1)=0\Rightarrow x+1=1\Rightarrow x=0$。

取 $N\in\mathbf{N}_+$，使 $(x_1+N+1)^2>4(x_1+N)$。则必有 $x\in\mathbf{R}$，$y\in\mathbf{R}$，

$$x+y=x_1+N+1,\quad xy=x_2+N.$$

于是取这样的 (x,y) 代入 (1) 有

$$f(f(x)f(y))+f(x_1+N+1)=f(x_2+N).$$

由 (2) 易知

$$f(x_1+N+1)=N+1+f(x_1),\quad f(x_2+N)=f(x_2)+N.$$

结合 $f(x_1)=f(x_2)$，有 $f(f(x)f(y))=-1$。由 (3) 知 $f(x)f(y)=0$。

不妨设 $f(x)=0\Rightarrow x=1$。故 $y=x_1+N$，因此 $x_1+N=x_2+N\Rightarrow x_1=x_2$，矛盾。故 f 为单射。

此时在 (1) 中令 $y=0$，有

$$f(-f(x))+f(x)=-1. \tag{4}$$

在 (4) 中令 $x=-f(x)$，有

$$f(-f(x))+f(-f(-f(x)))=-1. \tag{5}$$

(4)–(5) 得 $f(x)=f(-f(-f(x)))$。故

$$x=-f(-f(x))\ (\text{由单射}), \tag{6}$$

结合 (4) 有 $f(x)=x-1$，$\forall x\in\mathbf{R}$。

$f(0)=1$ 时，令 $g(x)=-f(x)$，则

$$g(g(x)g(y))+g(x+y)=g(xy) \text{ 且 } g(0)=-1, \quad g(1)=0.$$

同理可知 $g(x)=x-1$。故 $f(x)=1-x$。

综上知对任意 $x\in\mathbf{R}$，有

$$f(x)\equiv 0 \text{ 或 } f(x)=x-1 \text{ 或 } f(x)=1-x.$$

经检验, 上述三解均合题。

注 本题的关键是证明 f 为单射。而证明单射的方法也是用取特殊值的方法消去一些东西，从而将式子化到最简。

二、算二次

题 3 求所有函数 $f:\mathbf{R}\to\mathbf{R}$，使对任意 $x,y\in\mathbf{R}$，有

$$f(x^2+y+f(y))=2y+f^2(x). \tag{1}$$

解 在 (1) 中令 $x=0$，得

$$f(y+f(y))=2y+f^2(0).$$

故 f 为满射。

在 (1) 中将 x 换为 $-x$，有

$$f(x^2+y+f(y))=f^2(-x)+2y,$$

可得 $f^2(-x)=f^2(x)$。故 $f(-a)=0$。

在 (1) 中令 $x=0,y=a$，则

$$2a+f^2(0)=f(a+f(a))=f(a)=0.$$

在 (1) 中令 $x=0,y=-a$，则

$$-2a+f^2(0)=f(-a+f(-a))=f(-a)=0.$$

故

$$2a+f^2(0)=-2a+f^2(0).$$

由此可得 $a=0$。因此 $f(0)=0$。

在 (1) 中令 $y=0$ 有 $f(x^2)=f^2(x)$。故 $x\geqslant 0$ 时，

$$f(x)=f^2(\sqrt{x})\geqslant 0. \tag{2}$$

故

$$f(x^2+y+f(y))=2y+f(x^2).$$

将 x^2 换为 x 知，$x\geqslant 0$ 时，

$$f(x+y+f(y))=f(x)+2y. \tag{3}$$

取 $x\geqslant 0, y\geqslant 0, z\geqslant 0$，则

$$f(x)\geqslant 0,\quad f(y)\geqslant 0,\quad f(z)\geqslant 0.$$

考虑 $f(z+x+y+f(y)+f(x+y+f(y)))$。一方面，

$$f(z+x+y+f(y)+f(x+y+f(y)))=f(z)+2(x+y+f(y)),$$

另一方面，

$$\begin{aligned}
&f(z+x+y+f(y)+f(x+y+f(y)))\\
=&f(z+x+y+f(y)+f(x)+2y)\\
=&f(z+3y+f(y+x+f(x)))\\
=&2x+f(z+3y+f(y))\\
=&2x+2y+f(z+2y).
\end{aligned}$$

比较以上两式知

$$f(x)+2f(y)=f(z+2y)\ (y\geqslant 0, z\geqslant 0).$$

令 $z=0$，有 $f(2y)=2f(y)$，故

$$f(z+2y)=f(z)+f(2y)\ (z\geqslant 0, y\geqslant 0).$$

故对任意 $x\geqslant 0, y\geqslant 0$，

$$f(x+y)=f(x)+f(y).$$

又 $x\geqslant 0$ 时，$f(x)\geqslant 0$，故

$$f(x+y)\geqslant f(y).$$

故 f 在 $[0,\infty)$ 上单调不减。则 $f(x)=cx\ (x\geqslant 0, c=f(1))$（由柯西方程）。

而在 (3) 中令 $x \geqslant 0, y \geqslant 0$，有

$$c(x+y+cy) = cx+2y.$$

故 $c^2y = y \Rightarrow c = \pm 1$，由 $c \geqslant 0 \Rightarrow c = 1$。故 $x \geqslant 0$ 时，$f(x) = x$。

若存在 $x_0 > 0, f(x_0) = f(-x_0)$，则

$$f(-x_0) = x_0.$$

在 (1) 中令 $x = 0, y = -x_0$，则

$$f(-x_0 + f(-x_0)) = -2x_0.$$

故 $f(0) = -2x_0$ 可得 $-2x_0 = 0 \Rightarrow x_0 = 0$，矛盾。

则由 $f^2(x) = f(x^2)$，知

$$f^2(x) = f^2(-x),$$

故 $f(x) = -f(-x)$。因此对任意 $x \in \mathbf{R}, f(x) = x$。

经检验 $f(x) = x$ $(x \in \mathbf{R})$ 合题。

注 本题困难之处在于 (1) 中 $f(x^2+y+f(y))$ 并不好处理。而添加一个变量算二次后则可将一个很复杂的式子变为两个不同形式的简单式子，从而得到关键讨论。

题 4 求所有的 $f: \mathbf{R} \to \mathbf{R}$，使对任意 $x, y \in \mathbf{R}$，

$$f(x+y) = f(x)f(y)f(xy). \tag{1}$$

解 对任意 $x, y, z \in \mathbf{R}$，

$$\begin{aligned} f(x+y+z) &= f(x+y)f(z)f((x+y)z) \\ &= f(z)f(x)f(y)f(xy)f(xz+yz) \\ &= f(x)f(y)f(z)f(xy)f(yz)f(zx)f(xyz^2), \end{aligned} \tag{2}$$

$$\begin{aligned} f(x+y+z) &= f(x+z)f(y)f(xy+zy) \\ &= f(y)f(x)f(z)f(xz)f(xy)f(zy)f(xy^2z). \end{aligned} \tag{3}$$

若存在 $x_0 \in \mathbf{R}, f(x_0) = 0$，则对任意 $x \in \mathbf{R}$，

$$f(x) = f(x-x_0)f(x_0)f((x-x_0)x_0) = 0.$$

若对任意 $x \in \mathbf{R}, f(x) \neq 0$，则由 (2) (3) 知，

$$f(xyz^2) = f(xy^2z).$$

取 $y\neq 0, z\neq 0, z=\frac{1}{yz}$，则 $f(y)=f(z)$。

故对 $x\neq 0, f(x)=c$（c 为常数），由 (1) $c^3=c\Rightarrow c^2=1\Rightarrow c=\pm 1$（由于 $c\neq 0$）。而

$$f(0)=f(x)f(-x)f(-x^2)=c^3=c\ (x\neq 0).$$

综上对 $x\in\mathbf{R}$,

$$f(x)\equiv 0 \text{ 或 } f(x)\equiv 1 \text{ 或 } f(x)\equiv -1.$$

经检验，上述三解符合题。

注 本题的条件式并不算太复杂，但若按一般方法去代入特值会让讨论变得有些麻烦。这里添加一个变量 z 算二次可以充分利用本题的对称性消去大部分式子从而得到 $f(xyz^2)=f(xy^2z)$。

题 5 求所有的函数 $f:\mathbf{R}^+\to\mathbf{R}^+$，使得对任意 $x,y\in\mathbf{R}^+$，

$$f(x+y+f(y))=4030x-f(x)+f(2016y). \tag{1}$$

解 记 $A=f(1)+1, B=f(2016)$。

在 (1) 中令 $y=1$ 有

$$f(x+A)=4030x-f(x)+B,$$

下面考虑 $f(x+A+y+f(y))$。一方面，

$$\begin{aligned}f(x+A+y+f(y))&=4030(x+y+f(y))-f(x+y+f(y))+B\\&=4030(x+y+f(y))-4030x+f(x)-f(2016y)+B\\&=4030y+4030f(y)+f(x)-f(2016y)+B.\end{aligned}$$

另一方面，

$$\begin{aligned}f(x+A+y+f(y))&=4030(x+A)-f(x+A)+f(2016y)\\&=4030(x+A)-4030x+f(x)-B+f(2016y)\\&=4030A+f(x)-B+f(2016y).\end{aligned}$$

综合以上两式知

$$f(2016y)=2015(y+f(y))+B-2015A. \tag{*}$$

在 (1) 中令 $x=1$ 有

$$\begin{aligned}f(1+y+f(y))&=4030-f(1)+f(2016y)\\&=2015(y+f(y)+1)+2015-f(1)+B-2015A.\end{aligned}$$

故对任意 $x \in \mathbf{R}^+$，

$$f(x+f(x)+1)=2015(x+f(x)+1)+c\ (c\ \text{为常数}). \tag{2}$$

又在 (1) 中令 $x=2016y$，知

$$f(2017y+f(y))=4030\cdot 2016y.$$

故 f 为 $\mathbf{R}^+$ 上满射。

而由 $(*)$ 知，

$$1+\frac{f(2016y)+2015A-B}{2015}=y+f(y)+1.$$

又对任意 $y>0$，存在 y_0，使得 $f(2016y_0)=y$。

故对任意 $x>1+\frac{2015A-B}{2015}$（即 $1+\frac{2015A-B}{2015}=\lambda$），即对任意 $x>\lambda$（λ 为常数），存在 $x_0\in\mathbf{R}$，使 $x_0+f(x_0)+1=x$。

结合 (2) 知，对 $x>\lambda$，$f(x)=2015x+c$。

不妨设 $\lambda>0$（若 $\lambda\leqslant 0$ 本题已解决），取 $y>10^{10}\lambda+10^{10}k$，$x>\lambda$。

$$f(x+y+2015y+c)=4030x-f(x)+2015(2016y)+c.$$

故

$$2015(x+y+2015y+c)+c=4030x-2015x-c+2015\cdot 2016y+c.$$

故 $2016c=0$，因此 $c=0$。

在 (1) 中取 $y>10^{10}\lambda+10^{10}k$，对 $x\leqslant\lambda$，有

$$2015(x+y+2015y)=4030x-f(x)+2015\cdot 2016y.$$

从而 $f(x)=2015x$。故对任意 $x\in\mathbf{R}^+$，$f(x)=2015x$。

经检验，此解合题。

三、利用极限解决函数方程

在某些函数方程题中，其条件全是一些不等式关系。此时可以考虑重复某一估计步骤并用极限得出函数方程的解。

题 6　求所有函数 $f:\mathbf{N}^*\to\mathbf{R}$，使得对任意 $k,m,n\in\mathbf{N}^*$，有

$$f(km)+f(kn)-f(k)f(mn)\geqslant 1.$$

解 令 $k=m=n=1$ 得

$$2f(1)\geqslant 1+f^2(1),$$

可得 $f(1)=1$。

令 $m=n=1$ 得

$$f(k)+f(k)-f(k)\geqslant 1.$$

故对任意 $k\in\mathbf{N}_+$，$f(k)\geqslant 1$。

令 $k=m=n$ 得

$$2f(k^2)-f(k)f(k^2)\geqslant 1,\quad f(k^2)(2-f(k))\geqslant 1.$$

结合对任意 $x\in\mathbf{N}_+$，$f(x)\geqslant 1$ 知 $f(k)<2$。故

$$f(k^2)\geqslant\frac{1}{2-f(k)}.\tag{$*$}$$

下归纳证明：对任意 $k\in\mathbf{N}_+$，$\frac{n+1}{n}>f(k)\geqslant 1$（$n$ 为任意正整数）。

$n=1$ 时，$2>f(k)\geqslant 1$ 成立。

设对 n 时已成立 $(n\geqslant 1)$，考虑 $n+1$ 时，此时由 $(*)$ 有

$$\frac{n+1}{n}>f(k^2)\geqslant\frac{1}{2-f(k)}.$$

故

$$\frac{2n+2}{n}-\frac{n+1}{n}f(k)>1.$$

因此

$$f(k)<\frac{n+2}{n+1}.$$

从而对 $n+1$ 时结论也成立。

故对任意 $k\in\mathbf{N}_+$，$n\in\mathbf{N}_+$，

$$\frac{n+1}{n}>f(k)\geqslant 1.$$

此时取 $n\to+\infty$，由于 $\lim\limits_{n\to\infty}\frac{n+1}{n}=1$，故 $f(k)=1(k\in\mathbf{N}_+)$。

因此 $f(x)\equiv 1(\forall x\in\mathbf{N}_+)$，经检验合题。

注 本题所能用的等式条件并不多，只有一些不等关系。而在较粗略的估计 $2>f(k)\geqslant 1$ 后，便可以发现 $f(k)$ 的范围可不断精确，由此便可以求极限。

题 7 求满足以下条件的所有函数 $f:[1,+\infty)\to[1,+\infty)$：

(1) $f(x)\leqslant 2(x+1)$； (2) $f(x+1)=\frac{1}{x}[f^2(x)-1]$。

解 令 $g(x)=f(x)-x-1$，则 $-x\leqslant g(x)\leqslant x+1$，且 $g(x+1)=\frac{1}{x}g(x)(g(x)+2x+2)$。故由

$$\frac{1}{x}g(x)(g(x)+2x+2)=g(x+1)\leqslant x+2,$$

知

$$(g(x)+x+1)^2\leqslant x(x+2)+(x+1)^2<2(x+1)^2.$$

故

$$g(x)<(2^{\frac{1}{2}}-1)(x+1).$$

下设 $g(x)<(2^{\frac{1}{2^k}}-1)(x+1)(k\in\mathbf{N}_+)$ 已成立，则

$$g(x+1)=\frac{1}{x}g(x)(g(x)+2x+2)<(2^{\frac{1}{2^k}}-1)(x+2).$$

故

$$(g(x)+x+1)^2\leqslant(x+1)^2+(2^{\frac{1}{2^k}}-1)(x+2)x\leqslant 2^{\frac{1}{2^k}}(x+1)^2.$$

故

$$g(x)<(2^{\frac{1}{2^{k+1}}}-1)(x+1).$$

故对任意 $k\in\mathbf{N}_+$，

$$g(x)<(2^{\frac{1}{2^k}}-1)(x+1).$$

取 $k\to+\infty$ 知 $g(x)\leqslant 0,x\in[1,+\infty)$。

又

$$g(x+1)=\frac{1}{x}g(x)(g(x)+2x+2)\geqslant -x-1,$$

故

$$(g(x)+x+1)^2\geqslant x+1,$$

故

$$g(x)2-x-1+\sqrt{x+1}\geqslant -x-1+x^{\frac{1}{2}}.$$

（由于 $g(x)\geqslant -x$，故 $g(x)\leqslant -x-1-\sqrt{x+1}$ 不成立。）故

$$\frac{1}{x}g(x)(g(x)+2x+2)=g(x+1)\geqslant -x-2+\sqrt{x+1},$$

故

$$(g(x)+x+1)^2\geqslant 1+x\sqrt{x+1},$$

故

$$g(x) \geqslant -x-1+\sqrt{1+x\sqrt{x+1}} \geqslant -x-1+x^{1-\frac{1}{2^k}}.$$

设已有 $g(x) \geqslant -x-1+x^{1-\frac{1}{2^k}}$ 成立，则

$$g(x+1)=\frac{1}{x}g(x)(g(x)+2x+2) \geqslant -(x+2)+(x+1)^{1-\frac{1}{2^k}}.$$

故

$$(g(x)+x+1)^2 \geqslant 1+x(x+1)^{1-\frac{1}{2^k}} > x^{2-\frac{1}{2^k}},$$

故

$$g(x) \geqslant -x-1+x^{1-\frac{1}{2^{k+1}}}$$

对 $k+1$ 也成立。故对任意 $k \in \mathbf{N}_+$，

$$g(x) \geqslant -x-1+x^{1-\frac{1}{2^k}},$$

取 $k \to +\infty$ 知 $g(x) \geqslant -1(\forall x \in [1,+\infty))$，

$$\frac{1}{x}g(x)(g(x)+2x+2)=g(x+1) \geqslant -1,$$

故

$$(g(x)+x+1)^2 \geqslant x^2+x+1 > \left(x+\frac{1}{2}\right)^2.$$

故 $g(x) \geqslant -\frac{1}{2}$。

设已有 $g(x) \geqslant -\frac{1}{2^k}(k \in \mathbf{N}_+)$，则

$$\frac{1}{x}g(x)(g(x)+2x+2)=g(x+1) \geqslant -\frac{1}{2^k},$$

故

$$(g(x)+x+1)^2 \geqslant (x+1)^2-\frac{1}{2^k}x > \left(x+1-\frac{1}{2^{k+1}}\right)^2.$$

故 $g(x) \geqslant -\frac{1}{2^{k+1}}$。故对任意 $k \in \mathbf{N}_+$，$g(x) \geqslant -\frac{1}{2^k}$。取 $k \to +\infty$ 可得 $g(x) \geqslant 0(\forall x \in [1,+\infty))$。

综上 $g(x) \leqslant 0(x \in [1,+\infty))$，得 $g(x) \equiv 0\ (x \in [1,+\infty))$。

故 $f(x)=x+1\ (x \in [1,+\infty))$。

经检验合题。

注 本题由条件得到 $g(x)$ 的范围后只用重复估计过程即可得到最佳范围估计 $(0 \leqslant g(x) \leqslant 0)$。

四、构造多项式

有时对于函数 f 若可以证 $x\in\mathbf{Q}$ 时 $f(x)\geqslant x$，但 $x\notin\mathbf{Q}$ 时无法证明，则可以构造多项式用代数基本定理证明。

题 8 给定 $k\in\mathbf{N}_+$，$k\geqslant 2$。求所有的函数 $f:\mathbf{R}\to\mathbf{R}$，使对任意 $x,y\in\mathbf{R}, f(x+y)=f(x)+f(y)$ 且 $f(x^k)=(f(x))^k$。

解 k 为偶数时，当 $x\geqslant 0$，$f(x)=(f(x^{\frac{1}{k}}))^k\geqslant 0$。故 $x\geqslant 0, y\geqslant 0$ 时，

$$f(x+y)\geqslant f(x),$$

即 $f(x)$ 在 $[0,+\infty)$ 上单调不减。故由柯西方程 $f(x)=cx\ (c\in\mathbf{R})$。故 $cx^k=c^kx^k$，故 $c^k=c\Rightarrow c=0,1$, 因此 $f(x)\equiv 0\ (x\in\mathbf{R})$ 或 $f(x)=x\ (x\in\mathbf{R})$。经检验合题。

k 为奇数时，由柯西方法易知对任意 $q_0\in\mathbf{Q}$，

$$f(q_0x)=q_0f(x)\ (x\in\mathbf{R}).$$

取 $q_0\in\mathbf{Q}$，则

$$\begin{aligned}(f(x+q_0))^k&=(f(x)+f(q_0))^k\\&=f^k(x)+kf^{k-1}(x)f(q_0)+\cdots+f^k(q_0)\\&=f^k(x)+kq_0f(1)f^{k-1}(x)+\cdots+(q_0f(1))^k,\end{aligned}$$

且

$$\begin{aligned}(f(x+q_0))^k&=f((x+q_0)^k)\\&=f(x^k+kx^{k-1}q_0+\cdots+q_0^k)\\&=f^k(x)+kf(x^{k-1}q_0)+\cdots+f^k(q_0)\\&=f^k(x)+kq_0f(x^{k-1})+\cdots+(q_0f(1))^k.\end{aligned}$$

固定 x，记

$$g(q_0)=(f^k(x)+\cdots+(q_0f(1))^k)-(f^k(x)+kq_0f(1)f^{k-1}(x)+\cdots+(q_0f(1))^k).$$

对任意 $q_0\in\mathbf{Q}$，$g(q_0)=0$。故 $g(q_0)$ 每项系数都为 0。（由于 g 为 $\leqslant k$ 次多项式，而其有无穷多个根）比较一次项系数有

$$f^{k-1}(x)f(1)=f(x^{k-1}).$$

故对 $x\geqslant 0$,

$$f(x)=(f(x^{\frac{1}{k-1}}))^{k-1}f(1)$$

恒非负或恒非正。故可知 f 在 $[0,+\infty)$ 上单调不减或单调不增，由柯西方程 $f(x)=cx$（c 为常数）。由 $f(x^k)=(f(x))^k$ 知 $c^k=c\Rightarrow c=0,\pm1$。

故 k 为奇数时，$f(x)\equiv 0\ (x\in\mathbf{R})$ 或 $f(x)=x\ (x\in\mathbf{R})$ 或 $f(x)=-x\ (x\in\mathbf{R})$。

经检验上述三解合题。

编者按：本文选自数学新星网“学生专栏”。

浅谈数论型函数方程

周世龙*

在数论问题中，有一类较为特殊：它会以函数方程的形式呈现。此类问题通常难度较大，既要求对数论知识掌握透彻，同时也需要使用函数方程的处理手段。不过在笔者看来，此类问题较常见的离散型函数方程 $f:\mathbf{N}^*\to\mathbf{N}^*$ 的求解更有价值，更能体现离散化的本质，有相当一部分问题既具备极高的观赏性，又有很大的研究价值。

本文中例题有较为详细的思路分析，练习题则以答案为主。望各位读者通过此文，能感受到这类问题的美。

例 1 *求所有函数 $f:\mathbf{N}^*\to\mathbf{N}^*$，使得对于所有的 $m,n\in\mathbf{N}^*$，均有*

(1) $f(mn)=f(m)f(n)$; (2) $m+n\mid f(m)+f(n)$。

分析与解 我们先来尝试猜出本题的答案。

代入 $m,n=1$，有 $f(1)=f^2(1)$，结合 $f(n)\in\mathbf{N}^*$ 得 $f(1)=1$。

代入 $n=1$，有 $m+1\mid f(m)+1$，于是猜测 $f(m)=m^k$，k 为奇数。

下面来证明我们的猜想是正确的。

由 $2n+1\mid f(2n)+f(1)=f(2)f(n)+1$ 得 $(2n+1,f(2)f(n))=1$，有 $(2n+1,f(2))=1$，$\forall n\in\mathbf{N}^*$，这说明 $f(2)=2^k$。

由 $1+2\mid f(1)+f(2)=f(2)+1$，得到 k 为奇数。

对任意 $m\in\mathbf{N}^*$，$f(2^m)=f^m(2)=2^{km}$。结合 k 为奇数，有 $2^m+n\mid 2^{mk}+n^k$，$\forall n\in\mathbf{N}^*$。再由条件 (2) 知 $2^m+n\mid f(2^m)+f(n)=2^{km}+f(n)$，从而 $2^m+n\mid f(n)-n^k$。

由于 m 的任意性，必有 $f(n)-n^k=0$，即 $f(n)=n^k$ $(n\in\mathbf{N}^*)$。

反之，通过验证，易知其满足题目要求。

所以 $f(n)=n^k$ $(n\in\mathbf{N}^*)$，k 为正奇数，即为我们所求的 f。

*北京市第四中学，现就读于武汉大学。

评注 本题不难，是一道相当常规的题目。可以说没有过多的技巧。最好先猜出本题答案，后往答案上靠拢，上面解答中关于 $f(2)$ 的解法便是如此。这也是处理这类问题的重要方式之一。

例 2 求所有函数 $f:\mathbf{N}^*\to\mathbf{N}^*$，使得对于任意正整数 m,n，$f(m)+f(n)-mn$ 不为 0，且整除 $mf(m)+nf(n)$。[1]

分析与解 还是先尝试猜出答案。注意到当 $f(n)=n^2$ 时，m^2-mn+n^2 的确不为 0，且整除 m^3+n^3。除此之外似乎并不能试出其他答案。

来验证一下。取 $m=n=1$，有 $2f(1)-1\mid 2f(1)$，从而 $f(1)=1$。

对任意奇素数 p，取另一个数为 1，得到 $f(p)+f(1)-p\mid pf(p)+1$。于是

$$f(p)+1-p\mid pf(p)+1-p(f(p)+1-p)=p^2+1-p.$$

若 $f(p)=p^2$，明显成立；下面考虑 $f(p)<p^2$ 的情况。

由于 p^2+1-p 为奇数，显然有 $p^2+1-p\geqslant 3(f(p)+1-p)$，从而

$$f(p)\leqslant\frac{1}{3}(p^2+2p-2).$$

再代入 $m=n=p$，有 $2f(p)-p^2\mid 2pf(p)$，稍加变形得

$$2f(p)-p^2\mid p^3. \tag{1}$$

然后进行估计，得到

$$-p^2<2f(p)-p^2\leqslant\frac{2}{3}(p^2+2p-2)-p^2<-p. \tag{2}$$

上式最右端的小于号在 $p>6$ 时成立。于是对不小于 7 的素数 p，由式 (1) (2)，矛盾!

故 $f(p)=p^2$。对任意正整数 n，取 $m=p$ 代入，有 $p^2-pn+f(n)\mid p^3+nf(n)$，由此

$$p^2-pn+f(n)\mid p^3+nf(n)-n(p^2-pn+f(n))=p^3-np^2+n^2p.$$

取充分大的 p ($p\gg f(n)$)，此时有 $(p,f(n))=1$，故 $p^2-pn+f(n)\mid p^2-pn+n^2$。稍加变形，得到 $p^2-pn+f(n)\mid n^2-f(n)$。由 p 的性质，必有 $n^2-f(n)=0$。

至此得到 $f(n)=n$，证毕。

评注 对于这类问题，有时在我们猜出答案后可能会尝试归纳（见下一题）。不过，事实上，大部分时候直接对整数情况进行归纳是行不通的，主要是因为任意整数的情形过于复杂，一般不是一步归纳就能轻易解决的。此时

我们不妨对特殊情况（较常见的是奇素数时的命题）进行讨论，而此题提醒我们的是不要忘记不等式分析。总体而言这是个很好的训练题。

例 3 给定正整数 k 和 l。求所有函数 $f:\mathbf{N}^*\to\mathbf{N}^*$，使得对任意 $m,n\in\mathbf{N}^*$，均有 $f(m)+f(n)\mid(m+n+l)^k$ 成立。

分析与解 首先，当 l 为奇数时，取 $m=n$，有 $2f(m)\mid(2m+l)^k$，显然矛盾！故 l 为奇数时不存在 f 满足题意。下面讨论 l 为偶数的情况。

依然猜测 $f(n)=n+\frac{l}{2}$。为往这个答案靠拢，我们来证明如下引理：

引理 对任意 $m\in\mathbf{N}^*$，有 $f(m+1)-f(m)=\pm1$。

显然 f 不为常值函数。若 $|f(m+1)-f(m)|\neq1$，则存在素数 p，使得 $p\mid f(m+1)-f(m)$。

取 e 使得 $p^e>m+l$。结合条件，有

$$f(p^e-m-l)+f(m)\mid(p^e-m-l+m+l)^k=p^{ek}.$$

又 $f(p^e-m-l)+f(m)\geqslant1+1=2$，故 $p\mid f(p^e-m-1)+f(m)$。

再由假设可推得

$$p\mid f(p^e-m-1)+f(m+1).$$

然而 $f(p^e-m-1)+f(m+1)\mid(p^e+1)^k$，显然矛盾！故引理证毕。

特别地，由引理易得 $f(n)\leqslant f(n-1)+1\leqslant\cdots\leqslant f(1)+(n-1)$。

接下来选取充分大的素数 p，$p>l+1$，$p^2>p+2f(1)-l-2$。注意到

$$f(1)+f(p-l-1)\mid(p-l-1+l+1)^k=p^k,$$

且

$$1<f(1)+f(p-l-1)\leqslant f(1)+(f(1)+p-l-2)<p^2.$$

故 $f(1)+f(p-l-1)=p$，即 $f(p-l-1)=p-f(1)$。

然后，再取另一满足上式的素数 q，$p>q$。则 $f(p-l-1)=p-f(1)$，且 $f(q-l-1)=q-f(1)$。因此

$$\begin{aligned}p-f(1)&=f(p-l-1)\leqslant f(p-l-2)+1\leqslant\cdots\\&\leqslant f(q-l+1)+(p-q)=q-f(1)+(p-q)=p-f(1).\end{aligned}$$

不等式中的等号均成立，这说明当 $q\leqslant n\leqslant p$ 时，有 $f(n-l-1)=n-f(1)$。特别地，对 $n\geqslant q-l-1$，有 $f(n)=n+l+1-f(1)=n+c$，其中 c 为常数。

我们接下来固定 n，选取 $q-l-1 \leqslant N \leqslant p-l-1$ 使得 $n+N+l$ 为素数。事实上，由于 p 充分大，这是可以做到的。于是由 $f(n)+f(N) \mid (n+N+l)^k$ 可得 $f(n)+f(N)=(n+N+l)^e$，其中 $1 \leqslant e \leqslant k$。

又 $f(N)=N+c$，当 N 趋于无穷时，除非 $e=1$，否则必然矛盾。这时 $f(n)=n+l-c$，$\forall n \in \mathbf{N}^*$。

这时代入题目条件，有 $m+n+2l-2c \mid (m+n+l)^k$。则显然有

$$m+n+2l-2c \mid (m+n+l-(m+n+2l-2c))^k=(2c-l)^k.$$

取 $m,n \to +\infty$，右式为常值，故必然为 0，即 $c=\frac{l}{2}$。所以当 l 为偶数时，$f(n)=n+\frac{l}{2}$，$\forall n \in \mathbf{N}^*$；当 l 为奇数时，无满足题意的 f。

评注 本题在例 1 与例 2 的基础上变得更加不常规，也更难处理。大致想法仍然是往答案靠拢，但此题进行下去时明显可以感受到阻碍，整个过程也显得并不那么自然。

引理中的字母与后续证明中的相互独立，未加区分，请读者注意。

例 4 对于每个 $n \in \mathbf{N}^*$，记 n 的所有正因子的数目为 $d(n)$。求满足下列性质的所有函数 $f: \mathbf{N}^* \to \mathbf{N}^*$：

(1) 对于所有的 $x \in \mathbf{N}^*$，$d(f(x))=x$；

(2) 对于所有的 $x,y \in \mathbf{N}^*$，有 $f(xy) \mid (x-1)y^{xy-1}f(x)$。

分析与解 乍看此题，感觉第一个条件较好下手，于是来尝试一些较为简单的情况。

由 $d(f(1))=1$ 得 $f(1)=1$；由 $d(f(2))=2$ 得 $f(2)=p$，p 为素数；由 $d(f(3))=3$ 知 $f(3)=q^2$，q 为素数。

鉴于已设出 $f(2),f(3)$，我们来考虑 $f(6)$。

由条件 (2) 可知，$f(6)=f(2\cdot 3) \mid 3^{6-1}f(2)=3^5p$，同时 $f(6)=f(3\cdot 2) \mid 2\cdot 2^{6-1}f(3)=2^6q^2$。于是 $f(6) \mid (3^5p,2^6q^2)$。结合 $d(f(6))=6$，易通过简单讨论知 $p=2,q=3$，$f(6)=3^2\cdot 2=18$。

经过上述讨论，得到了 $f(2)=2=2^{2-1}$, $f(3)=3^2=3^{3-1}$。

于是我们猜测并证明如下引理：

引理 1 $f(p)=p^{p-1}$, p 为素数。

由条件 (1) 知 $d(f(p))=p$，结合 p 为素数，可知 $f(p)=q^{p-1}$，q 为素数。

考虑 $f(2p)=f(2\cdot p) \mid p^{2p-1}\cdot 2$，$f(2p)=f(p\cdot 2) \mid (p-1)\cdot 2^{2p-1}\cdot q^{p-1}$。

故 $f(2p) \mid 2\cdot(p^{2p-1},(p-1)q^{p-1})$，易得 $(p^{2q-1},q^{p-1}) \neq 1$，否则 $f(2p) \mid 2$，这显然是不成立的。于是 $p=q$。此时 $f(p)=p^{p-1}$，引理 1 证毕。

继续进行尝试，知 $f(4)=f(2\cdot 2)\mid 2^3f(2)=2^4$，结合 $d(f(4))=4$，知 $f(4)=2^3$。

多进行几组尝试（此处略去）后，可发现素数的幂也满足引理 1 的形式。于是我们证明：

引理 2 $f(p^n)=p^{p^n-1}$，p 为素数。

对 n 归纳。

$n=1$ 时，即为引理 1。

假设命题对 $n-1$ 时成立，考虑 n 时的命题。

由条件 (2) 知

$$f(p^n)=f(p\cdot p^{n-1})\mid (p-1)\cdot(p^{n-1})^{p^n-1}f(p)=(p-1)p^{(n-1)(p^n-1)+p-1}:=A,$$

且

$$f(p^n)=f(p^{n-1}\cdot p)\mid (p^{n-1}-1)p^{p^n-1}f(p^{n-1})=(p^n-1)p^{p^n-1+p^{n-1}-1}:=B.$$

又知 $((p^n-1),p)=1, p-1\mid p^n-1$, 于是 $f(p^n)\mid (A,B)=(p-1)p^{p^n+p^{n-1}-2}$。

由条件 (1) 知 $d(f(p^n))=p^n$，若 $p-1$ 中含有 $f(p^n)$ 的素因子，则其次数必 $\geqslant p-1$。显然 $2^{p-1}>p-1$，矛盾！于是得到 $f(p^n)$ 只含素因子 p，结合 $d(f(p^n))=p^n$，有 $f(p^n)=p^{p^n-1}$，于是引理 2 证毕。

至此已完成了对素数的幂情况的证明。稍加尝试后，便可猜到此函数的一般形式。但前面的证明只运用了条件和整除分析，然而在证明一般情况时，由于素因子数量的增多，无法确定各种 $(p-1)$ 型因子与其他因子的最大公约数。若仍只是用这些手段，无疑将是极为复杂甚至走不下去的（读者可自行尝试）。

但我们可从上述证明过程中得到启发：$f(p^n)$ 只含素因子 p。这引发了我们对如下引理的证明：

引理 3 对于任意的正整数 n，它的素因子与 $f(n)$ 的素因子完全相同。

设 $p=\min\limits_{p_i\mid n}p_i$，其中 p_i 为素数。

则由条件 (2)，我们设 $m=\frac{n}{p}$，有

$$f(n)=f(p\cdot m)\mid (p-1)m^{n-1}f(p)=(p-1)m^{n-1}p^{p-1}.$$

分离 $f(n)$ 的因子，设 $f(n)=kN$，其中 $(k,n)=1$，$p_i\mid N$。下面只需说明 $k=1$ 即可。

由于 $k\mid (p-1)m^{n-1}f(p)$，从而 $k\mid p-1$，且 $d(k)\leqslant k<p$。

由条件 (1)，$n=d(f(n))=d(kN)$，且 $(k,N)=1$，知 $n=d(kN)=d(k)d(N)$，$d(k)\mid n$。

上面已经说明了 $d(k)<p$，于是 $d(k)=1$，即 $k=1$，引理 3 证毕。

自然地，也可仿照引理 2 的证明完成此题。不过此处给一个稍简单的方法。

设 $n=\prod\limits_{i=1}^{k}p_i^{\alpha_i}$，则由引理 3，$f(n)=\prod\limits_{i=1}^{k}p_i^{\beta_i}$。结合条件 (2)，设 $x_i=\frac{n}{p_i^{\alpha_i}}$，我们有 $p_i^{\beta_i}\mid f(n)\mid(p_i^{\alpha_i}-1)x_i^{n-1}f(p_i^{\alpha_i})$。

由于 $(p_i(p_i^{\alpha_i}-1)x_i^{n-1})=1$，有 $p_i^{\beta_i}\mid f(p_i^{\alpha_i})=p_i^{p_i^{\alpha_i}-1}$，从而 $\beta_i\leqslant p_i^{\alpha_i}-1$。结合条件 (1)，等号必须取到，此处不再赘述。

至此得到了 $f:f(n)=\prod\limits_{i=1}^{k}p_i^{p_i^{\alpha_i-1}}$，当 $n=\prod\limits_{i=1}^{k}p_i^{\alpha_i}$ 时。我们完成了对本题的解答。

评注 此题可以说是一个非常经典的题目，用到的手段着实不多：整除的性质，算术基本定理，似乎也就仅此而已了。但看似过程一气呵成，此题仍具有一定的难度，自己做下来也并非一帆风顺。

此题之所以典型，在于其思想的重要性：从特殊到一般。这对于大部分难题是不可或缺的。

例 5 对于不小于 5 的素数 p 和正整数 n，求所有函数 $f:\mathbf{N}^*\to\mathbf{N}$，满足：

(1) 对所有满足 $a_i\notin\{0,1\}$ $(1\leqslant i\leqslant p-2)$ 且 $p\nmid a_i-1$ 的整数序列，有 $\sum\limits_{i=1}^{p-2}f(a_i)=f(\prod\limits_{i=1}^{p-2}a_i)$；

(2) 对任意的互质整数 a,b，当 $a\equiv b \pmod p$ 时，$f(a)=f(b)$；

(3) 对任意正整数 n，存在 $l\in\mathbf{N}^*$，使得 $f(l)=n$。[3]

分析与解 题目不允许我们取 $a_i=1$，不妨取 $a_i=-1$，这时 $(p-2)f(-1)=f(-1)$，则 $f(-1)=0$。

取 $a_i=i+1$，据 Wilson 定理，结合条件 (2)，必有 $\sum\limits_{i=2}^{p-1}f(i)=f(\prod\limits_{i=2}^{p-1}i)=f(-1)=0$。由题意，函数的值域为非负整数，所以 $f(i)=0$，$2\leqslant i\leqslant p-1$。

再取 $a_1=4$，其余 $a_i=2$，由 Fermat 小定理，$\sum\limits_{i=1}^{p-2}f(a_i)=f(2^{p-1})=f(1)=0$。

当 $(a,p)=1$ 时，$(a,a+kp)=1$。结合条件 (2)，得 $f(n)=0$，当 $p\nmid n$ 时。

至此我们已将与 p 互素的正整数讨论完全。下面来说明 $p\mid n$ 时的情况。

取 $a_1=x,a_2=y$（其中 $xy\equiv-1 \pmod p$），$a_3=a_4=p$，其余 $a_i=-1$，可知 $2f(p)=f(p^2)$，经过简单的归纳，可得 $f(p^k)=kf(p)$，$\forall k\in\mathbf{N}$。

对任意与 p 互素的整数 r，若 $p\nmid r-1$，取 $a_1=r$，$a_2=p^{k-1}$，$a_3=p$，其余 $a_i=-1$，有 $f(rp^k)=\sum\limits_{i=1}^{p-2}a_i=kf(p)$。若 $p\mid r-1$，不妨设 $r=mp+1$，我们不能直接代入 r，但在证明了上述情况后，可进行一些处理。取 $a_1=(mp+1)p^k$，$a_2=(mp-1)p^k$，$a_3=x,a_4=y$（仍有 $xy\equiv-1\pmod p$），其余 $a_i=-1$，则

$$f((mp+1)p^k)=f((m^2p^2-1)p^{2k})-f((mp-1)p^k)=kf(p).$$

整理一下，我们有 $f(n)=\alpha\nu_p(n)$，其中 $\alpha=f(p)$。

再结合条件 3，知 $f(p)\mid f(l)=n$，故最终得到 $f(n)=\alpha\nu_p(n)$，其中 α 为 n 的因子。

评注 一道相当精彩的题目，这几步赋值其实都相当关键且漂亮，不失为一道好的习题。原题目的题设是“证明 f 的个数与 n 的因子个数相同”。应该说命题者的目的在于给选手提示，但在实际过程中这反而可能会让人想多（笔者便是如此）。

这题相对于以上几道还是“数论的”。其实对于这类问题，何时该使用代数手段处理，何时该利用数论知识构造或分析，是难点，同时也是魅力所在。

例 6 *求所有 $f:\mathbf{Q}\to\mathbf{Z}$，使得对任意 $x\in\mathbf{Q}$，$a\in\mathbf{Z}$，$b\in\mathbf{N}^*$，有*

$$f\left(\frac{f(x)+a}{b}\right)=f\left(\frac{x+a}{b}\right).$$

分析与解 我们可先取 $a=0$，$b=1$，得到 $f(f(x))=f(x)$，这说明 f 或为常函数，或为在整数上的恒等映射，结合原式比较容易猜到天花板和地板两种高斯函数。故猜测 $f(x)\equiv c$，$c\in\mathbf{Z}$；$f(x)=\lfloor x\rfloor$；$f(x)=\lceil x\rceil$（注意不要算上 $f(x)=x$，因为是 $\mathbf{Q}\to\mathbf{Z}$）。在以上三种中常函数较特殊，故先来处理它，为方便书写，以引理的形式呈现。

引理 *若存在 $n\in\mathbf{N}^*$，使得 $f(n)\neq n$，则必有 $f(n)\equiv c$，$c\in\mathbf{Z}$。*

不妨设 $m=f(n)\neq n$，代入 $x=n$，$a=kb-m\ (\forall k\in\mathbf{Z})$，$b=|m-n|$，有 $f(k)=f(k\pm1)$，$\forall k\in\mathbf{Z}$。不论加减，必然会得到 $f(n)\equiv c$，$n\in\mathbf{Z}$。

上面提到了 $f(f(x))=f(x)$，结合 $f(x)\in\mathbf{Z}\Rightarrow f(f(x))=c\Rightarrow f(x)\equiv c$，$x\in\mathbf{Q}$，$c\in\mathbf{Z}$。

至此引理证毕。

接下来讨论非常函数的情况。据引理可知 $f(n)=n$，$\forall n\in\mathbf{Z}$。我们还有一个简单的小结论：$f(x+a)=f(f(x)+a)=f(x)+a$，$x\in\mathbf{Q}$，$a\in\mathbf{Z}$。这是易于证明的。

下面的证明分步给出。

(1) $f(\frac{1}{2})\in\{0,1\}$。

讨论需先从特殊情况开始。取 $x=\frac{1}{2}$，$b=2a+1$，有

$$f\left(\frac{f\left(\frac{1}{2}\right)+a}{2a+1}\right)=f\left(\frac{\frac{1}{2}+a}{2a+1}\right)=f\left(\frac{1}{2}\right).$$

欲证 $f(\frac{1}{2})\in\{0,1\}$，我们进行一下分段：

i) 若 $f(\frac{1}{2})\geqslant 1$，取 $a=f(\frac{1}{2})-1$，会得到 $f(\frac{2f(\frac{1}{2})-1}{2f(\frac{1}{2})-1})=f(1)=1=f(\frac{1}{2})$；

ii) 若 $f(\frac{1}{2})\leqslant 0$，取 $a=-f(\frac{1}{2})$，得到 $f(0)=0=f(\frac{1}{2})$（为什么可以这样分段留给读者思考）。故 (1) 证毕。

(2) 当 $f(\frac{1}{2})=0$ 时，$f(x)=\lfloor x\rfloor$。

结合上面的小结论，其实只需证明：对任意的 $0<k<n$，$f(\frac{k}{n})=0$。

先来证明：$n=2^k$ 时命题成立。

对 k 归纳。$k=1$ 已给出，假设 $k-1$ 时成立，讨论 k 时的命题。

易知 $f(\frac{1}{2^k})=f(\frac{\frac{l}{2^{k-1}}}{2})=f(\frac{f(\frac{1}{2^{k-1}})}{2})$，结合 $0<l<2^k\Rightarrow f(\frac{l}{2^{k-1}})=0$ 或 1。而 $f(0)=f(\frac{1}{2})=0$，故 k 时命题成立。

回到原题，对 n 归纳。$n=2$ 已给出。假设 $n-1$ 时成立，讨论 n 时的命题。

$$f\left(\frac{1}{n}\right)=f\left(\frac{f(\frac{1}{n-1})+1}{n}\right)=f\left(\frac{\frac{1}{n-1}+1}{n}\right)=f\left(\frac{1}{n-1}\right)=0,$$

直至 $f(\frac{n-2}{n})$ 均类似操作即可。

注意到 $f(\frac{n-1}{n})=f(-\frac{1}{n}+1)=f(\frac{f(\frac{1}{2^{\varphi(n)}})-1}{n}+1)=f(\frac{\frac{1-2^{\varphi(n)}}{n}}{2^{\varphi(n)}}+1)$，这里 $\varphi(n)$ 为 Euler 函数。由于 $2^{\varphi(n)}>\frac{2^{\varphi(n)}-1}{n}\in\mathbf{Z}$，由前面 2^k 的结论不难得出 $f(\frac{n-1}{n})=0$。于是 (2) 证毕。

(3) 当 $f(\frac{1}{2})=1, f(x)=\lceil x\rceil$。

证明与 (2) 几乎完全相同，读者可自行探究，此处不再赘述。

故我们证明了上述猜想为真，证毕。

评注 初看此题，若不是官方标注它是数论题，笔者可能会在代数的道路上一路走到黑。官方的答案似乎讨论得有些麻烦，上述解法可能稍简单些。其实总体上来说我们的目的便是证明有且仅有那三个函数满足题意，故在确定方向后，思路还算清晰，剩下的便是慢慢摸索完成证明了。

例 7 已知函数 $f:\mathbf{N}^*\to\mathbf{N}^*$ 同时满足：

(1) 对任意正整数 m,n，有 $(f(m),f(n))\leqslant(m,n)^{2014}$；

(2) 对任意正整数 n，有 $n \leqslant f(n) \leqslant n+2014$。

证明：存在正整数 N，使得对每个整数 $n \geqslant N$，均有 $f(n)=n$。

分析与解 考察 (1) 的特殊情况：当 $(m,n)=1$ 时，$(f(m),f(n)) \leqslant (m,n)^{2014}=1$，得 $(f(m),f(n))=1$。

而 (2) 是一个限定 $f(n)$ 范围的条件。故欲证在一定条件下 $f(n)=n$，我们可考虑如下命题：

引理 对素数 p，若 $p \mid f(n)$，则 $p \mid n$。

由 (1) 知：当 $(f(m),f(n))>1$ 时，有 $(m,n)>1$。

假设存在 $p \mid m+l=f(m)$，其中 $p \nmid m$。我们取 2015^2-1 个不同于 p 且大于 2014 的互异素数 $p_{i,j}$ $(i,j=0,1,2,\cdots,2014)$ $(p_{0,0}=1)$。此时有 $(p_{i,j},pm)=1$。

由中国剩余定理，存在 n_0 使得 $p \nmid n_0$，且 $\prod\limits_{k=0}^{2014} p_{i,k} \mid n_0+i$，$\forall 0 \leqslant i \leqslant 2014$。

再由中国剩余定理，取 n_1 使得 $p \mid n_1$，$(n_0,n_1)=1$，$(n_1,m)=1$，且 $\prod\limits_{i=0}^{2014} p_{i,j} \mid n_1+j$，$\forall 0 \leqslant j \leqslant 2014$。此时若 $f(n_1) \neq n_1$，显然 $(n_0+i,n_1+j)>1$，$\forall 0 \leqslant i$，$j \leqslant 2014$，$j \neq 0$，但 $(n_0,n_1)=1$，与 (1) 矛盾。于是 $f(n_1)=n_1$。但 $(n_1,m)=1$，$(f(n_1),f(m))=(n_1,f(m)) \geqslant p$，矛盾！这说明假设不成立。

接下来的一个想法是“平移”：若存在 $d>n$，使得 $f(d+i)=d+i$ $(i=1,2,\cdots,2014)$，由 (2) 可知 $d \leqslant f(d) \leqslant d+2013$，我们只需导出 $f(d)=d$，那么以此类推，就有对 $n \in [N,d]$，$f(n)=n$。而欲得到 $f(d)=d$，自然想到证 f 在 $[N,+\infty)$ 为单射，大概确定一下 N 的范围。

若存在 $a>b>N$，使得 $f(a)=f(b)$。由 (1)，有 $(f(a),f(b)) \leqslant (a,b)^{2014} \leqslant |a-b|^{2014}$。

由 (2)，易知 $|a-b| \leqslant 2014$。而事实上 $(f(a),f(b))=f(a) \geqslant a>N$，为推得矛盾，可取 $N \geqslant 2014^{2014}+1$。此时满足了 $f(n)=n$ 的单射性。

最后我们来确定 d 的存在性与无穷性，以及 N 的取值。

取互异的素数 $p_j>2014$ $(j=1,2,\cdots,4028)$，取 $d \equiv -j \pmod{p_j}$。由中国剩余定理知 d 有无穷多个解，记其中最小的正整数解为 $d_0, d_1=d_0+\prod\limits_{j=1}^{4028} p_j$。

易知 $d_1>N$，$p_j \mid d_1+j$，且 $p_j \nmid d_1+i$，当 $i \neq j$ 时，$1 \leqslant i \leqslant 2014$。

由 (2) 知 $d_1+i \leqslant f(d_1+i) \leqslant 2014+d_1+i$，结合 $p_j>2014$，且

$$d_1+1 \leqslant f(d_1+i) \leqslant d_1+2014+2014=d_1+4028,$$

由引理，必有 $f(d_1+i)=d_1+i$，$1\leqslant i\leqslant 2014$。结合上面的“平移”思想知 $f(n)=n$，$n\in[N,d_1+2014]$，而对于 $\forall n\geqslant N$，取合适的 k 使得 $d=d_0+k\prod\limits_{i=0}^{4028}p_i>n+2014$，则同上。必有 $f(n)=n$。

上述讨论对 N 没有额外要求，故 $N=2014^{2014}+1$ 满足题意。我们完成了本题的证明。

评注 难度不小。首先几步中国剩余定理就需要反复地斟酌，而解题的方向也着实不太好确立。

注意在确定 $f(d+i)$，$1\leqslant i\leqslant 2014$ 时，因为有 4028 个可能的取值，所以不能只取 2014 个素数。还有，过程前后的 p_i 与 $p_{i,j}$ 无关，请勿混淆。

其实本题的引理也是一道试题。笔者对引理的证明可能有些繁琐，若读者有较为简洁的方法，可与笔者交流，谢谢!

后注 上面的例题中有一部分解答是笔者完成的，由于水平不足和疏忽难免可能出现纰漏。若读者发现解答有误，或有更好的方法，还请不吝指出。笔者的邮箱为 m13121806586@163.com。

练习题

1. 试求满足下列条件的函数 $f:\mathbf{N}^*\to\mathbf{N}^*$，对任意的 $m,n\in\mathbf{N}^*$，有 $n+f(m)\mid f(n)+nf(m)$。

提示 通过两种变形，分别为

(1) $n+f(m)\mid f(n)-n^2$；(2) $n+f(m)\mid f(n)-f^2(m)$。

我们分 $f(n)$ 是否有界进行讨论，简单讨论可得 (1) $f(n)=n^2$；(2) $f(n)\equiv 1$，此即为我们所求的所有 f。

2. 求所有满射函数 $f:\mathbf{N}^*\to\mathbf{N}^*$，使得对任意的 $m,n\in\mathbf{N}^*$ 和任意的素数 p，$p\mid m+n$ 当且仅当 $p\mid f(m)+f(n)$。

提示 需先猜测 $f(n)=n$（这是由于任意素数整除的条件相当强）。

我们来分几步完成对此题的证明。对任意素数 p，找出最小的 $m\in\mathbf{N}^*$，使得 $p\mid f(m)$。

先证 $p\mid f(x)\Leftrightarrow m\mid x$，再证 $f(x)\equiv f(y)\pmod p\Leftrightarrow x\equiv y\pmod m$。观察可得 $p=m$（同样易证）。上述结论有一推论：若 $x=y+1$，则 $f(x)=f(y)\pm 1$。后面利用上述推论，归纳即可证 $f(x)=x$。

3. 是否存在一个函数 $f:\mathbf{N}^*\to\mathbf{N}^*$，满足：(1) 存在 $n\in\mathbf{N}^*$，使得 $f(n)\neq n$；(2) $d(m)=f(n)$ 当且仅当 $d(f(m))=n$，其中 $d(n)$ 表示 n 的因子个数。

提示 存在。我们如下定义 $f: f(1)=1, f(2)=2, f(3)=5, f(5)=3$。

然后进行递归定义：假设 $f(k)$ $(1 \leqslant k \leqslant n-1)$ 均已被定义，由于 $d(n)<n$，设 $j=f(d(n))$，则 j 已被定义。

设 $D_k=\{n \in \mathbf{N}^* | d(n)=k\}$，而对任意的素数 p，$p^{k-1} \in D_k$，故 $k>1$ 时 D_k 为无穷集。

设 t 为 D_j 中未被定义的最小元素，定义 $f(t)=n$，$f(n)=t$。经过验证，知此函数满足题意。

参考文献

[1] Shortlisted Problems with Solutions (2016) [OL]. http://imoofficial.org/problems/IMO2016SL.pdf.

[2] Function Equation (March 23, 2016) [OL]. https://artofproblemsolving.com/community/c6h1212550.

[3] Proofathon Spring Contest-Problem8 (May 1, 2015) [OL]. Available: https://artofproblemsolving.com/community/c587h1083995.

编者按：本文选自数学新星网“学生专栏”。

解题方法归纳总结

佩尔方程研究

段剑儒*，尹龙晖*

一、如何化归一般二次（双曲）不定方程？

给定一个二元二次双曲型不定方程 $Ax^2+Bxy+Cy^2+Dx+Ey+F=0$，我们可以通过逐步配方换元化为方程

$$ax^2-by^2=c. \tag{1}$$

我们无法直接解这个方程，转化为佩尔方程再去研究。为了方便，设 $a,b,c,d\in\mathbf{N}^*$，ab 不为完全平方数。

考虑

$$ax^2-by^2=1. \tag{2}$$

假设我们已得到它的一组特解 (x_0,y_0)，我们作如下代换

$$\begin{cases}x=x_0u+by_0v,\\ y=y_0u+cx_0v.\end{cases} \tag{3}$$

注意到这是个关于 x,y,u,v 的关系式，将 (3) 代入 (2)，得

$$a(x_0u+by_0v)^2-b(y_0u+cx_0v)^2=1,$$

即

$$(ax_0^2-by_0^2)u^2-ab(ax_0^2-by_0^2)v^2=1.$$

由于 (x_0,y_0) 是 (2) 的一组解，从而

$$u^2-abv^2=1. \tag{4}$$

(4) 是一个关于 u,v 的一型佩尔方程，它必有无穷多组解。

*湖南省雅礼中学，段剑儒现就读于北京大学，尹龙晖现就读于清华大学，指导教师为申东。

通过 (3)，我们发现 (4) 的每一组正整数解唯一刻画 (2) 的一组正整数解，那么 (2) 的正整数解能否对应 (4) 的一组整解呢？即 (2) 与 (4) 是否有更深的联系呢？

通过 (3)，我们反解出 u, v 可得

$$\begin{cases} u = ax_0x - by_0y, \\ v = -y_0x + x_0y, \end{cases} \tag{5}$$

消元过程中用到了 $ax_0^2 - by_0^2 = 1$。下面证明，当 x, y 为正整数解时，由 (5) 确定的 u, v 总为非负整数，这需要 (x_0, y_0) 为 (2) 的一组最小解，定义为使得 $\sqrt{a}x + \sqrt{b}y$ 最小的正整数解。任取另一组正整数解 x', y', 必有 $x' > x_0$，$y' > y_0$，$\sqrt{a}x' + \sqrt{b}y' > \sqrt{a}x_0 + \sqrt{b}y_0$。

(i) 当 $x = x_0, y = y_0$，由 (5) 得 $u = 1$，$v = 0$。

(ii) 当 $x > x_0$，$y > y_0$ 时，若 $u \leqslant 0$，则 $ax_0x \leqslant by_0y$，$x \leqslant \frac{by_0}{ax_0}y$。故在 (2) 中，

$$1 = ax^2 - by^2 \leqslant a\left(\frac{by_0}{ax_0}y\right)^2 - by^2 = by^2\left(\frac{by_0^2}{ax_0^2} - 1\right) = -\frac{by_0^2}{ax_0^2} < 0,$$

矛盾！若 $v \leqslant 0$，则 $y \leqslant \frac{y_0}{x_0}x$，于是

$$1 = ax^2 - by^2 \geqslant ax^2 - b\left(\frac{y_0}{x_0}x\right)^2 = \frac{x^2}{x_0}\left(ax_0^2 - by_0^2\right) = \frac{x^2}{x_0^2} > 1,$$

矛盾！

因此总有 $u \geqslant 0, v \geqslant 0$。故而通过对应关系 (3) 和 (5)，我们建立了方程 (2), (4) 在非负整数范围内的一一对应。通过上述探索，我们可以得出：

定理 1　*若方程 (2) 有解，则它必有无穷多组解。*

例 1　*求 $3x^2 - 2y^2 = 1$ 的正整数解。*

解　易知其基本解为 $x = 1$，$y = 1$。作代换

$$\begin{cases} x = u + 2v \\ y = u + 3v \end{cases}$$

将原方程化为 $u^2 - bv^2 = 1$，其基本解为 $u = 5$，$v = 2$。它的全部解由

$$(5 + 2\sqrt{6})^n = u + v\sqrt{6}, \quad n \in \mathbf{N}^*, u, v \in \mathbf{N}^*$$

给出。再由上述代换得到原方程全部正整数解。

再回到更一般的方程 (1)，同样取特解 (x_0, y_0) 满足 $ax_0^2 - b_0^2 = c$。再令

$$\begin{cases} x = x_0u + by_0v, \\ y = y_0u + cx_0v, \end{cases}$$

代入 (1) 得到 $u^2-abv^2=1$。常数 c 被消去。同样地，通过 (3)，每一组 (4) 的解唯一确定一组 (1) 的解。但是反解得

$$\begin{cases}u=\frac{1}{c}(ax_0x-by_0y),\\ v=\frac{1}{c}(-y_0x+x_0y).\end{cases}$$

它不一定为整数，这说明换元后不一定能求出 (1) 的全部解。但证明了 (1) 有无穷多组解。对特殊的 c，我们有同余法。

例 2 求方程 $5x^2-3y^2=2$ 的正整数解。

解 易知其基本解为 $x=1$, $y=1$。作代换

$$\begin{cases}x=u+3v,\\ y=u+5v,\end{cases}$$

方程化为 $u^2-15v^2=1$。它的基本解为 $u=4, v=1$。又

$$\begin{cases}u=\dfrac{1}{2}(5x-3y),\\ v=\dfrac{1}{2}(-x+y),\end{cases}$$

注意到 $5x^2-3y^2=2$ 的解 x,y 必同奇偶，从而 u,v 也为正整数，故两方程解构成一一对应（即同解）。u,v 由 $(4+\sqrt{15})^n=u+\sqrt{15}v$ 给出，便得到全部解。

二、$ax^2-by^2=1$ 与 $u^2-abv^2=1$ 的深刻联系（$(a,b)=1$，且 ab 不为完全平方数）

在第一小节中，我们讨论了 (1), (2) 的化归问题。但是在求解过程中，先看出了 (1) 的基本解，换元后又要算 (2) 的基本解。而 (1)，(2) 本为同解方程，它们的联系体现在基本解的联系上，能否用 (1) 的基本解来表示 (2) 的基本解呢？我们来逐步引出欲求结论。

引理 1 (1) 的全部正整数解与 (2) 的全部非负正整数解构成了一一对应。

引理 2 设 (1) 的全部正整数解构成集合 $A=\{(x,y)\mid ax^2-by^2=1,x,y\in\mathbf{N}^*\}$，$B=\{(u,v)\mid u^2-abv^2=1,u,v\in\mathbf{N}\}$。设 A 中元素按 $\sqrt{a}x+\sqrt{b}y$ 从小到大排为 $a_1,a_2,\cdots,B$ 中元素按 $u+\sqrt{ab}v$ 从小到大排为 $b_1,b_2,\cdots$。则在第一小节中 (3) 和 (5) 关系式下，有 $a_1\leftrightarrow b_1,a_2\leftrightarrow b_2,\cdots$。

证明 若设 b_i 对应 $a_{i'}$，b_j 对应 $b_{j'}$，其中 $1\leqslant i<j$。由 (3) 可以看出，必有 $i'<j'$。故这个映射具有单调增性，证毕。

引理 3 设 $x_1,x_2,y_1,y_2\in\mathbf{Z}$，$u_1,u_2,u_3,v_1,v_2,v_3\in\mathbf{Z}$。$a,b\in\mathbf{N}^*$ 且不为完全平方数。若设

$$(x_1\sqrt{a}+y_1\sqrt{b})(x_2\sqrt{a}+y_2\sqrt{b})=u_1+v_1\sqrt{ab},$$
$$(x_1\sqrt{a}+y_1\sqrt{b})(x_2+y_2\sqrt{ab})=u_2\sqrt{a}+v_2\sqrt{b},$$
$$(x_1+y_1\sqrt{ab})(x_2+y_2\sqrt{ab})=u_3+v_3\sqrt{ab}.$$

则

$$(x_1\sqrt{a}-y_1\sqrt{b})(x_2\sqrt{a}-y_2\sqrt{b})=u_1-v_1\sqrt{ab},$$
$$(x_1\sqrt{a}-y_1\sqrt{b})(x_2-y_2\sqrt{ab})=u_2\sqrt{a}+v_2\sqrt{b},$$
$$(x_1-y_1\sqrt{ab})(x_2-y_2\sqrt{ab})=u_3-v_3\sqrt{ab}.$$

证明 逐个验证即可。

由引理 3，易得以下结果。

推论 1

$$\overline{(x\sqrt{a}+y\sqrt{b})^{2n+1}}=\left(\overline{x\sqrt{a}+y\sqrt{b}}\right)^{2n+1}=(x\sqrt{a}-y\sqrt{b})^{2n+1},$$
$$\overline{(x+y\sqrt{ab})^n}=\left(\overline{x+y\sqrt{ab}}\right)^n=(x-y\sqrt{ab})^n,$$
$$\begin{aligned}\overline{(x_1+y_1\sqrt{ab})^n(x_2\sqrt{a}+y_2\sqrt{b})^{2m+1}}&=\left(\overline{x_1+y_1\sqrt{ab}}\right)^n\left(\overline{x_2\sqrt{a}+y_2\sqrt{b}}\right)^{2m+1}\\&=(x_1-y_1\sqrt{ab})^n(x_2\sqrt{a}-y_2\sqrt{b})^{2m+1}.\end{aligned}$$

引理 4 设 (x_0,y_0) 是 $ax^2-by^2=1$ 的基本解，则它的全部正整数解由 $(\sqrt{a}x_0+\sqrt{b}y_0)^{2k-1}=\sqrt{a}x+\sqrt{b}y\ (x,y\in\mathbf{N}^*,k\in\mathbf{N}^*)$ 给出。

证明 (1) 设 $(\sqrt{a}x_0+\sqrt{b}y_0)^{2k-1}=\sqrt{a}x+\sqrt{b}y\ (x,y\in\mathbf{N}^*,k\in\mathbf{N}^*)$，由推论知 $(\sqrt{a}x_0-\sqrt{b}y_0)^{2k-1}=\sqrt{a}x-\sqrt{b}y$，则有 $ax^2-by^2=(ax_0^2-by_0^2)^{2k-1}=1$。故 (x,y) 确为 $ax^2-by^2=1$ 的一组解。

(2) 设 (x,y) 满足 $ax^2-by^2=1$。下面证明存在 $k\in\mathbf{N}^*$，使

$$(\sqrt{a}x_0+\sqrt{b}y_0)^{2k-1}=\sqrt{a}x-\sqrt{b}y.$$

显然，对任意 $k\in\mathbf{N}^*$，由根式相等的充要条件，$(\sqrt{a}x_0+\sqrt{b}y_0)^{2k}\neq\sqrt{a}x-\sqrt{b}y$。若不存在 $k\in\mathbf{N}^*$，使 $(\sqrt{a}x_0+\sqrt{b}y_0)^{2k-1}=\sqrt{a}x-\sqrt{b}y$。由于 $\sqrt{a}x+\sqrt{b}y>\sqrt{a}x_0+\sqrt{b}y_0$，设 $(\sqrt{a}x_0+\sqrt{b}y_0)^n<\sqrt{a}x+\sqrt{b}y<(\sqrt{a}x_0+\sqrt{b}y_0)^{n+1}$。

(i) 若 n 为偶数，设 $n=2l$，即 $(\sqrt{a}x_0+\sqrt{b}y_0)^{2l}<\sqrt{a}x+\sqrt{b}y<(\sqrt{a}x_0+\sqrt{b}y_0)^{2l+1}$，则 $1<(\sqrt{a}x+\sqrt{b}y)(\sqrt{a}x_0-\sqrt{b}y_0)^{2l}<\sqrt{a}x_0+\sqrt{b}y_0$。注意到 $(\sqrt{a}x+\sqrt{b}y)(\sqrt{a}x_0-\sqrt{b}y_0)^{2l}$ 次数为奇数次，可设它展开式为 $u\sqrt{a}+$

$v\sqrt{b}$ $(u,v\in\mathbf{Z})$。由推论知 $(\sqrt{a}x_0+\sqrt{b}y_0)(\sqrt{a}x_0-\sqrt{b}y_0)^{2l}=u\sqrt{a}-v\sqrt{b}$，故

$$u^2a-v^2b=(ax^2-by^2)(ax_0^2-by_0^2)^{2l}=1.$$

从而，u,v 是 $ax^2-by^2=1$ 的一组整数解。又知

$$1<u\sqrt{a}-v\sqrt{b}<\sqrt{a}x_0+\sqrt{b}y_0,\quad 0<u\sqrt{a}-v\sqrt{b}=\frac{1}{u\sqrt{a}+v\sqrt{b}}<1,$$

两式相加得 $u\sqrt{a}>1$，从而 $u>0$。两式相减得 $v\sqrt{b}>1-1=0$，即 $v>0$。故 (u,v) 是一组正整数解，而 $u\sqrt{a}+v\sqrt{b}<\sqrt{a}x_0+\sqrt{b}y_0$ 与 (x_0,y_0) 为最小解矛盾!

(ii) 若 n 为奇数，设 $n=2l-1$，即 $(\sqrt{a}x_0+\sqrt{b}y_0)^{2l-1}<\sqrt{a}x+\sqrt{b}y<(\sqrt{a}x_0+\sqrt{b}y_0)^{2l}$，从而

$$\sqrt{a}x_0-\sqrt{b}y_0<(\sqrt{a}x+\sqrt{b}y)(\sqrt{a}x_0-\sqrt{b}y_0)^{2l}<1.$$

记 $(\sqrt{a}x+\sqrt{b}y)(\sqrt{a}x_0-\sqrt{b}y_0)^{2l}=u\sqrt{a}-v\sqrt{b}$ $(u,v\in\mathbf{Z})$。由推论得 $(\sqrt{a}x-\sqrt{b}y)(\sqrt{a}x_0-\sqrt{b}y_0)^{2l}=u\sqrt{a}+v\sqrt{b}$，故

$$u^2a-v^2b=(ax^2-by^2)(ax_0^2-by_0^2)^{2l}=1.$$

因此 (u,v) 是满足 $ax^2-by^2=1$ 的一组整数解。又有

$$0<\sqrt{a}x_0-\sqrt{b}y_0<u\sqrt{a}-v\sqrt{b}<1,\quad 1<u\sqrt{a}+v\sqrt{b}<\sqrt{a}x_0-\sqrt{b}y_0.$$

同样地，两式相加减得 $u,v>0$。故 (u,v) 是一组正整数解，$u\sqrt{a}+v\sqrt{b}<\sqrt{a}x_0+\sqrt{b}y_0$ 与 (x_0,y_0) 为最小解矛盾!

综上，任一组满足 $ax^2-by^2=1$ 的正整数解必能表示成 $(\sqrt{a}x_0+\sqrt{b}y_0)^{2k-1}=\sqrt{a}x+\sqrt{b}y$ 的形式，从而式 $(\sqrt{a}x_0+\sqrt{b}y_0)^{2k-1}=\sqrt{a}x+\sqrt{b}y$ 给出方程 $ax^2-by^2=1$ 的全部正整数解。证毕。

引理 4 十分关键，它使我们直接得到 $ax^2-by^2=1$ 的全部解。再通过与 $u^2-abv^2=1$ 的联系，得到如下定理。

定理 2 设 (x_0,y_0) 是 $ax^2-by^2=1$ 的基本解，则 $(ax_0^2+by_0^2,2x_0y_0)$ 为 $u^2-abv^2=1$ 的基本解。

证明 注意到 $\sqrt{a}x_0+\sqrt{b}y_0>1$，故 $(\sqrt{a}x_0+\sqrt{b}y_0)^{2k-1}=\sqrt{a}x+\sqrt{b}y$ 中得到的 x,y 是随 k 递增的。由引理 2，令 $k=1$，得 $a_1=(x_0,y_0)$；令 $k=2$，得 $a_2=(ax_0^3+3x_0y_0^2b,by_0^3+3x_0^2y_0a)$。由 (3), (5) 关系式，分别解得 $b_1=(1,0)$（舍去），$b_2=(ax_0^2+by_0^2,2x_0y_0)$。因为我们规定基本解为正整数解，故方程 $u^2-abv^2=1$ 的基本解为 $u=ax_0^2+by_0^2,v=2x_0y_0$。证毕。

定理 3 设展开式

$$(\sqrt{a}x_0+\sqrt{b}y_0)^n=\begin{cases}\sqrt{a}x+\sqrt{b}y, & n\text{ 为正奇数},\\ x+\sqrt{ab}y, & n\text{ 为正偶数}.\end{cases}$$

则当 n 取全体正奇数时，(x,y) 为 $ax^2-by^2=1$ 的全部正整数解。当 n 取全体正偶数时，(x,y) 为 $u^2-abv^2=1$ 的全部正整数解。

证明 当 n 取全体正奇数时，由引理 4 知结论成立。当 n 取全体正偶数时，设 $n=2k$，则

$$(\sqrt{a}x_0+\sqrt{b}y_0)^{2k}=((ax_0^2+by_0^2)+2x_0y_0\sqrt{ab})^k=x+\sqrt{ab}y.$$

而 $x=ax_0^2+by_0^2, y=2x_0y_0$ 是 $u^2-abv^2=1$ 的基本解，故上式给出它的全部解，证毕。

利用定理 3，我们可以马上写出 x,y,u,v 的显示表达。

满足 $ax^2-by^2=1$ 的正整数解 (x,y)：

$$x=\frac{1}{2\sqrt{a}}((\sqrt{a}x_0+\sqrt{b}y_0)^{2k-1}+(\sqrt{a}x_0-\sqrt{b}y_0)^{2k-1}),$$
$$y=\frac{1}{2\sqrt{b}}((\sqrt{a}x_0+\sqrt{b}y_0)^{2k-1}-(\sqrt{a}x_0-\sqrt{b}y_0)^{2k-1}).$$

满足 $u^2-abv^2=1$ 的正整数解 (u,v)：

$$u=\frac{1}{2}((\sqrt{a}x_0+\sqrt{b}y_0)^{2k}+(\sqrt{a}x_0-\sqrt{b}y_0)^{2k}),$$
$$v=\frac{1}{2\sqrt{ab}}((\sqrt{a}x_0+\sqrt{b}y_0)^{2k}-(\sqrt{a}x_0-\sqrt{b}y_0)^{2k}).$$

利用上述定理 2 和定理 3，我们可以简化求基本解的计算。

例 3 求佩尔方程 $x^2-55y^2=1$ 的基本解。

解 先考虑 $5u^2-11v^2=1$ 的基本解，易知，$u=3,v=2$ 是它的基本解。由定理 2 知，$x=5\times3^2+11\times2^2=89, y=2\times3\times2=12$ 是 $x^2-55y^2=1$ 的基本解。

例 4 求方程 $ax^2-(a+2)y^2=1$ 及 $(a+2)x^2-ay^2=1$ 的整数解。其中 $a>1, a\in\mathbf{N}^*$，且 $a,a+2$ 不为完全平方数。

解 上述方程均无解，若有解 (x_0,y_0)，取它基本解，则方程 $u^2-a(a+2)v^2=1$ 有基本解 $v=2x_0y_0$。而显然它的基本解为 $u=a+1,v=1$，奇偶性不同，矛盾！故上述方程无解。

至此，两个方程之间的联系已探索完毕。需要注意的是，方程 $u^2-abv^2=1$ 由于 ab 的分解方式不同，可与多个一般型双曲方程联系，我们还可取

$u^2 - abv^2 = 1$ 的基本解 (u_0, v_0)，通过令

$$\begin{cases} u_0 = ax_0^2 + by_0^2, \\ v_0 = 2x_0y_0 \end{cases}$$

来判定 $ax^2 - by^2 = 1$ 是否有解。这样，我们将检验双曲型不定方程化为检验椭圆型方程，验证在有限次内即可结束。

最基本地，还是要找（至少一组）基本解，如何寻找基本解的一般形式仍是较难的问题。

致谢 作者感谢瞿振华教授细心审阅本文并提出宝贵建议。

编者按：本文选自数学新星网“学生专栏”。

离散 Opial 型极值问题

汤继尧*

在新星征解第 19 期问题中，笔者提出了如下离散 Opial 型极值问题：

题 1 给定正整数 $n \geqslant 4$，设实数 $x_1, x_2, \cdots, x_n \in [0,1]$。求 $\sum\limits_{i=1}^{n} x_i|x_i - x_{i+1}|$ 的最大值，其中 $x_{n+1} = x_1$。

后来，冷岗松教授建议笔者进一步研究二阶差分及二次情况的变式，于是就有了下面两个结果。

题 2 设 $n \geqslant 3$ 是给定正整数，$x_1, x_2, \cdots, x_n \in [0,1]$。求

$$S = \sum_{i=1}^{n} x_i|x_i - 2x_{i+1} + x_{i+2}|$$

的最大值，其中 $x_{n+1} = x_1, x_{n+2} = x_2$。

解 由 S 的对称性，不妨设 $\Delta^2 x_n = \min\limits_{1 \leqslant i \leqslant n}\{\Delta^2 x_i \mid \Delta^2 x_i = x_i - 2x_{i+1} + x_{i+2}\}$。

定义数列 i_j 与 a_j 如下：

$$a_1 = 0, \quad i_j = \begin{cases} 1, & \text{若 } \Delta^2 x_{a_j+1} \leqslant 0 \\ 2, & \text{若 } \Delta^2 x_{a_j+1} > 0 \end{cases}, \quad a_{j+1} = a_j + i_j.$$

注意到 $\Delta^2 x_n = \min\limits_{1 \leqslant x \leqslant n}\{\Delta^2 x_i\}$，故存在正整数 k，使得 $a_{k+1} = n + 1$。

对 $j = 1, 2, \cdots, k$，若 $\Delta^2 x_{a_j+1} \leqslant 0$，则

$$\begin{aligned} x_{a_j+1}|\Delta^2 x_{a_j+1}| &\leqslant \left(\frac{x_{a_j+1} - \Delta^2 x_{a_j+1}}{2}\right)^2 \\ &= \left(x_{a_j+2} - \frac{x_{a_j+3}}{2}\right)^2 \leqslant 1 = i_j. \end{aligned}$$

---

*湖南省雅礼中学，现就读于北京大学。

若 $\Delta^2 x_{a_j+1} > 0$，则

$$\begin{aligned} x_{a_j+1}|\Delta^2 x_{a_j+1}| + x_{a_j+2}|\Delta^2 x_{a_j+2}| &\leqslant \Delta^2 x_{a_j+1} + 2x_{a_j+2} \\ &= x_{a_j+1} + x_{a_j+3} \leqslant 2 = i_j. \end{aligned}$$

从而，

$$S = \sum_{j=1}^{k} b_i \leqslant \sum_{j=1}^{k} i_j = n,$$

其中，

$$b_j = \begin{cases} x_{a_j+1}|\Delta^2 x_{a_j+1}|, & 若\ i_j = 1, \\ x_{a_j+1}|\Delta^2 x_{a_j+1}| + x_{a_j+2}|\Delta^2 x_{a_j+2}|, & 若\ i_j = 2. \end{cases}$$

当 n 为奇数时，取 $(x_1, x_2, \cdots, x_n) = (1, 1, 0, 1, 0, \cdots, 1, 0)$ 时等号成立；

当 n 为偶数时，取 $(x_1, x_2, \cdots, x_n) = (1, 0, 1, 0, \cdots, 1, 0)$ 时等号成立。

综上，S 的最大值为 n。

题 3 设 $n \geqslant 4$ 是偶数，$x_1, x_2, \cdots, x_n \in [0, 1]$。求 $S = \sum\limits_{i=1}^{n} x_i|x_i^2 - x_{i+1}^2|$ 的最大值，其中 $x_{n+1} = x_1$。

解 由 S 的对称性，不妨设 $x_n = \min\limits_{1 \leqslant i \leqslant n}\{x_i\}$。

定义数列 i_j 与 a_j 如下：

$$a_1 = 0, \quad i_j = \begin{cases} 1, & 若\ x_{a_j+1} \leqslant x_{a_j+2} \\ 2, & 若\ x_{a_j+1} > x_{a_j+2} \end{cases}, \quad a_{j+1} = a_j + i_j.$$

注意到 $x_n = \min\limits_{1 \leqslant i \leqslant n}\{x_i\}$，故存在正整数 k，使得 $a_{k+1} = n + 1$。

对 $j = 1, 2, \cdots, k$，若 $x_{a_j+1} \leqslant x_{a_j+2}$，则 $i_j = 1$，从而

$$\begin{aligned} x_{a_j+1}|x_{a_j+1}^2 - x_{a_j+2}^2| &\leqslant x_{a_j+1}(1 - x_{a_j+1}^2) \\ &= \frac{1}{2} x_{a_j+1}(1 + x_{a_j+1})(2 - 2x_{a_j+1}) \\ &\leqslant \frac{1}{2}\left(\frac{x_{a_j+1} + 1 + x_{a_j+1} + 2 - 2x_{a_j+1}}{3}\right)^3 \\ &= \frac{1}{2} < \frac{16}{27} i_j. \end{aligned}$$

若 $x_{a_j+1} > x_{a_j+2}$，则 $i_j = 2$，从而，

$$\begin{aligned} & x_{a_j+1}|x_{a_j+1}^2 - x_{a_j+2}^2| + x_{a_j+2}|x_{a_j+2}^2 - x_{a_j+3}^2| \\ \leqslant\ & x_{a_j+1}(x_{a_j+1}^2 - x_{a_j+2}^2) + \max\{x_{a_j+2}^3, x_{a_j+2}(1 - x_{a_j+2}^2)\}. \end{aligned}$$

又由于

$$x_{a_j+1}(x_{a_j+1}^2 - x_{a_j+2}^2) + x_{a_j+2}^3 \leqslant 1 - x_{a_j+2}^2 + x_{a_j+2}^3 \leqslant 1 < \frac{16}{27} i_j,$$

$$\begin{aligned}
&x_{a_j+1}(x_{a_j+1}^2-x_{a_j+2}^2)+x_{a_j+2}(1-x_{a_j+2}^2)\\
\leqslant&1-x_{a_j+2}^2+x_{a_j+2}(1-x_{a_j+2}^2)\\
=&(1+x_{a_j+2})^2(1-x_{a_j+2})\\
=&\frac{1}{2}(1+x_{a_j+2})^2(2-2x_{a_j+2})\\
\leqslant&\frac{1}{2}\left(\frac{(1+x_{a_j+2})\cdot 2+2-2x_{a_j+2}}{3}\right)^3\\
=&\frac{32}{27}=\frac{16}{27}i_j.
\end{aligned}$$

故

$$S=\sum_{j=1}^{k}b_j\leqslant\sum_{j=1}^{k}\frac{16}{27}i_j=\frac{16}{27}n,$$

其中,

$$b_j=\begin{cases}x_{a_j+1}|x_{a_j+1}^2-x_{a_j+2}^2|, & \text{若 } i_j=1,\\ x_{a_j+1}|x_{a_j+1}^2-x_{a_j+2}^2|+x_{a_j+2}|x_{a_j+2}^2-x_{a_j+3}^2|, & \text{若 } i_j=2.\end{cases}$$

当 $(x_1,x_2,\cdots,x_n)=(1,\frac{1}{3},1,\frac{1}{3},\cdots,1,\frac{1}{3})$ 时取到等号。

编者按：本文选自数学新星网“学生专栏”。

群论在组合中的一个应用

傅颢硕*

群 G 在集合 X 上的作用定义为映射

$$G \times X \to X,$$
$$(g, x) \mapsto g_* x,$$

并且这样的映射满足

$$e_* x = x, \tag{1}$$

以及

$$(gh)_* x = g_*(h_* x) \tag{2}$$

对任意的 $g, h \in G$ 都成立。注意到对任意 $g \in G$，$x \mapsto g_* x$ 是双射（因为 $g_*^{-1}(g_* x) = x$）。我们记 $X^g := \{x : g_* x = x\}$ 为 $g \in G$ 作用在 X 上的**不动点集**，$G_* x := \{g_* x : g \in G\}$ 为点 $x \in X$ 在群 G 作用下的**轨道**。若两个轨道相交，则这两个轨道是同一个轨道（因为式 (2)）。不同的点 $x, y \in X$ 可能具有相同的轨道。记所有的轨道为 X/G。

例 1 有限集合上 X 的对称群 S_X（有限集合上的所有重排构成的群）或置换群（对称群的子群）在 X 的作用为 $\sigma_* x = \sigma(x), \sigma \in S_X$。$X/S_X = \{X\}$，即 X/S_X 只含 X 这一个元素。

例 2 欧氏空间 $\mathbf{R}^n$ 上的所有的可逆线性变换构成一个群 $GL(n)$。我们令 $GL(n)$ 在 $\mathbf{R}^n$ 上的作用为 $A_* x = Ax$，$A \in GL(n)$，$x \in \mathbf{R}^n$。$X/\mathbf{R}^n = \{\mathbf{R}^n \setminus \{o\}, \{o\}\}$。这里 o 表示 $\mathbf{R}^n$ 中的原点。

引理（Burnside） 设群 G 作用在集合 X 上。对 $g \in G$，设 $f(X^g)$ 表示 g 在 X 上的不动点的个数，则有

$$|X/G| = \frac{1}{|G|} \sum_{g \in G} f(X^g). \tag{3}$$

*华中师范大学第一附属中学，现就读于北京大学。

这里 $|\cdot|$ 表示集合中元素的个数。

用 Burnside 引理可以求解哈佛–麻省理工数学竞赛（HMMT）中的一道组合试题 (其他方法亦可见 [1])。

问题 给定 $1,2,\cdots,2013$ 的一个排列 σ，记 $f(\sigma)$ 表示 σ 的不动点的个数，试求

$$\sum_{\sigma\in S} f(\sigma)^4,$$

其中 S 为 $1,2,\cdots,2013$ 的所有排列的集合。

解 取 Burnside 引理中的集合 $X=S_n^4$，群 G 为 S_n 上的对换群 S。S 在集合 S_n^4 上的作用为 $\sigma_*(a,b,c,d)=(\sigma(a),\sigma(b),\sigma(c),\sigma(d))$。那么 σ 在 X 上的不动点的个数为 $f(\sigma)^4$。由 Burnside 引理，

$$\sum_{\sigma\in S} f(\sigma)^4=|X/S|\cdot|S|. \tag{4}$$

其中 $|S|=n!$。下面只需要算出 $|X/S|$。

由于无论 $1\leqslant i\leqslant n$ 取何值，都有 $\{\sigma(i):\sigma\in S\}=S_n$。因此，对 $n\geqslant 4$，枚举可得 X/G 中的元素为

$$\begin{aligned}
&S_*(1,1,1,1),\quad S_*(1,1,1,2),\quad S_*(1,1,2,1),\quad S_*(1,2,1,1),\quad S_*(2,1,1,1),\\
&S_*(1,1,2,2),\quad S_*(1,2,1,2),\quad S_*(1,2,2,1),\\
&S_*(3,3,1,2),\quad S_*(3,1,3,2),\quad S_*(3,1,2,3),\quad S_*(1,3,3,2),\quad S_*(1,3,2,3),\\
&S_*(1,2,3,3),\quad S_*(1,2,3,4),
\end{aligned}$$

因此 $\sum\limits_{\sigma\in S} f(\sigma)^4=15\cdot n!$, $n\geqslant 4$。

参考文献

[1] 冷岗松, 施柯杰. 一道 HMMT 组合试题的证明 [J]. 数学新星网, 2016.

编者按：本文选自数学新星网“学生专栏”。

科学素养丛书

书号	书名	著译者
9 787040 295849 >	数学与人文	丘成桐 等 主编，姚恩瑜 副主编
9 787040 296235 >	传奇数学家华罗庚	丘成桐 等 主编，冯克勤 副主编
9 787040 314908 >	陈省身与几何学的发展	丘成桐 等 主编，王善平 副主编
9 787040 322866 >	女性与数学	丘成桐 等 主编，李文林 副主编
9 787040 322859 >	数学与教育	丘成桐 等 主编，张英伯 副主编
9 787040 345346 >	数学无处不在	丘成桐 等 主编，李方 副主编
9 787040 341492 >	魅力数学	丘成桐 等 主编，李文林 副主编
9 787040 343045 >	数学与求学	丘成桐 等 主编，张英伯 副主编
9 787040 351514 >	回望数学	丘成桐 等 主编，李方 副主编
9 787040 380354 >	数学前沿	丘成桐 等 主编，曲安京 副主编
9 787040 382303 >	好的数学	丘成桐 等 主编，曲安京 副主编
9 787040 294842 >	百年数学	丘成桐 等 主编，李文林 副主编
9 787040 391305 >	数学与对称	丘成桐 等 主编，王善平 副主编
9 787040 412215 >	数学与科学	丘成桐 等 主编，张顺燕 副主编
9 787040 412222 >	与数学大师面对面	丘成桐 等 主编，徐浩 副主编
9 787040 422429 >	数学与生活	丘成桐 等 主编，徐浩 副主编
9 787040 428124 >	数学的艺术	丘成桐 等 主编，李方 副主编
9 787040 428315 >	数学的应用	丘成桐 等 主编，姚恩瑜 副主编
9 787040 453652 >	丘成桐的数学人生	丘成桐 等 主编，徐浩 副主编
9 787040 449969 >	数学的教与学	丘成桐 等 主编，张英伯 副主编
9 787040 465051 >	数学百草园	丘成桐 等 主编，杨静 副主编
9 787040 487374 >	数学竞赛和数学研究	丘成桐 等 主编，熊斌 副主编
9 787040 495171 >	数学群星璀璨	丘成桐 等 主编，王善平 副主编
9 787040 497441 >	改革开放前后的中外数学交流	丘成桐 等 主编，李方 副主编
9 787040 504613 >	百年广义相对论	丘成桐 等 主编，刘润球 副主编
9 787040 507133 >	霍金与黑洞探索	丘成桐 等 主编，王善平 副主编
9 787040 514469 >	卡拉比与丘成桐	丘成桐 等 主编，王善平 副主编
9 787040 521542 >	数学游戏和数学谜题	丘成桐 等 主编，李建华 副主编
9 787040 523409 >	数学飞鸟	丘成桐 等 主编，王善平 副主编
9 787040 529081	数学随想	丘成桐 等 主编，王善平 副主编
9 787040 536614 >	数学竞赛与初等数学研究	熊斌、冷岗松 编著
9 787040 351675 >	Klein 数学讲座	F. 克莱因 著，陈光还 译，徐佩 校
9 787040 351828 >	Littlewood 数学随笔集	J. E. 李特尔伍德 著，李培廉 译
9 787040 339956 >	直观几何（上册）	D. 希尔伯特 等著，王联芳 译，江泽涵 校
9 787040 339949 >	直观几何（下册）	D. 希尔伯特 等著，王联芳、齐民友译

续表

书号	书名	著译者
9787040367591	惠更斯与巴罗，牛顿与胡克 —— 数学分析与突变理论的起步，从渐伸线到准晶体	В. И. 阿诺尔德 著，李培廉 译
9787040351750	生命 艺术 几何	M. 吉卡 著，盛立人 译
9787040378207	关于概率的哲学随笔	P. S. 拉普拉斯 著，龚光鲁、钱敏平 译
9787040393606	代数基本概念	I. R. 沙法列维奇 著，李福安 译
9787040416756	圆与球	W. 布拉施克著，苏步青 译
9787040432374	数学的世界 I	J. R. 纽曼 编，王善平 李璐 译
9787040446401	数学的世界 II	J. R. 纽曼 编，李文林 等译
9787040436990	数学的世界 III	J. R. 纽曼 编，王耀东 等译
9787040498011	数学的世界 IV	J. R. 纽曼 编，王作勤 陈光还 译
9787040493641	数学的世界 V	J. R. 纽曼 编，李培廉 译
9787040499698	数学的世界 VI	J. R. 纽曼 编，涂泓 译 冯承天 译校
9787040450705	对称的观念在 19 世纪的演变：Klein 和 Lie	I. M. 亚格洛姆 著，赵振江 译
9787040454949	泛函分析史	J. 迪厄多内 著，曲安京、李亚亚 等译
9787040467468	Milnor 眼中的数学和数学家	J. 米尔诺 著，赵学志、熊金城 译
9787040502367	数学简史（第四版）	D. J. 斯特洛伊克 著，胡滨 译
9787040477764	数学欣赏（论数与形）	H. 拉德马赫、O. 特普利茨 著，左平 译
9787040488074	数学杂谈	高木贞治 著，高明芝 译
9787040499292	Langlands 纲领和他的数学世界	R. 朗兰兹 著，季理真 选文 黎景辉 等译
9787040312089	数学及其历史	John Stillwell 著，袁向东、冯绪宁 译
9787040444094	数学天书中的证明（第五版）	Martin Aigner 等著，冯荣权 等译
9787040305302	解码者：数学探秘之旅	Jean F. Dars 等著，李锋 译
9787040292138	数论：从汉穆拉比到勒让德的历史导引	A. Weil 著，胥鸣伟 译
9787040288865	数学在 19 世纪的发展（第一卷）	F. Kelin 著，齐民友 译
9787040322842	数学在 19 世纪的发展（第二卷）	F. Kelin 著，李培廉 译
9787040173895	初等几何的著名问题	F. Kelin 著，沈一兵 译
9787040253825	著名几何问题及其解法：尺规作图的历史	B. Bold 著，郑元禄 译
9787040253832	趣味密码术与密写术	M. Gardner 著，王善平 译
9787040262308	莫斯科智力游戏：359 道数学趣味题	B. A. Kordemsky 著，叶其孝 译
9787040368932	数学之英文写作	汤涛、丁玖 著
9787040351484	智者的困惑 —— 混沌分形漫谈	丁玖 著
9787040479515	计数之乐	T. W. Körner 著，涂泓 译，冯承天 校译
9787040471748	来自德国的数学盛宴	Ehrhard Behrends 等著，邱予嘉 译
9787040483697	妙思统计（第四版）	Uri Bram 著，彭英之 译

网上购书： 高教书城（www.hepmall.com.cn），高教天猫（gdjycbs.tmall.com），京东，当当，微店

其他订购办法：

各使用单位可向高等教育出版社电子商务部汇款订购。书款通过银行转账，支付成功后请将购买信息发邮件或传真，以便及时发货。购书免邮费，发票随书寄出（大批量订购图书，发票随后寄出）。

单位地址： 北京西城区德外大街 4 号
电　　话： 010−58581118
传　　真： 010−58581113
电子邮箱： gjdzfwb@pub.hep.cn

通过银行转账：

户　　名： 高等教育出版社有限公司
开 户 行： 交通银行北京马甸支行
银行账号： 110060437018010037603

图书在版编目（CIP）数据

数学竞赛与初等数学研究 / 熊斌，冷岗松编著. -- 北京：高等教育出版社，2020. 6
ISBN 978-7-04-053661-4

Ⅰ. ①数… Ⅱ. ①熊… ②冷… Ⅲ. ①初等数学-研究 Ⅳ. ①O12

中国版本图书馆 CIP 数据核字（2020）第 025036 号

策划编辑　和　静
责任编辑　和　静
封面设计　张　志
版式设计　童　丹
责任校对　李大鹏
责任印制　韩　刚

出版发行　高等教育出版社
社　　址　北京市西城区德外大街 4 号
邮政编码　100120
购书热线　010-58581118
咨询电话　400-810-0598
网　　址　http://www.hep.edu.cn
　　　　　http://www.hep.com.cn
网上订购　http://www.hepmall.com.cn
　　　　　http://www.hepmall.com
　　　　　http://www.hepmall.cn
印　　刷　北京汇林印务有限公司
开　　本　787mm × 1092mm　1/16
印　　张　14.5
字　　数　260 千字
版　　次　2020 年 6 月第 1 版
印　　次　2020 年 6 月第 1 次印刷
定　　价　39.00 元

物 料 号　53661-00